物联网工程专业系列教材

物联网工程设计与实践

主　编　汤琳　李敏

副主编　洪玲　陈雪林　范济颖

中国水利水电出版社
www.waterpub.com.cn
·北京·

内 容 提 要

"物联网工程设计与实践"是一门技术性、实践性很强的专业课程。本书主要介绍物联网（Internet of Things，IoT）工程建设所需的基本概念和基础知识，系统讲述物联网工程项目从设计、规划到开发的全过程，为从事物联网工程相关工作打下坚实的知识和技能基础，同时为基于人工智能物联网（Artificial Intelligence & Internet of Things，AIoT）的生态体系构建提供技术支持。

本书可作为高等院校物联网工程及人工智能专业的教材，也可供从事 AIoT 相关工作的技术人员参考。

图书在版编目（CIP）数据

物联网工程设计与实践 / 汤琳，李敏主编. -- 北京 ：中国水利水电出版社，2024. 12. --（物联网工程专业系列教材 / 汤琳，李敏主编）. -- ISBN 978-7-5226-3014-4

Ⅰ. TP393.4；TP18

中国国家版本馆 CIP 数据核字第 2024ZA8665 号

策划编辑：寇文杰　　责任编辑：鞠向超　　加工编辑：刘瑜　　封面设计：苏敏

书　　名	物联网工程专业系列教材 **物联网工程设计与实践** WULIANWANG GONGCHENG SHEJI YU SHIJIAN
作　　者	主　编　汤琳　李敏 副主编　洪玲　陈雪林　范济颖
出版发行	中国水利水电出版社 （北京市海淀区玉渊潭南路 1 号 D 座　100038） 网址：www.waterpub.com.cn E-mail：mchannel@263.net（答疑） 　　　　sales@mwr.gov.cn 电话：（010）68545888（营销中心）、82562819（组稿）
经　　售	北京科水图书销售有限公司 电话：（010）68545874、63202643 全国各地新华书店和相关出版物销售网点
排　　版	北京万水电子信息有限公司
印　　刷	三河市鑫金马印装有限公司
规　　格	184mm×260mm　16 开本　17.5 印张　448 千字
版　　次	2024 年 12 月第 1 版　2024 年 12 月第 1 次印刷
印　　数	0001—2000 册
定　　价	48.00 元

前　　言

AIoT 是人工智能和物联网的融合应用。物联网通过万物互联，其无所不在的传感器和终端设备为人工智能提供了大量可分析的数据对象，使得人工智能研究落地。人工智能帮助物联网智慧化处理海量数据，提升其决策流程的智慧化程度，改善人机交互体验，帮助开发出高层次应用，从而构建智能化生态体系。本书内容承担了 AIoT 的底层部分，从传感技术到网络技术，从嵌入式开发到平台开发，为人工智能的应用提供基础，同时也为物联网工程岗位群所应具备的知识和技能提供保障。

本书以工作任务为逻辑主线，将完成工作任务所必需的相关理论知识构建于项目中，学生在完成项目的过程中掌握相应理论知识。本书的设计安排是使学生承接以往的知识并加以扩展，使其知识结构形成一步一个脚印，避免跳跃或根本无法逾越的尴尬局面发生，同时保证专业学习的目标实现。知识点从传感器到传感节点，再从传感节点的两点通信到网络通信，从有线模式扩展为有线+无线的模式，从简单的本地开发到云平台开发依次展开。以实战项目为主线，将相关知识节点加以提炼后应用于项目的具体环节，使学生明白项目需求，强化其动手能力，系统地完成课程内相关项目，最大限度地提升学生的学习兴趣，培养其进入企业后的物联网工程项目开发和创新的基本能力。

本书分为 5 章：第 1 章物联网工程概论，主要介绍物联网体系架构、物联网工程定义、物联网工程设计的主要步骤、物联网工程设计与实践的主要文档及物联网工程项目如何选题；第 2 章物联网项目开发知识准备，主要介绍嵌入式 C 语言基本语法、良好的编程风格、开发板概述；第 3 章 ARM 嵌入式开发，通过 6 个小案例和 1 个综合案例详细介绍嵌入式开发的步骤；第 4 章 ZigBee 开发，通过 9 个案例介绍 ZigBee 开发的步骤；第 5 章物联网工程项目上云平台，主要介绍物联网云平台的概念及主流云平台、如何选择物联网云平台及云平台搭建。本书的作者由绵阳师范学院信息工程学院"物联网工程设计与实践"课程组和实践经验丰富的企业一线技术骨干组成，是一次产教融合和校企合作的成功探索。

由于资料来源广泛，书中引用资料未能一一注明出处，在此对其原作者表示衷心感谢。

物联网工程是一门内容丰富且偏实际的快速发展变化的工程性技术，加之作者水平有限，书中难免存在疏漏和不妥之处，恳请读者批评指正。如有任何意见和建议，请发送邮件到 3295292486@qq.com。

编　者
2024 年 8 月

目　　录

第1章　物联网工程概论

物联网工程是一个复杂的系统工程，了解其概念、方法、过程中的要素是完成一个完整物联网工程项目的基础。本章介绍物联网的体系结构、物联网工程的概念、物联网工程设计的主要步骤、物联网工程设计与实践的主要文档及物联网工程项目如何选题。

了解物联网体系架构；理解物联网工程的概念；会写物联网工程设计文档；灵活运用物联网工程项目选题的方法进行选题。

任务1　理解物联网体系架构

【任务描述】

通过对物联网概念的理解认识其体系架构，根据项目画出其体系架构图。

【任务要求】

在掌握概念的基础上学会画出项目体系架构图的方法。

【知识链接】

1. 什么是物联网

鉴于物联网的理论架构尚未健全，人们对其核心含义的了解还不够深入，因此目前关于物联网并没有一个明确且统一的定义。接下来将提供几个具有代表性的物联网的定义。

定义1：物联网是指由标识、虚拟个性的物体/对象所组成的网络，这些标识和虚拟个性的物体/对象运行在智能空间，使用智慧的接口与用户、社会和环境的上下文进行连接和通信。

定义2：物联网是一个基于互联网和传统电信网等信息承载体，让所有能够被独立寻址的普适物理对象实现互联互通的网络，它具有普通对象设备化、自治终端互联化和普适服务智能化三个重要特征。

定义3：物联网是指通过信息传感设备，按照约定的协议，把任何物体与互联网连接起来，进行信息交换和通信，以实现智能化识别、定位、跟踪、监控和管理的网络，它是在互联网基础上延伸和扩展的网络。

定义4：物联网是一种建立在互联网上的泛在网络，通过各种有线和无线网络与互联网融合，综合应用海量的传感器、智能处理终端和全球定位系统等实现物与物、物与人以及所有物品与网络的连接，方便识别、管理和控制。

对于物联网，存在着两种理解方式：一种是窄化定义（即仅限于物质间的互动），另一种是宽泛界定（它不仅包括了实体的交流，还包含虚拟的信息领域）。前者主要关注的是如何利用技术手段来提升实体对象的管理效率和精确度，限于物物互联，实现物品的智能识别和管理；后者的目标在于构建一个人类社会活动中的所有元素都能够相互联系并高效沟通的环境，这其中既涵盖现实世界也涉及数字化的虚构环境，实现人、机、物基于网络和信息系统的高效交互。简而言之，物联网就是指那些可以被赋予地址标识并且能有效地接收或发送信息的机器和人之间的连接关系，它们之间可以通过各类接口如无线电波或其他类型的通信渠道互相传达数据内容以便达到自动化辨识、追踪监测的目的。最初阶段，这个概念仅仅局限在"感知体系"的范畴内，但是随着其核心科技的发展演进，现在所谓的"物联网"在具备全方位的数据收集能力和强大的计算分析功能的同时还能确保准确无误的消息传播过程得以顺利完成。

2. 物联网与传统互联网的本质区别

（1）物联网是将具有全面感知能力的物体和人连接起来的一种网络，目的是让物体能够随时随地获取信息，物联网经常会用到 RFID（射频识别）技术、二维码技术、传感器技术、无线传感器网络技术等。物联网综合运用各种感知技术，在信息采集过程中需要不同类型的传感器，这些传感器可以捕获不同信息并具有不同的信息格式，它们作为不同的信息来源按照一定的规则采集必要的信息，并实时上传数据。与传统互联网只连接计算机不同，物联网的终端更加多样化，目的在于将一切有利于连接且可连接的物体相连，其终端不仅包括家用电器如电冰箱、洗衣机、空调、电饭煲等，还包括日常用品如钥匙、公文包、手表，甚至汽车、房屋、桥梁、道路以及有生命的人或动植物。物联网中每个终端都有地址，可以进行通信，并且每个终端都是可控制的。

（2）由于其大量的传感器设备及形成的数据量巨大，物联网需要具备处理不同类型网络和协议的能力，以便保证数据在传输过程中的准确性和实时性。物联网是一个基于互联网的网络系统，是互联网的一个扩展部分，可以按照预先设定的通信规范来工作，利用适当的软件和硬件执行特定的通信规定，把各类有线和无线的网络连接到互联网上，并能精确、快速地发送收集到的物品信息。

（3）作为一种先进的信息化手段，物联网可以智能化地执行任务，而这正是它的主要优势所在，同时也是推动其实际运用的重要基础。通过整合各领域的最新科技，如感知层的全方位数据收集和传输层的准确信息传递，我们可以对其进行深入的研究和处理，从而为其所涉及的活动提供指引，这些指引往往具备预见性和智能化特性。不仅如此，物联网还可以利用自身的功能来完成智能化操作，并能有效地管理实体设备。此外，物联网还把传感器技术和智能处理技术相结合，借助云计算技术和其他智能工具进一步拓展了其使用范围。

（4）网上各行业不同领域使用互联网是相同的，但物物相连的物联网在应用领域的不同区域中则可能是不同的。始终由行业客户的需求引领着物联网的前进方向，它能激发应用程序的开发，反过来又会刺激新的需求，从而推进行业的标准建立和进一步促进其成长。物联网设备已经在各个领域如制造业、农耕、交通运输、安全防护、能源等方面得到普遍使用。伴随着物联网技术的持续发展与创新,它的运用范围也将逐渐扩大至私人领域的消费和个人家庭的使用场景中,更深层次地渗透到日常生活的每个角落,为我们的生活带来更多的智能化和人性化的体验。

3. 物联网的体系架构

要深入理解物联网的结构,首要任务是明确物联网的各类应用场景,以及为了满足这些多元化的应用需求物联网在技术层面上存在哪些挑战。我们首先列举一些物联网的典型应用场景,然后基于对物联网应用需求的分析提出普遍适用的物联网体系架构。

下面将对一些与普通用户有着密切联系的物联网应用进行详细阐述。

情境 1:当早晨您准备驾车去工作的时候,放置于汽车钥匙抽屉中的传感器会感知到这个动作,然后它会利用互联网自行触发一系列活动,例如使用蓝牙扬声器播放今日的气候信息,在智能手机屏幕上展示一条快速且畅通无阻的交通路线,预测所需的时间,并且可能还会以短信或实时通信软件的方式通知您的家庭成员关于您的离家情况等。

情境 2:物联网冰箱已经逐渐成为最为普遍使用的智能家居设备之一。物联网冰箱能够实时监控冰箱内的食品情况,当我们在外出购物时,家中的冰箱会在其上设置的屏幕或者我们的手机中提醒我们需要购买的东西,同时还会告知我们所储存的食物何时到期。基于您对存储的食物喜好,冰箱能为您提供个性化的建议,例如应适量增加哪种食物的摄入量,应降低哪种食物的食用频率。

情境 3:用户已经开通了家庭安全服务,能够通过手机远程监控家中的各种环境参数、安全状况及视频监控图像。用户可以使用警示灯或消息推送等方式展示潜在的危险或故障,同时用户还能够利用手机操作家里的一些安防设备。

情境 4:在旅游过程中,游客常常面临着地理位置不明确、缺乏信息导向等问题。而物联网技术可以为游客提供更为便捷的导游服务、实时定位服务,游客可以随时随地通过手机等设备获取自己的位置信息,避免迷路、浪费时间等问题。还可以根据游客的所在位置和信息反馈智能地推荐景点、美食、娱乐等信息,让游客更省心、舒心。

将"智慧"赋予物体是物联网的核心价值所在,它能让人类及物体之间产生交流互动,而这种特性则表现在其感知能力、连接能力和智能化程度的提升上。所以,物联网主要包括3 个部分:首先是对物的感知环节,这依赖于如 RFID、二维码、传感器等多种工具来完成,目的是辨识出"物";其次是信息传递阶段,这是借助现有互联网、广播电视网、通信网等手段来完成信息的流通;最后是智能化操作层面,这运用到如云计算、数据分析、中间件等先进科技,以便达到对物品的自动化操控和智能化管理。

依据对"物联网"一词的理解可知,为了构建并实施这一技术需要具备能采集环境状态的信息收集装置(如能够检测温度或湿度的传感器)以形成全局性的监测能力,同时利用已存在的因特网及通信线路完成准确的数据传递任务,最后通过智能化的方式分析这些资料从而达成人类之间或者物品间的连接互动和服务提供的能力。基于此种理念,"物联网"的技术框架由三部分构成,即泛在化末端感知网络、融合化网络通信基础设施、普适化应用服务支撑体系,简称感知层、网络层、应用层。其中,感知层是物联网信息的来源,包括各种类型的传感器、RFID 标签和读写器、二维码标签和识读器、摄像头、M2M 终端、传感器网关、智能手机、智能测控设备等,主要功能是识别物体、采集信息;网络层实现数据的传输,负责实现物联网节点之间的连接,以及实现数据在网络中的传输,网络层可以使用多种网络技术，如局域网、无线局域网、蓝牙、蜂窝网络等；应用层实现不同行业的综合应用，包括智能物流、智能电网、智能交通、智能环保、智能医疗、智能操控、智能安防、电力抄表、远程医疗、智能农业等。物联网体系架构可以精确地定义系统的各组成部件及它们之间的关系，按照自底向上的思路，本书对当前主流的三层体系架构（图1-1）进行分析。根据不同的划分思路，也有将物联网系统体系架构分为五层的，即信息感知层、物联接入层、网络传输层、智能处理层和应用接口层。

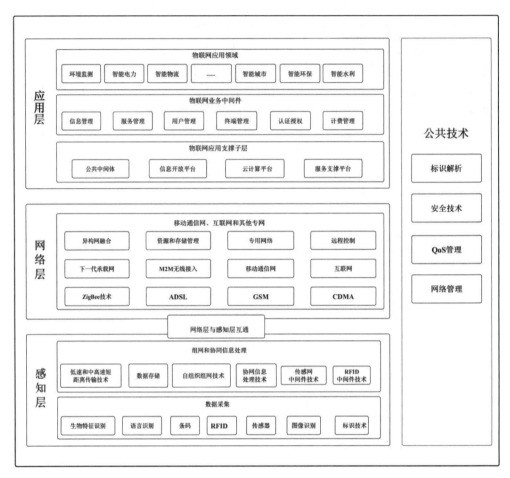

图1-1　物联网三层体系架构

在构建物联网系统时，我们可以把三个层次看作人类身体的三部分：表皮及器官对应于感知层，而神经中心与脑部则代表了网络层，最后的社会角色就类似于应用层。作为物联网发展的基石，感知层主要负责收集来自环境的信息，利用传感器来实现这一功能。然而，实体并无通信的能力，因此需要借助传感器、摄像机、条形码扫描仪、RFID设备、实时的位置追踪芯片等多种工具来获取各种标记信息、物理参数及音频/视频数据，接着再运用无线近场通信自我组织的网络连接等方式对这些数据进行处理。

物联网感知层的关键职责在于完成对整个网络的全方位感知，收集与共享相关信息。该层次包含了二维码标签和识读器、RFID标签和读写器等设备，其主要功能是辨别实体对象并提取信息。物联网中的"物"并非指代天然物质,而是必须符合特定标准方可成为物联网的一部分,例如具备相应的信息接收装置和输出装置、数据通信路径、数据处理微型计算机、操作系统、存储区域等,同时遵守物联网的通信规则,并在物联网中拥有可以识别的标记。可见,实际生活中的物品并不一定都能达到上述要求,因此就需要借助专门的物联网设备来帮助它们达到上述要求,从而使它们得以融入物联网。物联网感知层所应对的问题是如何从人造的世界向物理世界获得数据,这涉及了各种物理参数、标志符号、声音、图像等信息的捕捉。感知层位于 3 个层次结构的最底部,它是物联网发展的基础,也是物联网应用的重要核心力量。作为物联网最根本的一环,感知层发挥着关键的作用。通常来说,感知层由两个部分组成:一是使用传感器、摄像机等工具抓取实物的数据;二是利用蓝牙、红外线等方式进行近距离的有线或无线的数据传递,或是把数据直接传送到网关设备上。

物联网的网络层建立在现有的移动通信网和互联网基础上,网络层将感知层获取的信息进行传递和处理,网络层的核心功能在于通过各类可接通于全球范围内的无线或有线通信技术来确保所收集到的实时动态信息能够被有效且精确地发送至目的地。与此同时,该层还具备有保证所有涉及此项操作的过程都具有高度的安全性和稳定性。作为物联网的桥梁角色的网络层负责进行信息的传递,其中对感知层上传的数据进行存储和分析的云计算平台也是物联网网络层的重要组成部分,是应用层众多应用的基础。网络层包括通信与互联网的融合网络、网络管理中心和信息处理中心等。

物联网的应用层是为满足用户对更高层次服务需求而设立的一个专门用于提供相关服务的一层,实现了研究和开发物联网的目的和意义。在前两层的基础上,结合相应的软硬件开发和智能控制技术,为人们呈现出一个无限互联、舒适体验、随心控制的全新世界。该层包括为物联网应用提供通用支撑服务和调用接口的应用支撑子层以及各种具体的物联网应用,物联网的具体应用可以分为:监控类型的应用,如物联网在智能环保和智能安防方面的应用;控制类型的应用,如物联网在智能交通、智能家居、智能环保、智能驾驶方面的应用;查询类型的应用,如物联网在智能城市和智能政务方面的应用;扫描类型的应用,如物联网在智能机场、智能高速、智能旅游方面的应用。简而言之,这些都表明我们已经开始把这种新兴科技融入我们的日常生活中去解决一些重要的问题。对于这项技术的深入探究还在持续着,而它的潜在用途也在不断地扩大。伴随着相关辅助性科学手段的逐步完善,我们可以预见的是未来将会出现更多更加方便快捷且人性化的解决方案。

公共技术与物联网技术的某一特定层面无关,而是涉及物联网技术架构的三个不同层次,包括标识解析、安全技术、网络管理和服务质量(QoS)管理。

4. 物联网的关键技术

物联网作为新一代的信息科技革命的代表之一,它的发展离不开其核心技术的创新发展,而这其中最主要的技术就是编码标识技术、自动信息获取和感知技术、网络传输技术、智能处理技术等。

国际电信联盟(ITU)于 2005 年发布的关于物联网络的研究报告显示,其对四种核心科技进行了详细阐述:用于标记物品的 RFID 技术、用于检测环境变化并做出响应的传感器技术、能够自主学习与决策的人工智能技术、能实现精细控制的小型化材料科学领域的纳米技术。当前,我国物联网技术的关注热点主要集中在传感器、RFID、云计算和人工智能等领域。

涵盖众多领域的物联网技术,其在各行各业中的运用方式和技术形式也存在差异。参照物联网的体系架构，对物联网涉及的核心技术进行分类整理，从而构建出一套完整的物联网技术系统。该系统的技术组成部分主要由 4 个子系统构成：感知与标识技术、网络与通信技术、计算与服务技术、管理与支撑技术。

（1）感知与标识技术。感知与标识技术是构建物联网的基础，在收集物理世界中的事件和数据的过程中起着重要作用，实现对外部世界信息的感知和辨识，其中包括多种技术，如传感器、RFID、二维码等，它们的发展成熟度有很大差异。

1）传感技术。人的认知能力是基于其五感的综合运用：用眼睛看东西；用鼻子闻气味；用耳朵聆听声音；用手脚接触事物等。这些收集到的资讯会被送入脑部经过解析后作出决策然后指导行动，这是人类认识世界和改造世界具有的最基本的能力。然而，我们的手指不能感受数百度以上的热度，也不能精确地识别热量的细微变动，因此就需要借助科技手段了。一种名为"传感器"的技术能够捕捉外部信息并将之转换为电气化或者其他需要的格式以便于传递、管理、存储、展示、记录或操控。在物联网中，对各种参量进行信息采集和简单加工处理的设备被称为物联网传感器。传感器可以独立存在，也可和其他装备组合成一体化模式出现，但无论哪种方式，它都是物联网中的感知和输入部分。在未来的物联网中，传感器及其组成的传感器网络将在数据采集前端发挥重要的作用，从而更好地服务大众。

借助传感器与多跳自组装式传感器网络，我们能够协同收集并获取网络覆盖范围内目标物体的信息。这种网络是由随机布局的节点以自我组织的模式构建而成的，使用内部嵌入式的传感器来检测周围环境的热量、红外线、声音、雷达及震动波信号。这些传感器的种类繁多，可以探测包括温度、湿度、噪声、光强度、压力、土壤成分以及移动物体的大小、速度和方向等物质现象。每个传感器节点都是传感器网络的基本组成单位，它由数据采集模块（传感器、AC/DC）、处理和控制模块（处理器、存储器）、通信模块（无线收发器）和能量供应模块（电池、AC/DC 能量转换器）组成，如图 1-2 所示。

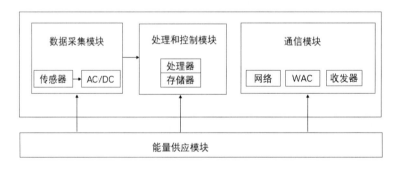

图 1-2　传感器节点的构成

传感器作为一种依附于敏感机理、敏感材料、工艺设备和计测技术的传感技术，它的研发需要极高的基本科学知识及全面的技术能力。然而，当前的传感器产品并未能在其所监测量的种类、准确性和稳定性上取得突破，同时也在降低生产成本、减少能源消耗等方面面临挑战，这使得其无法实现大规模的市场应用，成为了阻碍物联网产业发展的一大难题。

2）识别技术。作为一个多学科的技术领域，识别技术基于计算机科技与通信科技，并提供了一种标准化的方法来处理数据编码、收集、标记、管理和传递。它的出现克服了由于计算机数据输入缓慢且易出错等因素导致的障碍，大幅提高了数据输入工作的效能，并在不断地推动着数据输入技术向更加自如性和智能化方向发展。此外，识别系统的输出结果是一种具有清晰意义的信息，可用于指导用户做出正确的决定。

从一维条码到二维条码、从纸质条码到特殊材料条码的转变过程中，我们见证了自动化识别系统的进化历程。而如今随着对生命体征检测手段的研究与开发，形成了涉及光、机、电、计算机、系统集成等多种技术组合的高新技术体系。与此同时，伴随着条码技术的成熟及日益普及，这项先进技术正迅速崛起为一项具有巨大潜力的创新工具，包括指纹采集器、语音识别等一系列由人工智能驱动的机器学习方法也在各个行业中展现出了强大的功能性和实用价值。识别技术涵盖物体识别、位置识别和地理识别，对物理世界的识别是实现全面感知的基础。物联网标识技术是以二维码、RFID 标识为基础的，对象标识体系是物联网的一个重要技术点。

（2）网络与通信技术。网络是物联网信息传递和服务支撑的基础设施，通过泛在的互联功能确保了信息传输的稳定性和安全性。当前，主要用于物联网数据传输的技术包括通信网、广电网和互联网等已经相对完善。

根据网络传输介质的不同，可以将网络通信技术分为无线接入技术和有线接入技术两类。在有线局域网中，常用的传输介质包括同轴电缆、光纤等，例如在智能家居系统中，内部局域网络一般采用双绞线进行数据传输。双绞线由两根铜导线绞合而成，带有绝缘保护层，分为非屏蔽双绞线（UTP）和屏蔽双绞线（STP），具有双向传输信号和高速传输率的特点。在智能家居局域网中，双绞线主要用于连接路由器和智能中继。路由器负责将 Wi-Fi 设备连接到网络，与云平台交互；智能中继负责其他智能设备的连接，如触控面板、安防模块、窗帘控制器等。通过双绞线连接实现了路由器和智能中继之间的设备信息交互，全屋智能化场景得以实现。除了使用双绞线连接路由器和智能中继，无线局域网通信也是智能家居设计的主流方法，解决了内部设备与主控设备之间的灵活连接问题。

1）蓝牙（Bluetooth）技术。蓝牙技术可以实现在不同装置间近程数据交换的功能。2016年，蓝牙技术联盟提出了全新的蓝牙技术标准——蓝牙 5.0。蓝牙 5.0 主要针对低功耗设备，有着更广的覆盖范围和更快的传输速度。在速度方面，蓝牙 5.0 的传输速度上限为 24Mb/s，是之前 4.2LE 版本的 2 倍，传输级别更是达到无损级别。在工作距离方面，蓝牙 5.0 的有效工作距离可达 300m，是之前 4.2LE 版本的 4 倍。

蓝牙技术是一种无线数据和语音通信开放的全球规范，它允许通过廉价且近距的方式为各类电子产品（包括固定和移动）之间的传输信息或对话交流提供便利条件。其实质内容是为固定设备或移动设备之间的通信环境建立通用的短距离无线接口，将通信技术与计算机技术进一步结合起来，即使是在没有电源线路或物理连接的情况下，也能在短距离范围内实现相互通信或操作。

作为一种电缆替代技术，蓝牙技术的运用涵盖了三个方面：语音通信、数据访问和外部设备间的连接及个人区域网络（PAN）。它能有效降低移动设备等电子设备间的信息交流难度，同时也能降低设备与互联网之间信息传递的复杂度，使数据传送速度更快，并进一步拓展了无线的可能性。

2）ZigBee 技术。ZigBee 作为一种短距离、低功耗的无线传输技术，是介于无线标记技术和蓝牙技术之间的技术，底层是采用 IEEE 802.15.4 标准规范的媒体访问层和物理层。ZigBee 的名字来源于蜂群使用的赖以生存和发展的通信方式，即蜜蜂靠飞翔和抖动翅膀来向同伴传递新发现的食物源的位置、距离和方向等信息，也就是说蜜蜂是依靠这种方式构成了群体中的通信网络。ZigBee 技术的特点包括低速、低耗电、低成本、支持大量网络节点、支持多种网络拓扑、低复杂度、快速、可靠、安全，这一技术在远程自动控制管理中表现出色。目前，ZigBee 技术因为其应用优势突出，在智能家居、智能抄表、环境监测等领域都有广泛应用。

与蓝牙技术相比，ZigBee 技术更为简单、速率更慢、功率和费用更低。同时，由于 ZigBee 技术的速率较低和通信范围较小的特点，这也决定了 ZigBee 技术只适合于传输数据流量较小的业务。

3）Wi-Fi。我们经常使用的"移动热点"也被称为 Wi-Fi（Wireless Fidelity），是 Wi-Fi 联盟制造商的商标作为产品的品牌认证，它是基于 IEEE 802.11 标准的无线局域网技术。Wi-Fi 传输距离有几百米，其最大特点就是能够让智能终端如手机、笔记本电脑及掌上式电子设备等能在有限范围内建立高性能且无线的连接去获取服务与支持。其中包括两个主要部分：一个是接入点（Access Point, AP），另一个是无线网卡组成的无线网络。主流的 Wi-Fi 无线标准有 IEEE 802.11n、802.11ac 和 802.11ax 三种。Wi-Fi 是通过无线电波来联网，常见的就是一个无线路由器，在这个无线路由器电波覆盖的有效范围都可以采用 Wi-Fi 连接方式进行联网。这种类型的通信形式被广泛应用于现代社会的信息领域中并得到了推广普及，从而使得人们的生活变得更加便捷，并且提高了人们的生活质量。Wi-Fi 的优点也十分明显，它更为便利，且提供设备能够自动搜索并实现即时加入和离开的功能。这些都使得移动设备获得了很多方便，从而提升了工作效率。

（3）计算与服务技术。海量感知信息的运算与处理是物联网的核心支撑，服务和应用则是物联网的终极表现形式。基础层面中，感知层和网络层负责收集并传递关于物体的信息，同时还需要具备能对数据和信息进行智能化解析和处理的技术平台即应用层，这样才能够完成对物的智慧化控制，进而达成"万物互连"的目标。物联网概念下"万物相联"会产生海量的数据信息，只有对这些信息进行智能处理、分析和应用，物联网的现实价值和真实利益才能得以实现。

1）信息计算。海量感知信息的计算与处理技术是物联网应用大规模发展后遇到的一个主要挑战。我们必须深入探讨海量感知信息的数据融合、高效存储、语义集成、并行处理、知识发现和数据挖掘等关键技术，实现物联网云计算中的虚拟化、网格计算、服务化和智能化。核心是采用云计算技术实现在各种不同类型的设备上对各类大数据量的智能化的访问和服务能力，以此作为一种有效的手段使得海量的信息能够得到更充分的使用和支持。

2）服务计算。物联网发展应该基于实际运用为导向，在这个背景下，服务的定义会经历一次根本性的转变，新的应用形式将会给物联网带来巨大的挑战。若仍坚持传统的技术路径，必然会对物联网应用的创新造成限制。为了应对未来的应用场景变迁和服务模式调整的需求，我们必须根据物联网在各行业的具体应用情况提取出各个领域共同存在的或者被要求的关键特性支持技术，并深入探讨如何构建适用于各种应用需求的、标准化的、通用的服务架构和应用支持平台，同时也要关注对服务型计算技术的探索。

（4）管理与支撑技术。伴随着物联网网络范围的扩展、服务种类多样化的需求及对服务品质提升的需求，同时由于各种潜在的影响网络稳定性的因素增加，要确保物联网能够达到"可运行—可管理—可控制"的目标，关键在于测量分析、网络管理和安全保障等方面。

1）测量分析。测量是解决网络可知性问题的首要手段，可测性是网络研究中的基本问题，随着网络复杂度的增加和新型业务的推出，需要研究高效的物联网测量分析技术，构建基于服务感知的物联网测量机制和方法。

2）网络管理。"自治、开放、多样"是物联网的自然特性，这些自然特性与网络运行管理的基本需求间存在着突出矛盾，需要研究新的物联网管理模型和关键技术来保证网络系统正常、高效地运行。

3）安全保障。物联网安全运作依赖于其各个系统的稳定运转，由于物联网的开放性、包容性和隐蔽身份信息的特性，必然会带来一定的风险隐患。我们必须深入探讨物联网安全的关键技术，确保物联网系统满足机密性、真实性、完整性、抗抵赖性这四大要求，同时还需要解决好物联网中的用户隐私保护和信任管理难题。

【实现方法】

1. 架构图构建步骤

（1）明确楚要画的架构图的类型。

（2）确认架构图中的关键要素，如产品、技术、服务等。

（3）梳理关键要素之间的关联，如包含、支撑、同级并列等。

（4）输出关联关系清晰的架构图。

2. 架构图分类

架构是由系统组件及组件间相互关系共同构成的集合体，大致可以分为四类：业务架构、应用架构、数据架构和技术架构。而架构图则是用来表达架构的载体，它有两个作用，即划分目标系统边界和将目标系统的结构可视化，进而减少沟通障碍，提升协作效率。

物联网体系架构图属于应用架构，它是实现整个系统的总体架构，需要指出系统的层次、系统开发的原则、系统各个层次的应用服务。

例如图 1-3 就将系统分为数据层、服务层、通信层、展现层，并细分写明每个层次的应用服务。

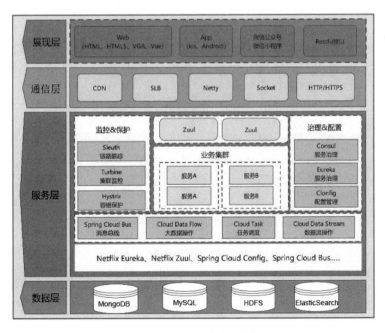

图 1-3　应用架构图示例

3. 画架构图的工具

图 1-3 展示的架构图是用亿图图示制作的，亿图图示是万兴科技旗下的产品，涵盖 210 种绘图类型，流程图、架构图、工业设计、图文混排都能一软搞定，它是一款专业的综合类办公绘图软件。

（1）打开亿图图示软件，单击"新建"按钮，在界面中选择所需的绘图类型"软件架构图"，在界面下方选择"系统架构通用模板"，双击"系统架构通用模板"图标进行创建，如图 1-4 和图 1-5 所示。

图 1-4　亿图图示"新建"界面 1

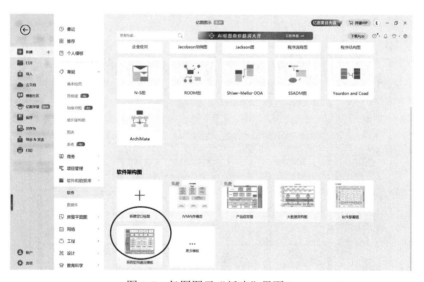

图 1-5　亿图图示"新建"界面 2

（2）进行"绘图"界面，从左侧选择"基本绘图形状"，可以将选择的形状用鼠标拖进绘图面板进行绘制，如图 1-6 所示。

（3）绘图时可根据需要选择面板上方菜单栏里的各种设置，如图 1-7 所示。

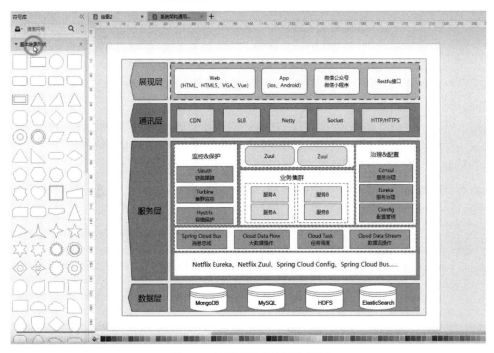

图 1-6 亿图图示"绘图"界面

图 1-7 亿图图示的菜单栏

任务 2 什么是物联网工程

【任务描述】

通过对物联网工程设计的目标、物联网工程设计应遵循的原则、物联网工程设计考虑的四大要素等知识的梳理，理解物联网工程的概念。

【任务要求】

根据自设项目归类整理涉及的物联网的四大要素。

【知识链接】

1. 物联网工程的概念

"工程"的字典释义是这样的：一是指土木建筑和其他生产、制造部门利用较大且复杂的设备进行的工作，如土木工程、机械工程、化学工程、采矿工程、水利工程等，同时也指具体的建设工程项目；二是泛指那些需要投入巨大人力和物力的工作。

专家给出的"工程"的定义：工程是科学和数学的某种应用，通过这一应用，使自然界的物质和能源的特性能够通过各种结构、机器、产品、系统和过程，以最短的时间和精而少的人力做出高效、可靠且对人类有用的东西。工程需要将科学与实践结合，综合使用多种技术方法来构建一个新的系统，这个新的系统在客观上是一个创造物。工程活动应该包括确立正确的工程理念、制定一系列合理决策、正确设计、合理构建和运行等子活动，其结果往往具体地体现为特定形式的一个或一组新的创造物。根据物联网自身的理解，很明显，物联网工程更倾向于选择第二层含义，也就是指物联网工程是一种耗费大量人财资源的工作。

作为信息科技领域的最新成果，物联网工程是在信息化工程、网络工程和软件工程之后提出的新的项目概念。物联网工程是研究物联网系统的规划、设计、实施、管理和维护的工程科学，需要物联网工程技术人员根据既定的目标，依照国家、行业或企业规范和标准，拟定出一套物联网建设的方案，协助工程招投标，同时开展设计、实施、管理和维护等工程活动。

2. 物联网工程设计的目标

物联网工程设计：指的是在系统、科学的方法指导下，通过工程化手段，对特定领域的物联网应用需求进行全面的技术规划、选择适当的设备和产品、完善实施方案，目标是建立满足用户需求的物联网系统。

物联网工程设计的技术架构：物联网工程设计技术架构主要按照物联网的分层体系结构来确定，包括感知层技术、网络层技术、应用层技术和公共技术。其中，公共技术涵盖物联网各层，而在感知层、网络层和应用层又分别包含若干细化的技术。

物联网工程设计的目标：以工程的管理方法为指导，整合现有的应用平台，并构建与之相关的物联网解决方案。其总目标在于利用系统工程的科学原理来满足客户的需求，通过优化各类技术的选用及产品的选择合理地安排项目的执行过程，确保最终能建立一个稳定性强、成本效益好、操作简便且能符合顾客期望的整体系统。

3. 物联网工程设计应遵循的原则

（1）应围绕设计目标开展设计工作。

（2）应充分考虑应用性要求。

（3）应在需求、成本、时间、技术等多个因素中找到最优的平衡和调和。

（4）应优先选用最简洁、最实际的解决方案。

（5）应避免简单照抄其他设计方案的做法。

（6）应具有可预见性和可扩展性。

（7）应选用有设计经验的专业人员来主导设计工作。

4. 物联网工程设计考虑的四大要素

感：多感知器协同感知物理世界状态。物联网系统需要与外界环境交互，通过传感器如温度传感器、湿度传感器、音视频传感器（摄像头、拾音器、卫星遥感等）、智能感知传感器系统（Wi-Fi 感知系统、深度学习感知系统）、位置移动信息传感器（GPS、北斗、红外传感器、速度传感器、雷达、声波、超声波、UWB 等）等来感知环境的状态及改变信息、位置信息、位移信息、存在信息、图像视频信息等各类物联网系统所需的信息。

联：连接信息世界与物理世界的各种对象，进行数据交换，支持协同感知和协同控制管理。大部分物联网系统需要地理位置上分布的物体组成，只有利用网络（有线、无线如 ZigBee、Wi-Fi、蓝牙、NB-IOT、LoRa、4G、5G 等长短距离不同的无线传输），才能虚拟为一个整体的信息汇聚。

知：通过对感知数据的认知、计算分析和推理，能够正确认知物理世界的本质。知包括知道、认知、知识、智力等方面，它们是基于感知信息，经过整合和积累而形成的对控制所需规律的认知，接着在认知基础上，进行一定智力决策，利用控制系统中的控制部分实行对物联网系统的具体运用。知同时也需要数据处理，包括实时感知数据处理。感知的数据必须进行一定的智能处理，才能表现出我们需要的物联网的"智力"。

控：根据认知结构，确定控制策略，发出控制指令，指挥各种执行器协同控制管理物理世界。物联网控制是物联网系统存在的原因，是物联网系统的执行端。执行效果需要循环闭环，比如通过感知对执行效果进行验证和评估。

【实现方法】

1. 以智能家居为例拆解其四大元素之"感"

智能家居安全防护系统是基于物联网的感知层、网络层、应用层三层体系结构设计的，通过人体探测器、烟雾探测器、可燃气体探测器、门磁探测器、温度传感器等传感器在感知层实现安全防护信息的实时采集。

（1）温度传感器。

一旦环境温度发生变动，传感器中的敏感元件感受到这一变化，进而生成相应的信号进行输出，输出的信号大小随着温度的变化程度互不相同，从而我们可以通过这些数据来获取准确的温度测量值。我们根据温度传感器对温度测量方式的不同把温度传感器分成接触式和非接触式两种类型，在应用中应根据实际需求选择合适的类型。

（2）空气质量与气体类传感器。

气敏传感器可以利用相应的敏感元件检测特定的气体并输出相应的电信号，该电信号的强弱取决于气体含量的多少。因此，气敏传感器可以测得某种气体在空气中的比例，实现检测某种气体并监控其浓度的目的。气敏传感器可以检测环境中的有害气体含量，一旦有害气体浓度超过设定值，传感器就能迅速报警并且及时采取相应的应急措施，尽可能降低危害，例如甲醛传感器、二氧化碳传感器、燃气泄漏传感器、PM2.5 粉尘颗粒传感器。根据需求分析及前端设计的要求，确定设备参数和技术指标，一般来说，空气质量与气体类传感器的技术指标和性能参数包括额定电压、额定功率、工作环境温湿度、测量精度，燃气泄漏传感器还包括报警浓度探测角度、探测距离等指标。注意，必须确保所选传感器满足国家和行业标准以及企业标准的实际应用指标和需求。根据安装点位的供电要求确定电源接口，可选用 220V 外接电源供电的产品，或者选用电池供电的产品。最后查阅相应产品资料，结合品牌、售后服务和性价比确定所选产品。

（3）红外传感器。

红外传感器被广泛运用于家居安防系统，以防范未经授权的人进入住宅。可以在住宅的窗户、阳台等地设置多个红外传感器，可以部署于住宅中的各个角落，如窗口、阳台等地方，一旦有任何未经授权的人员闯入，就会发出报警信号、灯光照明、视频监控系统拍摄等。红外传感器常常安装在入户门处，如果您的客厅是宽 4m、长 8m 的矩形，要能探测出整个客厅区域，需要确保设备探测距离能达到 10m，探测角度能覆盖 120° 的范围。由于南方城市夏季炎热多雨潮湿，气温可能高达 40℃，湿度也经常达到 80%，冬季室内温度很少会低于 0℃，所以该红外传感器的工作环境温度应能在 0℃以上，50℃以下，工作环境湿度应能满足 80%的上限要求。根据上述讨论，我们确定了基本的产品特性需求如下：探测角度 120°；探测距离 10m以上；工作温度 0～50℃；工作湿度 0%～80%。最终的选择结果应当符合国家与行业的规范，同时也符合企业的具体规定。为了不影响美观，考虑入户门处不设置插座。因此，红外传感器的电源供应只能依赖于电池，而不能采用 220V 外接电源。最后，需要查阅相关产品信息，并根据品牌、售后服务和性价比来决定选择哪一款产品。

2. 以智能家居为例拆解其四大元素之 "联"

在构建智能家居无线通信网络时，我们主要考虑以下三个关键因素：

（1）网络性能，主要是数据传输速率。

（2）智能家居系统长期运行时，其安全性和稳定性必须得到保障。

（3）为了后期的普及，必须研究成本及可维护性，选择性价比高的产品。

目前，常见的短距离无线数据通信技术包括 Wi-Fi、Z-Wave、蓝牙、ZigBee、红外，如表 1-1 所示。

表 1-1　常用无线通信技术

技术名称	传输距离/m	传输速率/（b/s）	系统成本	功率消耗
Z-Wave	100	40K	低	小
蓝牙	10	1M	较高	较小
Wi-Fi	300	54M	较高	大
ZigBee	200	250K	较高	小

依据表 1-1 中的信息和各种技术的对比分析，我们推荐使用 Wi-Fi 无线通信方式搭建无线网络系统。首要的是，从速度的角度看，Wi-Fi 无线通信技术具有无可争议的主导地位，这是其他无线通信方法所不可企及的。另外，无论是有线的还是无线的通信方式，其核心在于确保信息快速且实时传递，如果这一目标未能实现，该项技术必然会遭到市场的抛弃。

尽管当前基于 ZigBee 等无线通信方式的智能家庭体系能够完成一般性的智能化住宅系统的数据传输任务，并在市场上占有一定比例，但随着大数据和云计算的发展，未来的智能家居产生的数据数量可能会大幅增加，不仅包含环境监测、水电气计费器的信息处理，还涵盖了简单设备操作等。此外，将来各种家用电器之间的互动交流也会增多，如设备本身的工作状态数据、相互间的沟通记录、用户界面上的互动内容等，这些都可能涉及大量的图片和音频数据信息。显而易见，现有的 Z-Wave、蓝牙、ZigBee 这类无线通信方法无法应对如此庞大的数据流量需求。但是，Wi-Fi 无线通信技术已具有大规模数据传输的功能。

考虑到安全因素，相较于其他无线通信方式，Wi-Fi 无线通信技术的数据保护能力略显不足。尽管如此，由于其庞大的基础设施和广泛的网络覆盖范围，拥有 Wi-Fi 无线通信能力的设备数目众多且分布广泛。

对于单独的产品或系统，相较之下，使用 Wi-Fi 无线通信方式的技术产品的生产费用较高，然而若从整个社会的角度来看待问题，这种方法却有显著的社会效益。它可以实现对大量的基础设施建设投入的支持并能使各种智能化装置顺利地接入互联网中，这是一种非常重要的特性，而且它的操作简便易行且所需资金很少。基于这些原因，采用 Wi-Fi 无线通信方式制造出的智慧型产品拥有较强的竞争力和推广力。

3. 以智能家居为例拆解其四大元素之"知"

数据是用来对事实、概念、指令的一种表达形式，既可由人工进行处理，也可由自动化设备进行处理。数据处理是指对数据的采集、存储、检索、处理、转换和传输。对于许多智能化家居系统来说，其对传感器的检测结果的管理方法较为简易且并不完整，仅会依据检测数据是否超出了设定的合理范围进行警报和采取相应的行动。在这种状况下，假如传感器出现了问题或者是因其他因素导致的检测数据暂时偏离正常范围，那么系统将会基于检测到的异常情况作出错误判断，从而触发错误决策，造成一些智能家居响应并做出错误行为。智能家居系统的感知器在监控过程中，通常会在短期内保持稳定的测量值。然而，因为感知器自身的问题或者某些线路上的问题，可能会有少数显著违背实际情况的数据，或是与大多数附近数据差异巨大的值，这种异常值无法反映真实的监测信息。智能家居物联网中数据处理的目标是：利用传感器和执行器等收集来的数据，让用户能够经过对此类数据的分析提炼出有用的事实，以使智能家居系统提供服务。

4. 以智能家居为例拆解其四大元素之"控"

与传统家居系统不同，基于物联网技术的智能家居系统是一个住宅利用通信网络连接关键电器和服务，它能够让用户从远处操控、监测或者访问该系统。然而，为了达到真正的智能化目标，除了获取信息、传输信息外，更要对生活数据进行分析，以便制定适合日常场景的常用操作策略。这能有效地提升智能家居系统的管理效率，进一步推动家庭的智能化发展。传感器及时检测信息（风光雨、温度等），再将其传送给控制中心，控制中心将这些数据进行挖掘处理，得出使用者的行为模式，进而适时启动相应的事件。依据用户的生活习性自动调节电器的运作方式可以让他们的居住环境更加舒适，并且合理地调整开闭时间也有助于节约能源保护环境。在这个过程中，数据挖掘被视为实现智能化控制的核心环节。而对于智能家居来说，需要的正是识别用户的偏好，并能在适当的时候提供对应的服务。关联规则挖掘则旨在揭示数据库中的属性和它们之间有意思的关系，并用支持度和可信度来度量其相关性，以此满足消费者的需求。

智能家居情景模式及控制策略如表 1-2 所示。

表 1-2 智能家居情景模式及控制策略

模式名称	引发条件	触发动作
睡眠模式	根据时间表，在预定时间内发生了相应的事情，就定义为用户准备睡觉，包括用户关灯、洗漱、关电视、播放睡眠音乐	帮助用户睡眠，拉上窗帘；关闭一些家电（开着的），调整一些家电进入低功耗或者休眠状态；冷热风自动调整输出区域；主控中心协调以上调整，同时自己进入睡眠状态，但不是真的睡眠，而是仍在监控室内环境，保护用户安全
温控模式	检测温度，18℃以下 检测温度，27℃以上 用户要离开家时 定位系统检测到用户已快到家 用户睡觉	开启暖风，设定 18℃暖风 开启冷风，设定 27℃冷风 关闭 预热，用户到家后正式开启 自动进入低耗状态

模式名称	引发条件	触发动作
离家模式	用户进行了以往离开家前的活动	检测到用户离家后主机进入休眠状态，关闭一些不适用的电器，一些电器进入低耗状态，检测用户位置，保持监控状态

任务 3　物联网工程设计的主要步骤

【任务描述】

通过学习物联网工程设计的流程及实施的步骤理解物联网工程运行的过程。

【任务要求】

掌握物联网工程设计各个流程的工作任务。

【知识链接】

物联网工程实施十分复杂，它涵盖了多个领域的垂直和水平整合阶段。为了确保所有基础感知设备、多样化的通信方式及集成处理系统的正常运行，我们必须妥善处理并调配各方的联系，提供正确的建设活动策略和技术移交指南。在这个全过程中，清晰地定义物联网工程的开发和实施流程是实现其成功的核心保障。

物联网工程开发实施包括以下步骤：

（1）根据需要进行物联网工程系统可行性论证与分析，一般规划初期进行可行性研究。

（2）对物联网工程系统的需求进行评估，通过这种方式我们可以确定设计目标和性能参数。

（3）设计与规划物联网工程系统，进行逻辑网络设计（也称为总体设计）和物理网络设计（也称为详细设计）。

（4）部署与实施物联网工程系统，进行施工方案设计，包括工期计划、施工流程、现场管理方案、施工人员安排、工程质量保证措施等。

（5）物联网工程系统管理与维护。

物联网工程设计阶段可以被划分为下述七个阶段。

1. 问题定义与规划

从体系架构角度可以将物联网支持的业务应用划分为三个类别。

（1）应用具备对物理世界的认知能力。通过分析物理世界的相关数据，如用户偏好、心理状况和周围环境等，来提升用户的业务体验。

（2）泛在网络应用建立在网络融合的基础之上。不强调业务的类型，而是根据网络的业务提供方式来区分，特别强调泛在网络与现有网络在业务提供方式上的不同，例如实现异构网络环境的无缝接入、协同提供宽带业务、协同终端能力等。

（3）综合信息服务应用应基于特定应用目标。具体包括应用目标的信息收集、分发、分析、网络传输和用户行为决策和执行，例如以特殊人群（老年人、儿童）安全为目标的定位、识别、监控、跟踪、预警，交互式地定位导航。

现如今，许多与物联网相关的实践已经在运行，例如早已开始使用的无障碍高速通行费用支付体系、利用 RFID 技术的移动设备付款方案等。这些传感器网络覆盖了整个城市，即便身处室内，您也能够了解到著名景区的人流量。借助物联网技术，您可以获取关于您居住的社区内的噪声水平、空气质量是否超过标准等信息，这会给您的日常生活带来诸多意外惊喜。

2. 需求分析

需求分析是获取、确定支持物品联网和用户有效工作的系统需求的过程。物联网需求描述了物联网系统的行为、特性或属性，是设计、实现物联网工程的约束条件。可行性研究是在需求分析的基础上对工程的意义、目标、功能、范围、需求、实施方案要点等内容进行研究与论证，确定工程是否可行。

需求分析是一个收集、梳理物联网系统所需信息的关键环节，它是物联网发展的基石，也是决定着整个研发进程的重要部分。尽管物联网需求分析相较于软件应用系统的需求分析有其独特之处，但物联网系统设计师仍需与大量的客户互动以深入理解他们的需求，此外还需要透彻研究客户的业务流程以便进一步明确需求。通常情况下，若物联网项目与应用程序开发同步进行，那么就可以把物联网需求调研和应用程序需求调研合并起来处理。借助各种沟通方式，物联网系统设计师能够掌握客户的业务知识，也能了解到他们对网络的使用需求，从而奠定下一阶段工作的稳定根基。

（1）需求分析的主要目标。

1）深入理解用户的需求，涵盖了应用环境、业务要求、物联网项目的安全性标准、通信量及其分布情况、物联网环境、信息处理能力、管理需求、可扩展性等方面。

2）制定可行性研究报告，为项目的申请、批准和设计提供必要的基础资料。

3）准备详尽的需求分析文件，为物联网设计师们提供设计指导，方便他们对现有物联网系统进行评估，作出客观决策，设计出具有良好交互功能、可移植可扩展功能的物联网系统。

（2）需求分析的内容。

对于特定的物联网项目，需求分析的内容可能会有所差异，但通常都包含以下部分：

1）必须掌握应用背景：只有掌握物联网应用的技术环境、发展趋势、技术动向，才能阐述为用户构建物联网项目的重要性。

①国内外同行的应用现状及成效。

②用户建设物联网工程的目的。

③用户计划在建设物联网项目时所采取的步骤和策略。

④经费预算与工期。

2）必须掌握业务需求：用户的业务种类、联网物品、信息获取方法、应用系统的功能、信息服务的模式。

①被感知物品及其分布。

②感知的类型、感知/控制设备和接入方法。

③现有或需新建系统的功能。

④需要集成的应用系统。

⑤需要提供的信息服务种类和方式。

⑥拟采用的通信方式及网络带宽。

⑦用户数量。

3）必须理解物联网工程的特定安全需求：这是由于物联网的广泛性、易暴露性、终端处理能力较弱、对物理世界的精确控制等独特性质所决定的。它不仅满足了普通 Internet 的安全需求，还包含一些特殊的安全需求。

①敏感数据的分布及其安全级别。

②网络用户的安全级别及其权限。

③可能出现的安全缺陷及它们对物联网应用系统的影响。

④物联网设备的安全功能要求。

⑤网络系统软件的安全要求。

⑥应用系统安全要求。

⑦安全软件的种类。

⑧计划遵守的安全准则和实现的安全等级。

4）必须掌握物联网的通信量及其分布情况，以及物联网工程中的通信需求：物联网的通信量是物联网各部分产生的信息量的总和，这是设计网络带宽、存储空间、处理能力的基础。

①每个节点生成的信息量及其时间分布模式。

②每个用户的通信需求预测及其时间分布模式。

③接入 Internet 的方式及其带宽。

④应用系统的平均通信量、最大通信量。

⑤并发用户数、最大用户数。

⑥按日、月和年生成并需要持久保存的数据量及临时数据量。

⑦每个节点或终端所允许的延迟时间上限。

5）必须熟知物联网环境：物联网环境是用户的地理环境、网络布局、设备分布的总称，是进行拓扑设计、设备部署、网络布线的基础。

①相关建筑群的位置。

②用户各部门的分布及各办公区的分布。

③建筑物内、办公区的强弱电位置。

④各办公区信息点的位置与数量。

⑤感知设备及互联物品的分布、类型、数量、接入方式。

⑥网络的接入位置、接入方式。

6）必须掌握信息处理技能：信息处理技能是指物联网对感知的信息进行分析、处理、存储、分发、生成各类高易用性格式数据的能力。

①服务器所需的存储容量。

②服务器所需的处理速度及其规模。

③处理数据所需的专用或通用软件。

7）必须了解管理需求：物联网的管理是用户不可或缺的一个重要方面，高效的管理能提高运营效率。物联网的管理主要包括两个方面：管理规章与策略、网络管理系统及其远程管理操作。

①实施管理的人员。

②管理的功能。

③管理系统及其供应商。

④管理的方式。

⑤需要管理、跟踪的信息。

⑥管理系统的部署位置与部署方式。

8）必须知悉可扩展性需求：扩展性有 3 个方面含义：新的部门、设备能否简单、方便地接入；新的应用能否无缝地在现有系统上运行；现有系统能否支持更大的规模及能否在扩展后保持健壮性。

①用户的业务增长点。

②需要淘汰、保留的设备。

③预设的网络设备和通信线路数量及位置。

④设备的可升级性。

⑤系统软件的可升级性、可扩展性。

⑥应用系统的可升级性、可扩展性。

（3）需求分析的步骤。

1）通过与相关管理部门的交流，我们可以了解到用户所在的行业状况、常见的商业模式、外部联系和内部组织架构。

2）高级管理人员能够获取建设目标、全局业务需求及投资预算等相关信息。

3）获取关于业务需求和使用方法的详细信息。

4）从技术部门获取关于设备、网络、维护及环境状况等方面的详细信息。

5）整理需求信息，形成需求分析报告。

（4）需求分析的实施。

1）我们需要详细规划并执行需求研究和数据采集任务，这包含了明确时间点、场所、参与者、被访问者、调查主题等方面。每个方面都应该根据其特定的需求来设定相应的记录表单，以确保所有人都能有效地利用这些工具。同时，我们也必须保证整个调研流程的专业性和准确度，以便在未来能够顺利地对来自各方的资料进行深入的研究与整理。

2）按照预设任务分配来获取数据，对于使用场景的数据采集，主要涵盖了国内外的同行实践情况和成果、目标客户构建物联网项目的意图、项目实施的具体流程和战略规划、预计的花费金额和完成时间。对于业务需求的数据搜集，则涉及对象本身的位置和分布状况、感知的类型、如何实现感知和连接、现有的或新开发的系统的功能、要整合进来的软件系统、提供的各类信息服务的方法和途径、选择使用的通信技术和网络容量、预期参与的人数等内容。为了确保能完全符合业务要求，我们必须深入了解并掌握这些业务需求。

3）整理需求数据时，我们应尽可能地简洁明了，并详细说明其来源和优先级。同时，尽可能使用图表来展示需求的矛盾。

3．可行性研究

可行性研究是在作出投资决策之前，对计划中的项目进行全方位的技术经济分析论证的科学方法。它一般在规划之后，对预备实施的项目涉及的环境、社群、财政、科技等方面进行调查研究和评估对比，并对其未来产生的社会与经济效果做出预期。全面考虑项目的建立需求、财务收益、经济逻辑、科技进步及适用度，同时审视其建设的潜在性和实际操作的可能性，以此作为投资者做决定的科学参考。

可行性研究报告是在制定建设或科研项目之前，我们需要通过详细的分析来评估其可能性、效率性和技术策略，并对其中的技术细节与财务效益做出详尽的研究，以便找出最优化且成本最低的选择和合适的启动时间。

对于一份可行性研究报告来说，其关键在于对全局与系统性的深入剖析，并以此作为核心的经济效益评估指标。该报告需要通过大量数据的应用来证明所提议的项目是否具备实施的可能性，同时还需要给出综合评判结果，揭示出项目的优势与劣势，并提供相应的建议。有时候，该报告还可能包含一些附属文件，如试验数据、论证材料、计算图表、附图等，以期增强说服力。

4. 网络设计

物联网网络设计是物联网工程的重要内容之一，包括逻辑网络设计和物理网络设计。逻辑网络用于描述用户的网络行为、性能等要求，呈现实际网络的功能性、结构性抽象。逻辑网络设计是根据用户的分类、分布选择特定的技术，形成特定的逻辑网络结构。物理网络设计是为逻辑网络设计特定的物理环境平台，主要包括布线系统设计、设备选型等。

逻辑网络的结构及其设计是指在传统意义上的网络拓扑结构中，将网络中的设备和节点描述成点，将网络线路和链路描述成线，用于研究网络的方法。然而，随着网络的发展，仅依赖于这种网络架构已不足以完整地阐述网络状况了。因此，在逻辑网络设计中，网络结构的概念正逐渐替代网络拓扑结构的概念，成为了网络设计的框架。

网络结构是对网络进行逻辑抽象，它反映了网络中的关键设备及计算节点如何布局并相互联接的情况。相较于网络拓扑结构而言，网络拓扑结构的显著特点是其中只包含点和线，而不存在任何设备或计算节点；网络结构则专注于阐述这些设备和计算节点之间的连接关系。

现阶段的互联网建设主要是由局域网和实现局域网互联的广域网构成，所以我们可以把网络工程中的网络结构设计分成局域网结构和广域网结构两个设计部分。其中，局域网结构主要讨论数据链路层的设备联接方式；广域网结构主要讨论网络层的设备联接方式。

在物联网体系架构中，网络层需要完成传感节点的信息汇聚和可靠传输，处于核心地位。目前，物联网业务承载于运营商现有网络，对网络提出了新的通信需求。

（1）计费需求。

网络应支持关于生成已用网络资源的支付信息，并应支持安全和可追踪的补偿机制。

（2）安全需求。

1）网络应支持与物联网终端的彼此认证，并支持对物联网终端的单向认证。

2）网络应支持物联网服务层能力或物联网应用的认证。

3）网络应支持适当的数据传输加密。

4）网络应支持数据完整性验证。

5）网络安全策略应能阻止未经授权的物联网终端访问。

6）网络应能保护隐私。

7）网络应允许不同的对象协同运行服务，并保证端到端的服务安全。

8）网络应能支持物联网终端完整性验证机制。

9）网络应提供受信任的环境。

10）网络应提供应用级的安全受理和软件更新服务。

11）网络应提供防篡改机制。

（3）服务功能需求。

1）网络应支持从特定物联网终端（组）取得应用请求的报告，报告分为如下几类：

①应用要求的一些周期性报告。

②需求要求的报告。分为两种模式：一种是即时收集的报告，另一种是事先指定时间区间的报告。

③指定的报告。

④事件驱动的报告。

2）网络应支持应用远程控制物联网终端的能力。

3）网络应支持群组机制，包括创建和删除组、介绍一个实体加入组、调整组内成员参数、删除组内某实体、列举组内成员、检查组内实体身份、查找组内实体、关联实体是成员的所有组等。

4）网络应支持向物联网应用或服务提供 QoS（服务质量）能力。

5）网络应能支持多种物联网终端类型，包括激活终端、使终端睡眠、更新终端版本、终端版本初始化。

6）网络应支持从物联网终端接收信息，包括接收主动提供的信息、接收指定发送的信息、执行特定的算法规则检索信息。

7）网络应能感知到对象的可达状态。

8）物联网终端应支持非对称数据流。

9）网络应支持应用所需的物理路径多样化。

10）网络应能与多种区域网络实现接口。

11）网络应具备多个应用同时使用相同物联网终端的能力。

12）网络应支持应用对多个物联网终端的管理。

物联网典型的拓扑结构包括星型结构、树型结构和网状结构。在目前的实际使用中，星型结构较多用于低速低实时性应用的监测。除了如上三种结构之外，链式结构以及链式结构和以上三种结构的组合也成为较常用的拓扑方案。三种拓扑结构的比较如表 1-3 所示。

表 1-3　三种拓扑结构的比较

拓扑结构	联网特征	优势	弱势
星型结构	支持点对点、点对多点通信，需要中心节点，所有数据经过中心节点传递；适合圆形分散、距离较近的设备联网；适用于大量低速、低实时性的应用	结构简洁；采用轮询方式；协议简单	整个传输网络的距离在物理层一次传输距离范围内；集中器可以起到数据融合的作用，其可靠性对于整个网络具有决定性作用

拓扑结构	联网特征	优势	弱势
树型结构	多个星型结构的联网，集中器之间采用星型结构；适用于需要数据汇聚处理的场合，如具有智能分析能力的结构监控网络	网络层次明晰；传输距离比星型结构更远；通信协议简单明确	树型结构的根节点，包括集中器或汇聚点，都是关键节点，这些节点对数据融合能力较强，其能耗和可靠性及其失效影响网络整体可靠性
网状结构	在通信范围之内的网络的所有实体都可以互相通信，在没有直接通路的情况下，还可以通过"多级跳"的方式接力来实现通信；可以组成极为复杂的网络，网络容量很大，可以跨越很大的物理空间，适合距离较远比较分散的结构；网络还具备自组织、自愈功能	单个节点的行为相对一致；网络容量大；一般没有关键节点，风险分散；可用路由数目多，传输成功率增大	整个网络行为不易受控；随着网络节点数目的增加，网络行为的复杂度大大增加，效率将大为降低

5. 设备选型与施工方案设计

在选择传感器的时候，需要遵循以下四个主要原则：

原则 1：明确测量的对象、目的和要求。

原则 2：明确与传感器有关的技术指标。

原则 3：考虑与使用环境条件有关的因素。

原则 4：考虑与购买和维修有关的因素。

对于传感器的开发者与制造商来说，首要的两个原则是原则 1 和原则 2；而对于物联网服务的整合提供商及使用者而言，更加重视的是原则 3 和原则 4，也就是当基本的技术标准得到保证后，需要进一步评估其外部特性、价格优势等方面商业性的考量。

（1）明确测量的对象、目的和要求。在选择合适的传感器型号之前，需要先确定它的种类及其运作机制。对于相同的物理参数，我们可以从多个不同的原理出发来挑选最适合的产品。需要考虑待测量的特性和使用的环境因素，如量程范围、检测点位对设备尺寸的需求等。比如在选用用于高速路口地面货车的称重传感器时，我们要扩展其量程，使得它能在其有效范围内工作，从而增加存储容量，保障其正常运行的安全性和持久度。同时，我们也需要考虑该产品是采用触摸还是无触摸的方式、如何输出数据、产品的产地、成本预算等方面的问题。

（2）明确与传感器有关的技术指标。需要考虑的具体技术指标包括灵敏度、频率响应、线性范围、稳定性、精度等。

1）灵敏度。一般来说，在传感器的线性范围内，传感器的灵敏度越高越好。因为只有灵敏度高时，与被测量变化对应的输出信号的值才大，才有利于信号处理。但传感器的灵敏度高，与被测量无关的外界噪声也容易混入，其也会被放大系统放大，影响测量精度。因此，就要求传感器本身应具有较高的信噪比，尽量减少外界带来的干扰信号。传感器的灵敏度是有方向性的，如果被测量是单向量，并且对其方向性要求较高，则应选择其他方向灵敏度低的传感器；如果被测量是多维向量，则要求传感器的交叉灵敏度越低越好。

2）频率响应。传感器频率响应特性的好坏会影响被测量的频率范围，所以要保证测量条件在允许的频率范围内不失真。传感器会有一定的响应延迟，延迟时间越短，测量结果越理想。

频率响应高的传感器可以测量更大的信号频率范围。

3）线性范围。传感器的线性范围是指输出与输入成正比的范围。理论上，在此范围内灵敏度保持为一个定值。传感器的线性范围越大，其量程就越大，同时也能确保一定的测量精度。在选择传感器的时候，在传感器的种类确定以后，需要确认它们的量级能否符合我们的需求。然而，在实际操作中，没有任何一种传感器能够完全实现线性化，所以线性度的定义也只能说是相对的。当所要求的测量精度比较低时，可以把那些接近线性化的传感器视为线性的，这样可以大大简化我们的工作流程。

4）稳定性。当传感器被使用一段时间后，能够保持性能不变的特性称为稳定性。影响传感器稳定性的因素除了传感器本身的结构之外，还取决于传感器所处的使用环境。因此，要想传感器具有良好的稳定性，就需要传感器具备强大的环境适应能力。

在挑选传感器之前，应对其使用环境进行研究，并依据具体的使用情况来选择适当的传感器或实施恰当的策略以降低环境对传感器的干扰。

对于传感器的稳定性，存在明确的标准衡量其质量。一旦超出规定的有效期，必须在再次投入使用之前对传感器进行校准，以便确认它的功能是否有变动。当需要的是一种可以持续使用的传感器且无法频繁地替换或校准时，选择的传感器稳定性的标准会更加严苛，要能够经受住长时间的考验。

5）精度。精度是关系到测量是否准确的一个重要因素。随着传感器精度的提高，它的成本也会相应增加，所以我们只需要确保所使用的传感器能够达到整体测量的要求即可，没有必要挑选过于高级的产品。这使得我们可以从众多用于相同测量目标的传感器中挑选出相对便宜且简单易用的产品。对于那些需要进行定性分析的情况，可以选择具有较高精度的传感器；而当我们要进行定量分析时，就需要找到符合精度标准的传感器。针对一些特定应用场景，可能找不到适合的传感器，那么就需要我们自己来设计并生产这些传感器，并且保证它们的工作性能可以满足实际需求。

（3）考虑与使用环境条件有关的因素。核心因素包含以下几点：评估施工场地状况和需求；确认传感器运行的环境标准，如温度、湿度等；明确传感器的测量时间；明确与其他设备的连接距离、信号传输距离；明确对场地的电力要求，例如是否有外部电源供应的需求等。在选择过程中务必全面考虑这些传感器所处的环境，同时依据其功能特性来制定合适的应用策略。

（4）考虑与购买和维修有关的因素。主要包括性能价格比、零部件的存储状态、售后服务与修理体系、保养期限、交付时间等。

6. 测试与工程实施

物联网项目测试需要考虑以下因素：

（1）可用性。需要确保使用的每个设备的可用性。所使用的设备应该具有足够的能满足项目需求的部分，设备应该足够智能，不仅可以推送通知，还可以推送错误消息、警告等。系统应具有记录所有事件的能力，以便使用者更加清楚。如果它不能执行此操作，则系统也应将其推送到数据库进行存储，之后再显示数据和处理数据。可以从设备推送工作任务方面的可用性进行彻底测试。

（2）安全性。物联网项目的核心是数据，所有的关联设备和系统都是通过可用的数据来运作的。对于设备间的数据交流来说，总有可能会发生数据被访问或读取的情况。因此，从测试的角度看，当我们把数据从一个设备传输至另一个设备的时候，必须确保数据的安全性和保密性。无论在哪里有用户界面访问端，我们都需要确保在其上有密码保护。

（3）连接性。连接起着至关重要的作用，系统必须始终可用，并且应该与利益相关者保持无缝连接。对于测试来说，两个关键因素是连通性和功能性。如果连接状况良好且持续运作，那么设备间的通信、数据传输、接受工作指令的过程应当流畅无阻。此外，我们也要考虑到可能出现的连接故障情况。无论系统的稳定性和网络性能有多高，它仍然有可能出现脱离网络的状态。因此，我们也需要模拟这种离线的环境来进行测试。若网络无法使用，则需要发出警告通知用户。此外，系统内还须具备一种能在离线状态下保存所有数据的功能。待系统重新接入网络之后，所有的数据均应被恢复并上传至系统，绝不能允许任何形式的数据遗失问题发生。

（4）性能。在研究用于某一领域的系统时，我们需要确保该系统对该领域具有足够的可伸缩性。在进行测试时，要对比平常状态下增加更多的节点去测试，即使传播添加的数据，也需要确保系统执行相同的操作。同时，还应该测试监视实用程序，以显示系统使用情况、电源使用情况、温度等。

（5）兼容性测试。考虑到物联网系统的复杂架构，必须进行兼容性测试。兼容性测试需要测试项目，例如多个操作系统版本、浏览器类型和相应的版本、设备的生成、通信模式等。

（6）试点测试。物联网项目必须进行试点测试，只在实验室里进行测试是无法确保设备能在正常的环境下运行的。在测试期间，让系统在实际领域中暴露给有限的用户，让他们使用该系统并提供有关系统的反馈。

（7）法规测试。指产品已经完成了所有的测试流程，必须通过最后的合规性审查（由监管部门负责执行的测试）。因此，应该在开发周期开始时获得监管要求规范，并按规范执行，以确保产品通过监管的认证。

（8）升级测试。在物联网项目中，涉及多种协议、设备、操作系统、固件、硬件，当进行升级操作时，无论是针对系统还是针对上述任何涉及的方面，都应进行彻底的升级测试，以解决与升级相关的问题。

7．运行与维护管理

物联网维护的主要目标是消除物联网存在的问题或潜在风险，通过改善性能来确保物联网的正常运行。

（1）隐患排除。隐患指的是对物联网正常运行构成威胁的一些因素，下面是一些常见的隐患及其应对策略。

1）定期检查数据中心、户外网络设备的安装地点、感知设备的安装地点、有线通信线路的布置位置等，以确认是否存在可能引发火灾的因素，例如易燃易爆物品、电力负荷过大、线路老化或损坏等，并依据实际情况进行处理。

2）对于潜在的水灾风险，我们需要检查房间内是否存在渗漏的情况，以及室外设备是否有被淹没或被雨水淋湿的可能性。如果发现这些问题，应立即实施防护措施，确保不会受到这些因素的干扰。

3）对于通信风险，应当检查有线通信路径是否存在被盗或被破坏的可能性，并实施相关安全防护措施，以减少甚至消除这种被破坏的可能。同时，也需要确认无线通信环境是否存在干扰源。

4）对于设备隐患，应定期监控设备的运作状况，并立即应对异常状况。

5）对于软件的升级问题，应当谨慎处理，一般来说，应该关闭那些非必要的自动升级功能。

6）对于电力安全隐患，应定期检查户外设备的电池和 UPS（不间断电源）的电池，并及时进行更换。

7）对于隐私保护隐患，应频繁地检查网络攻击是否存在，并及时应对各种攻击事件，审核各类密码的有效期是否已到，定期修改系统相关的密码。

8）隐患的存储方法，应定期检查存储空间是否还有剩余，并定期清理无用的数据，确保存储空间充足以容纳有价值的信息；检验备份和灾难恢复系统是否运行正常，并及时应对异常情况。

（2）性能优化。物联网优化的目标是尽可能提高各个组成部分的性能，并且消除性能瓶颈，以确保整个系统的稳定运行。仅有单一设备的最佳表现并不足以确保系统全面性能的最佳状态，因此需要确保各个组成部分的性能达到最高标准。

主要包括以下优化措施：

1）确定系统的性能瓶颈。通过理论计算、实际试验和结果对比分析找出整个系统的性能瓶颈。

2）对瓶颈进行改善，如替换为更高效的设备（例如更新主频更高的 CPU、更宽的带宽）、改进通信媒介和收发器、更新升级版的硬件与软件等，提高配置（例如内存容量、CPU 数量等）。

3）直到瓶颈被彻底消除或整体性能达到最佳状态，否则再次执行前述步骤。

【实现方法】

归纳整理物联网工程项目的工程设计开发文档。

目录

任务 4　物联网工程设计与实践的主要文档

【任务描述】

通过学习物联网工程设计与实践的主要文档的写作掌握文档的写作要求和规范。

【任务要求】

能按要求和规范编写物联网工程设计与实践的主要文档。

【知识链接】

1. 物联网工程文档的作用

（1）提高整个系统设计开发过程的能见度。

（2）提高设计开发的效率。

（3）记录在设计和开发阶段的相关资料，有助于后续的系统设计、使用和维护，同时作为设计开发人员在一定阶段的工作成果和结束标志。

（4）可提供与整个物联网系统的运行、培训和维护有关的信息，便于管理人员、设计人员、操作人员和使用者之间的协同合作、沟通交流和相互理解，能使系统设计开发过程更具科学性。

（5）有助于用户掌握系统的功能、性能等各项参数，从而帮助他们挑选出满足自己需求的产品。

2. 物联网工程文档的分类与特点

物联网工程文档可以分为以下三类：

（1）开发文档。

（2）管理文档。

（3）用户文档。

高质量的文档应该具有以下几个特点（文档的内容通常包含文字、图表等）：

（1）针对性。

（2）精确性。

（3）清晰性。

（4）完整性。

（5）灵活性。

3. 物联网工程设计与实践的主要文档

（1）需求分析文档。

（2）可行性研究报告。

（3）招标文件。

（4）投标文件。

（5）逻辑网络设计文档。

（6）物理网络设计文档。

（7）实施文档。

（8）测试文档。

（9）验收报告。

4. 几个重要文档的写作要求

（1）需求分析文档编制。基于已整理的需求数据，我们启动了需求分析文档的编写过程。目的在于通过此步骤向管理者和设计师提供用于决定的信息及设计的参考资料。所以，为了使需求分析文档尽可能简洁并包含充足的数据，需要详细地描述相关信息。对于物联网工程来说，没有现成的国际或国内标准来规范需求分析文档的具体内容，尽管可能会有类似行业的一些通用准则，但也仅是概述性的指导原则。这是因为物联网项目所涵盖的主题广泛，具有较强的独特性，并且每个参与者的需求表达方式也会有所差异。然而，某些核心要素必须被明确阐述于需求分析文档中，如业务、用户、应用、设备、网络、安全等方面的需求内容。同时，通常还需要添加例如封面、目录等相关信息。一般来说，文件头部分会列出诸如文档类别、阅读范围、编制人、编制日期、修改人、修改日期、审核人、审核日期、批准人、批准日期、版本等信息。

需求分析文档封面和需求分析文档参考目录结构如图 1-8 和图 1-9 所示。

（2）可行性研究报告文档编制。根据物联网工程建设的核心流程，我们发现，在所有建设过程中，关键步骤就是编写并审查项目的可行性研究报告。由实际操作经验得知，这个过程处于项目的前期阶段它的重要性在于它是决定是否开始新项目的一个重要的部分,也是在新项目获得审批之后做投资决议之前的那个时期,利用各种方法来评估该项目的技术与财务状况的过程。它作为确定具体新建项目决策的基础,同时也是指导设计方案制定和后期工程顺利执行的指南。大量的事实证明,对于任何特定的新建项目来说,可行性研究报告的质量高低会直接影响整体项目的收益率,有时也会影响公司的成功或失败。因此,对于项目管理者来说,有效地撰写新建设项目的可行性研究报告是一种必须具备的核心能力。

文档类别:	需求分析说明书	阅读范围:	XX 公司或学校
编制人:	XXX	编制日期:	XXX
修改人:	XXX	修改日期:	XXX
审核人:	XXX	审核日期:	XXX
审批人:	XXX	审批日期:	XXX
版本号:	XXX	文档页数:	XXX

图 1-8　需求分析文档封面

目录

1. 引言	3.4.2 感知系统
1.1 编写目的	3.4.3 网络传输系统
1.2 术语定义	3.4.4 应用系统
1.3 参考资料	3.5 网络性能需求
2. 概述	3.5.1 数据存储能力
2.1 项目的描述	3.5.2 数据处理能力
2.2 项目的功能	3.5.3 网络通信流量与网络服务最低带宽
2.3 用户特点	3.6 其他需求
3. 具体需求	3.6.1 可使用性
3.1 业务需求	3.6.2 安全性
3.1.1 主要业务	3.6.3 可维护性
3.1.2 未来增长预测	3.6.4 可扩展性
3.2 用户需求	3.6.5 可靠性
3.3 应用需求	3.6.6 可管理性
3.3.1 系统功能	3.6.7 机房环境
3.3.2 主要应用及使用方式	3.7 约束条件
3.4 网络基本结构需求	3.7.1 投资约束
3.4.1 总体结构	3.7.2 工期约束

图 1-9　需求分析文档参考目录结构

可行性研究报告的主要内容如下:

1)投资必要性。产业政策分析;投资环境的分析;市场研究,包括预测市场需求、分析竞争力、价格评估、市场划分、定位及营销策略的证明。

2)技术可行性。对技术方案进行合理的设计,并对其进行比较和评估。工业项目应该能够提供一个相当清晰的设备列表;非工业项目应当达到现行工程计划的初级设计水平。

3)财务可行性。设计合理的财务方案;对企业的资金投入进行资本预算,评估项目的经济盈利能力，做出是否投资的决策；从投资者（企业）的视角来评估股东的投资回报、现金流预测及偿还债务的实力。

4）组织可行性。制订合理的项目实施进度计划，建立科学的组织结构，聘用经验丰富的管理人员，促进协作关系，制订适当的培训计划。

5）经济可行性。从资源分配的视角评估项目的价值，并对其在达成地区经济增长目标和有效分配经济上的表现进行评估，包括是否有资源的扩充、供应的增加、就业机会的创建、环境质量的提升、人民生活品质的提升等方面的益处。

6）社会可行性。对项目对社会产生的影响进行研究，涵盖政治制度、政策指导、经济结构、法律伦理、宗教和民族妇女儿童及社会稳定性等。

7）风险因素及对策。对项目所面临的市场、技术、财务、组织、法律、经济和社会等多方面的风险因素进行评估，并制定避免风险的方案，为整个项目的风险管理提供依据。

可行性研究报告参考目录结构如图 1-10 所示。

（3）招投标文件。招标公告是使用公开发售方法的采购方（包含招标代理公司）对所有的可能竞标者发布的普遍的通知。投标邀请书是指采用邀请招标方式的招标人，针对 3 家或以上的具有完成招标任务能力且信用优良的具体企业（或团体）所发送的参与投标的邀请。

招标公告和投标邀请书的内容如下：

1）招标人的名称和地址。

2）招标项目的性质。

3）招标项目的数量。

4）招标项目的实施地点。

5）招标项目的实施时间。

6）获取招标文件的办法。

7）公开招标项目招标公告的发布。

招标文件应当包括以下内容：

1）投标须知。

2）招标工程的技术要求和设计文件。

3）如果使用工程量清单进行招标，那么应该提供相关的工程量清单。

4）投标函的格式及附录。

5）拟签订合同的主要条款。

6）要求投标人提交的其他材料。

依据《中华人民共和国招标投标法》及建设部的相关条例，工程招投标的文本制作过程中必须遵守以下准则：

1）评标原则、办法。

2）选择合同价格模式，调整价格方式和范围。

3）投标价格计算依据和类型选择。

4）优质优价。

目录	
第 1 章 总论	6.3 辅助公用工程及设施
1.1 项目名称	第 7 章 环境保护与节约能源
1.2 项目承建单位	7.1 环境保护
1.3 项目主管部门	7.2 节约能源
1.4 项目拟建地区、地点	第 8 章 职业安全与卫生及消防设施方案
1.5 主要技术经济指标	8.1 设计依据
1.6 可行性研究报告的编制依据	8.2 安全教育
第 2 章 项目背景和发展概况	8.3 劳动安全制度
2.1 项目提出的背景	8.4 劳动保护
2.2 项目发展概况	8.5 劳动安全与工业卫生
2.3 项目建设的必要性	8.6 消防设施及方案
2.4 投资的必要性	第 9 章 企业组织机构和劳动定员
第 3 章 市场分析	9.1 企业组织
3.1 行业发展情况	9.2 劳动定员和人员培训
3.2 市场竞争情况	第 10 章 项目实施进度与招投标
3.3 项目产品市场分析	10.1 项目实施进度安排
3.4 项目投产后生产能力预测	10.2 项目实施进度表
3.5 该项目企业在同行业中的竞争优势分析	10.3 项目招投标
3.6 项目企业综合优势分析	第 11 章 投资估算与资金筹措
3.7 项目产品市场推广策略	11.1 投资估算的依据
第 4 章 产品方案和建设规模	11.2 项目总投资估算
4.1 产品方案	11.3 资金筹措与还款计划
4.2 建设规模	第 12 章 财务效益、经济和社会效益评价
第 5 章 项目地区建设条件	12.1 财务评价
5.1 区位条件	12.2 社会效益和社会影响分析
5.2 气候影响	第 13 章 项目风险因素识别
5.3 基础设施	13.1 政策法规风险
5.4 投资优惠政策	13.2 市场风险
5.5 社会经济条件	13.3 技术风险
第 6 章 技术方案设计	第 14 章 可行性研究结论与建议
6.1 总平面布置	14.1 结论
6.2 产品生产技术方案	14.2 建议

图 1-10　可行性研究报告参考目录结构

5）如果工期缩短 20%（含 20%）以上的，需要计算赶工措施费的方法。

6）延误工期不计取赶工措施费。

7）提前完成工程进度的奖金发放标准应在招标文件中规定清楚。

8）确定投标的准备时间，最低不得少于 20 天，同时也需要明示出投标的有效期。

9）投标保证金数额及支付方式。

10）应当提供履行承诺的保证，银行保函占合同金额的 5%，而履约担保书为合同的 10%。

招标文件的发售与修改如下：

1）售卖给已经通过资格预审并获得投标资格的投标人。

2）如果招标人需要对已发布的招标文件进行必要的澄清或修改，必须在截止提交投标文件的时间前至少 15 天之前以书面形式通知所有招标文件的收受人。

3）设备招标人澄清应在投标日 10 天前。

招标文件参考目录和投标文件参考目录如图 1-11 和图 1-12 所示。

目录	
第 1 部分 招标公告	第 5 章 合同条款及格式
第 1 章 招标公告	5.1 通用合同条款
第 2 章 采购项目的相关要求	5.2 合同专用条款
第 2 部分 投标须知、合同条款及评审因素	第 6 章 技术规范
第 3 章 投标人须知	第 3 部分 投标文件及表格
3.1 投标人须知前附表	第 7 章 投标文件
3.2 投标报价	7.1 投标函及投标函附录
3.3 投标文件的组成	7.2 法定代表人身份证明
3.4 投标保证金	7.3 法人授权委托书
3.5 投标人的备选投标方案	7.4 联合体协议书
3.6 投标文件的份数和签署	7.5 投标一览表
3.7 投标文件的递交	7.6 报价清单
3.8 开标	7.7 施工组织设计
3.9 评标	7.8 项目管理机构的人员组成表
3.10 定标与签订合同	7.9 拟分包项目情况表
3.11 需要补充的其他内容	7.10 审查资料
第 4 章 评标方法-综合评估法	7.11 其他材料
4.1 评审的量化因素及权重比值	第 4 部分 图纸与工程量清单
4.2 评审方法	第 8 章 工程量清单
	第 9 章 图纸

图 1-11 招标文件参考目录

（4）逻辑网络设计文档。逻辑网络设计文档是所有网络设计文档中技术要求较详细的文档之一，它介于对需求和通信分析与最终实施的具体物理网络构建之间，同时又是引导现实网络建设的核心文件。在这个文件里，网络设计师们会根据通信标准中的设计目的去阐明网络设计的特性，并且所有的决定都需要以通信标准的解释、需求的陈述、产品的介绍等其他实证为依据。

为了确保逻辑网络设计的清晰度及可读性，建议采用通俗易懂的文字来撰写相关文件，同时要深入了解客户的需求以制订满足其期望的网络计划。在此过程中，需要收集必要的数据，如需求描述、通信规则阐述、硬件介绍、价格清单、网络准则等，这些都是我们在网络技术选取过程中的重要参考依据。尽管逻辑网络设计报告仅涵盖了其中的一部分资料，但仍需对其进行有序的管理，这样才能方便日后查找。

目录	
一、商务部分	4.6 投标人工程实施经验
1. 投标书	5. 专家顾问及重要技术人员名单
2. 投标人附录	二、技术方案
2.1 投标一览表	1. 系统概述
2.2 投标货物清单	1.1 系统说明
3. 投标人的资格声明	1.2 基本需求分析
3.1 投标人名称及基本情况	1.3 建设目标分析
3.2 法人代表授权书	2. 系统建设总体思路
4. 投标人简介及资料	2.1 总体原则
4.1 投标人简介	2.2 总体思想
4.2 投标人营业执照	2.3 总体架构
4.3 资质证书	3. 系统功能
4.3.1 税务登记证	4. 系统特色
4.3.2 组织机构代码证	三、实施与服务
4.3.3 质量体系认证	四、技术体系及硬件
4.4 软件著作权	五、其他
4.5 专利	

图 1-12　投标文件参考目录

逻辑网络设计文档参考目录如图 1-13 所示。

目录
1.项目概况
2.设计目标
3.工程范围
4.设计需求
5.当前网络状态
6.逻辑网络拓扑结构
7.流量与性能设计
8.地址与命名设计
9.路由协议的选择
10.安全策略设计
11.网络管理策略设计
12.网络测试方案设计
13.总成本估测
附录

图 1-13　逻辑网络设计文档参考目录

在项目概况部分，我们必须对其做一个全面的介绍，这包含了简洁地阐述项目的内容、提供每个设计流程阶段的具体信息，以及明确当前的项目状态（既包括已经完结的部分，也涵盖仍在进行中的环节）。此外，还需要重新审视双方之前达成的需求分析报告及通信规范说明书。

在整体成本预测环节，我们需要评估一次性支出和周期开支。同时，也需要纳入新增的训练费、顾问服务收费及招聘新人等相关花费。若所提议的项目成本预估已超过预算，则应详细阐述其在商业领域的优势，并提供符合预算的替换方案。如果计划的成本预算在预算范围内则无须削减预算，然而需要注意的是安装费用应该纳入最终的预算。

（5）物理网络设计文档。物理网络设计是网络设计过程中紧随逻辑网络设计的一个重要设计环节。物理网络设计的设计基础包括必要的需求说明书和逻辑网络设计说明书。

物理网络设计文档的主要目的是阐述如何根据特定的物理环境来实施相应的逻辑网络计划，并提供一种有序且符合逻辑的方法以完成每一阶段的设计任务。该文档具体描述了网络类型的定义、与之相连的设备种类、使用的传输媒介形式，同时还包括了网络内各设备及接口的具体布置情况，也就是指明线路需要通过哪些区域、设备和接口应放置在何处，以及它们之间的连接方式是什么样的。

物理网络设计文档参考目录如图 1-14 所示。

目录

1.项目概述

2.物理网络拓扑结构

3.各层次网络技术选型

4.物联网设备选型

5.通信介质与布线系统设计

6.供电系统设计（非机房部分）

7.室外防雷系统设计

8.软硬件清单

9.最终费用估计

10.注释和说明

附录

图 1-14　物理网络设计文档参考目录

在这个部分，注释和解释的目的是让设计师和非设计师都能准确掌握物理网络设计的各项细节。这些内容可以被分散地在前述的各个部分进行阐述，也可以集中在一起进行统一阐述。解释的部分包括了一些原因的解释、设计的依据、计算的基础等。

对于软件及硬件列表，我们应当尽可能详尽地描述，这包含了当前网络中已被使用的设备。针对那些尚未被使用的网络设备也需要给出解释，阐明它们能否适用于其他的网络构建方案，或是否已被废弃。至于设备列表与成本估算，必须精确无误，因为它构成了最终投标的关键数据。如同所有设计文档，物理网络设计文档也需要包括编制人、审批人、版本等信息。

（6）实施文档。项目的成功与否取决于其执行过程中的关键环节，因此我们需要在开始建设之前就制定详细且具有高度标准的操作策略，确保我们的工作能够达到优质且高效的目标，满足客户的需求并预留未来的发展空间。同时，我们也应该尽力减少开支，以最大限度地方便客户使用、维护及更新设备。

实施文档参考目录如图 1-15 所示。

目录

1. 实施方案概况和项目建设目标
2. 施工组织部署
    2.1 施工组织管理机构
    2.2 主要施工管理人员职责
    2.3 项目人员通讯录
3. 施工进度计划
    3.1 施工准备
        3.1.1 设备准备时间表和人员到位时间表
        3.1.2 项目安装确认表和技术准备
4. 施工进度的协调管理
5. 施工质量的管理
    5.1 现场施工安全的管理
    5.2 系统平台的安全管理
    5.3 工程资料文档管理
    5.4 施工质量控制方法
    5.5 物联网项目沟通协调事项
6. 项目培训
7. 物联网项目实施技术文档资料
    7.1 物联网基站安装调试流程
    7.2 物联网项目监控安装调试流程
    7.3 物联网管理平台功能操作
8. 物联网项目测试和调试
9. 物联网项目验收
    9.1 项目初验
    9.2 项目终验
10. 相关工作建议

图 1-15　实施文档参考目录

其中，物联网项目培训是指根据实际情况给用户做相关培训，作为项目验收资料。项目培训不仅是为了满足项目验收的需要，还可以减少售后服务的工作量，加深用户对项目设备的了解，提高工程的满意度。

（7）测试文档。测试文档主要分为七种类型：测试计划、测试设计规格说明、测试用例规格说明、测试步骤规格说明、测试日志、测试事件报告、测试总结报告。前四种属于测试规划类文档，后三种属于测试分析报告类文档。测试文档参考目录如图 1-16 所示。

```
                            目录
1  引言
    1.1 编写目的
    1.2 项目背景
    1.3 参考资料
2  测试环境
    2.1 硬件配置
    2.2 软件配置
    2.3 测试支持工具
3  测试时间计划
    3.1 测试组织
    3.2 测试时间
4  测试结果分析
5  缺陷的统计与分析
    5.1 缺陷汇总
    5.2 残留缺陷与未解决问题
6  测试结论
```

图 1-16　测试文档参考目录

（8）验收报告。验收报告是物联网工程验收的重要环节。文档通常涵盖了系统设计方案、布线系统相关文档、设备技术文档、设备配置文档、应用系统技术文档、用户报告、用户培训、使用指南、签收单等内容。

1）系统设计方案：包括工程总体情况、系统建设需求、系统详细设计方案、施工计划、招标文件复印件、投标文件复印件、合同复印件。

2）布线系统相关文档：包括线路布局图、信息接口分布图、综合布线系统的平面设计图、信息接口与配线器件之间的关联表格、建设方的布线系统自我检查报告、第三方的布线系统检测结果（适用于大规模布线项目），此外还有设备、机柜及关键组件的详细清单（也就是网络工程中的各类设备、机柜及核心组件的分门别类汇总，需明确其型号、尺寸和数量等）。

3）设备技术文档：包括验收报告、检测报告、合格证明、使用说明、安装工具和附件（如线缆、跳线、转接口）、保修单。

4）设备配置文档：包括 VLAN 和 IP 地址配置、设备配置方案、设备参数设置、配置文档、设备密码表、承包商自测报告、合同额超过 100 万元的第三方测试报告。

5）应用系统技术文档：包括应用系统总体设计方案、应用系统操作手册、应用系统测试报告等。

6）用户报告：包括用户使用情况和系统试运行状态的报告。

7）用户培训及使用手册：包括用户培训报告、操作指南、针对各种潜在问题的解决策略。

8）签收单：包括网络硬件设备的接收表、系统软件的接收表、应用软件的验证清单。

验收报告参考目录如图 1-17 所示。

```
┌─────────────────────────────────────────┐
│                  目录                     │
│                                          │
│  1 项目基本情况                           │
│  2 项目进度审核                           │
│     2.1 项目实施进度情况                  │
│     2.2 项目变更情况                      │
│     2.3 项目投资结算情况                  │
│  3 项目验收计划                           │
│     3.1 项目验收原则                      │
│     3.2 项目验收方式                      │
│     3.3 项目验收内容                      │
│  4 项目验收情况汇总                       │
│     4.1 项目验收情况汇总表                │
│     4.2 项目验收附件明细                  │
│     4.3 专家组验收意见                    │
│  5 项目验收结论                           │
│     5.1 开发单位结论                      │
│     5.2 建设单位结论                      │
│  6 附件                                   │
│     6.1 附件一：软件平台验收单            │
│     6.2 附件二：功能模块验收单            │
│     6.3 附件三：项目文档验收单            │
│     6.4 附件四：硬件设备验收单            │
└─────────────────────────────────────────┘
```

图 1-17　验收报告参考目录

【实现方法】

编写物联网工程项目的需求分析文档。

案例：智能路侧停车需求分析。

任务5　物联网工程项目如何选题

【任务描述】

从工业和信息化部 2011 年年底发布的《物联网"十二五"发展规划》出发，结合教育部对毕业设计的指导要求，学习和掌握针对各个领域物联网项目的选题方法。

【任务要求】

自拟物联网工程项目题目并写出开题报告。

【知识链接】

1. 物联网工程项目选题

一次完整的物联网工程项目设计过程可以培养学生结合工程实际分析问题、解决问题的能力，是对物联网工程专业课程的一次全面、彻底的总结、提炼与升华，是通过实践培养学生创造能力和团队精神的重要过程。科学选题是关键，题目决定了物联网工程项目设计的内容，是顺利完成物联网工程设计工作的先决条件。目前，由于种种原因，有的题目过于陈旧；有的题目范围很窄，工作量明显不足；有的题目范围非常大，难度和广度远远超出学生的能力。选题的不当，会使学生学习兴趣不高、抄袭现象严重，学生独立思考和创新能力受到限制，致使物联网工程项目设计达不到课程培养目标的要求。

教育部 2020 年 12 月印发的《本科毕业论文（设计）抽检办法（试行）》明确提出："本科毕业论文抽检应重点对选题意义、写作安排、逻辑构建、专业能力、学术规范等进行考查。"由此可见，论文选题的创新性、前沿性是考量本科毕业论文质量的重要标准。物联网工程设计与实践必然也要面对如何提出研究问题、如何才能找到合适的选题、什么样的选题是真问题等问题。

研究的问题不会凭空产生。要提出一个问题，必须先要想问题。提出问题首先要对所研究的事物进行观察，了解它的现状，包括优势和不足，然后进行持续思考。在观察和思考的基础上提出想要研究的问题，就会相对比较容易。

提出的问题到底有没有价值，还要和现实社会相结合。很多人关心社会话题，却不知道该如何解决问题和采取行动。如果我们通过研究把这些实际问题解决好，就非常有价值。

提出真问题，研究真问题，真正的科学问题必须是前人没有完全解决的问题。所以，充分调研拟开展研究的相关背景就非常重要。只有知道别人做了什么、还有什么没有解决、什么是国家最需要的，才能找到一个真正有意义的研究方向。提出真问题，还应当深入实践，只有在实践中才能发现社会发展的真问题，才能结合社会现实提出和解决真问题。

2. 物联网工程项目的应用领域

物联网工程项目，即应用物联网技术、物联网设备等建设基于物联网技术的行业应用工程活动。工业和信息化部于 2011 年年底发布了《物联网"十二五"发展规划》，要求到 2015 年初步完成物联网产业体系构建，形成较完善的物联网产业链，在重点领域开展应用示范工程，探索应用模式，积累应用部署和推广的经验和方法，形成一系列成熟的、可复制推广的应用模板，为物联网应用在全社会、全行业的规模化推广做准备。经济领域应用示范以行业主管部门或典型大企业为主导；民生领域应用示范以地方政府为主导，联合物联网关键技术、关键产业和重要标准机构共同参与，形成优秀解决方案并进行部署、改进、完善，最终形成示范应用牵引产业发展的良好态势。十大物联网应用的重点领域分别是智能电网、智能交通、智能物流、智能家居、智能环保与智能安防、智能医疗、智能工业、智慧农业、金融与服务业、国防军事。

（1）智能电网。电力设施监测、智能变电站、配网自动化、智能用电、智能调度、远程抄表，建设安全、稳定、可靠的智能电力网络。传统的电网采用的是相对集中的封闭管理模式，效率不高，每年在全球发电和配送过程中的电能浪费是十分惊人的。在没有智能电网负载平衡或电流监视的情况下，每年全球电网浪费的电能足够一些国家使用一整年。通过物联网在智能电网中的应用完全可以覆盖现有的电力基础设施,可以分别在发电、配送和消耗环节测量能源,然后在网络上传输这些测量结果。智能电网可以自动优化相互关联的各个要素,实现整个电网更好的供配电决策。对于电力用户,通过智能电网可以随时了解用电价格或查看用电记录,根据了解到的信息改变其用电模式;对于电力公司,可以实现电能计量的自动化,减少大量人工繁杂工作,通过实时监控实现电能质量监测、降低峰值负荷,整合各种能源,以实现分布式发电等一体化高效管理;对于政府和社会,可以及时判断浪费能源设备,以及决定如何节省能源、保护环境,最终实现更高效、更灵活、更可靠的电网运营管理,进而达到节能减排和可持续发展的目的。

(2)智能交通。交通状态感知与交换、交通诱导与智能化管控、车辆定位与调度、车辆远程监测与服务、车路协同控制,建设开放的综合智能交通平台。由于城镇化的加速发展和私家车的爆炸式发展,我国已经进入了汽车化的时代。然而,交通基础设施和管理措施跟不上汽车增长速度,给汽车化社会带来了例如交通阻塞、交通事故等诸多问题。要减少堵车问题,除了修路以外,智能交通系统也可使交通基础设施发挥最大效能。通过物联网可将智能与智慧注入城市的整个交通系统,包括街道、桥梁、交叉路口、标识、信号和收费等。通过采集汇总地埋感应线圈、数字视频监控、车载定位、智能红绿灯等交通信息,可以实时获取路况信息并对车辆进行定位,从而为车辆优化行程,避免交通拥堵问题,选择泊车位置。交通管理部门可以通过物联网技术对出租车、公交车等公共交通工具进行智能调度和管理,对私家车辆进行智能诱导以控制交通流量,侦察、分析和记录违反交通规则行为,并对进出高速公路的车辆进行无缝地检测、标识和自动收取费用,最终提高交通通行能力。目前,一些一线城市里,由道路传感器实时采集数据并送入控制中心的模型中,预测未来的交通情况已达到90%的准确性。未来,通过物联网技术将实现车辆与网络相连,使城市交通变得更加智慧。因此,智能交通将减少拥堵问题,缩减油耗和二氧化碳排放,改善人们的出行状况,提高人们的生活质量。

(3)智能物流。建设库存监控、配送管理、安全追溯等现代流通应用系统,建设跨区域、行业、部门的物流公共服务平台,实现电子商务与物流配送一体化管理。物流就是将货物从供应地向接收地准确、及时、安全地进行物品配送的过程。虽然传统的物流模式已达到了物流的基本要求,但是,随着经济的发展和对现代物流要求的提高,传统物流模式的局限性日益显现。采购、运输、仓储、生产、配送等环节孤立,缺乏协作,无法实时跟踪货物状态,而且成本比较高,效率低下。如果考虑在货物或集装箱上加贴 RFID 标签,同时在仓库门口或其他货物通道安装 RFID 识别终端,就可以自动跟踪货物的入库和出库,识别货物的状态、位置、性能等参数,并通过有线或无线网络将这些位置信息和货物基本信息传送到中心处理平台。通过该终端的货物状态识别可以实现物流管理的自动化和信息化,改变人工识别盘点和识别方式,使物流管理变得非常顺畅和便捷,从而大大提高物流的效率和企业的竞争力。不仅如此,智能物流通过使用搜索引擎和强大的分析可以优化从原材料到成品的供应链,帮助企业确定生产设备的位置,优化采购地点,制定库存分配战略,实现真正端到端的无缝供应链。这样就能提高企业控制力,同时还能减少资产消耗、降低成本(包括交通运输、存储和库存成本)、改善客户服务(包括备货时间、按时交付、加速上市)。

(4)智能家居。家庭网络、家庭安防、家电智能控制、能源智能计量、节能低碳、远程教育等。智能家居分为广义和狭义两个概念。狭义智能家居是指各类消费类电子产品、通信产品、信息家电等通过物联网进行通信和数据交换，实现家庭网络中各类电子产品之间的"互联互通"，从而实现随时随地对智能设备的控制。例如，家庭环境系统检测到室内湿度太高，它会配合启动空调采取除湿措施；厨房的油烟浓度过高，它会启动抽油烟机；天气骤然降雨或外面噪声过大，它会自动关闭窗户；太阳辐射较大，它会自动关闭窗帘。广义家居是指智能社区建设，主要是以信息网、监控网、电话、电视网为中心的社区网络系统，通过高效、便捷、安全的网络系统实现信息高度集成与共享，实现环境和机电设备的自动化、智能化监控。智能社区可以通过社区综合网络进行暖通空调、给排水监控、公共区照明、停车场管理、背景音乐与紧急广播等物业管理，以及门禁系统、视频监控、入侵报警、火灾自动报警和消防联动等社区安全防范。智能社区建设是一个不断改进和完善的过程，随着技术进步和我国不断深化管理体制改革，目前独立的互联网、电话和电视网3个网络逐步融合为一个统一的综合网络，进一步提高了社区的数字化水平，实现了信息资源共享和设备的优化配置。

（5）智能环保与智能安防。智能环保包括污染源监控、水质监测、空气监测、生态监测，建立智能环保信息采集网络和信息平台。智能安防包括社会治安监控、危化品运输监控、食品安全监控，重要桥梁、建筑、轨道交通、水利设施、市政管网等基础设施安全监测、预警和应急联动。我国正处于工业化、城镇化的快速发展时期，各种传统和非传统的、自然的和社会的风险及矛盾并存，公共安全和应急管理工作面临严峻的形势，亟待构建物联网来感知公共安全隐患。物联网可被广泛地应用于环境与公共安全监测中，例如地表、堤坝、道路交通、公共区域、危化品、水资源、食品安全生产环节等容易引起公共安全事故发生的源头、场所和环节。监测的内容包括震动、压力、流量、图像、声音、光线、气体、温湿度、浓度、化学成分、生物信息等。可见，环境公共安全监测领域覆盖范围广，监测指标多，内容与人民生活密切相关。

（6）智能工业。生产过程控制、生产环境监测、制造供应链跟踪、产品全生命周期监测，促进安全生产和节能减排。面对越来越激烈的市场竞争，提升生产效率已经成为企业抢占市场、增加利润的主要方式。物联网技术能够有效加强企业管理、提高生产效率、改善产品质量、降低产品成本和资源消耗，将传统工业提升到智能工业的新阶段。物联网技术可以应用于生产线的过程检测、实时参数采集、生产设备与产品监控管理、材料消耗监测等环节，并通过与企业ERP系统对接，实现管控一体化和质量溯源，提升生产管理水平和产品质量档次。通过物联网技术可监控生产环境及设备状态，如设备运转的温度、周边环境的湿度等，达到安全生产的目的。物联网与环保设备融合可实现对工业生产过程中产生的各种污染物等关键指标进行实时监控，防止突发性环境污染事故的发生。另外，也可将物联网技术应用于员工的出勤管理，员工是企业的重要有形资产，员工的出勤对提升企业的人力资源效率有积极作用。采用RFID技术可实现完全自动化的考勤管理，切实增强员工的责任意识和执行力。

（7）智能医疗。药品流通和医院管理，以人体生理和医学参数采集及分析为切入点面向家庭和社区开展远程医疗服务。医疗保健是人民群众普遍关心的问题之一，医疗保健所存在的问题是高昂的价格、有限的服务、居高不下的差错率，主要原因是医疗保健系统不是一个系统，药物研发、药品流通、病人、医疗机构、保险商等人物环节没有很好地连接起来，信息传递不够畅通。智慧的医疗保健系统将建立以病人为中心的医疗保健系统，比如用联网的医疗保健数据库资料和详尽的分析对疑难症状作出更准确的诊断和决策；用远程或就近社区卫生服务中心的方式来免去行动不便的患者奔波排队之苦；用自动收集和跟踪技术来获得测量数据并及时反馈给医疗机构；用智能化和信息化的医院建设来有效提高服务效率、改善医疗环境、融洽医患关系，达到经济效益与社会效益的双赢。

（8）智慧农业。农业资源利用、农业生产精细化管理、生产养殖环境监控、农产品质量安全管理与产品溯源。农牧业传统的粗放式模式已远远不能适应农业可持续发展的需要，产品质量不好、资源严重不足且普遍浪费、环境污染、产品种类需求多样化等诸多问题使农业的发展陷入恶性循环。智慧农业可以促进农业发展方式的转变，实现高效利用各类农业资源和改善环境这一可持续发展目标。物联网在精细农业上的应用主要是通过有线或无线传感器终端采集空气温度、湿度，土壤温度、湿度，光照强度，二氧化碳浓度，营养元素浓度等常用物理参数，然后把数据发送到中心处理平台进行汇总和处理，做到对农产品环境有效的监测；及时发现并对农田进行智能灌溉、施肥，减少病虫害的发生，保证农作物有一个良好的、适宜的生长环境；在畜牧精准养殖方面，通过给每个牲口固定 RFID 耳标的方式自动跟踪并随时查看牲口的重要属性，还可以记录喂食、称重、疾病管理和饲养等各项生产操作，从而降低人工成本，保证畜产品安全，为提高畜产品质量起到重要的促进作用。

（9）金融与服务业。物联网的发展给金融业和服务业带来了许多新的发展空间，例如手机支付，客户只需要更换新的 RFID-SIM 卡（无需更换手机号码），再在 RFID-SIM 卡的消费账户上存些钱，即可利用手机在装有 POS 机的商家（连锁超市、商场等）进行现场"刷卡"消费。手机支付具有远程及移动支付等强大功能，能够随时随地享受金融支付服务，同时具备网上银行所有的功能，而且技术支持安全可靠，避免了银行磁卡容易被复制盗用的风险。在餐饮服务行业，物联网技术可以帮助建立智慧餐厅系统，例如当客户在餐桌上自助点菜操作时，点菜数据就可以实时传至前台和厨房，以提高点菜效率，而且菜品能够实时更新，解决了纸质菜单不能更换的烦恼，以节省点餐服务员时间，提升服务品质。在旅游服务业，利用物联网技术打造的智慧旅游服务中心，可通过网上一站式自助购票和电子门票入园方式节省购票排队等待的时间，同时杜绝假票现象；游客可以通过手机扫描二维码获取包含地图路线、观光咨询、设施导游等旅游信息；景区可以通过视频监控后台分析客流量，用电子导游系统主动给游客提供建议，使景点平衡游客数量，同时可以科学地保护好古迹。

（10）国防军事。物联网最初是从空战中的敌我识别演化而来的，事实上，物联网技术始于战争需要，并在战争实践应用中发展。目前，物联网技术在军事上的主要应用是把军事领域的各种军事要素（如人员、车辆、武器装备、卫星、雷达等）联系起来组成有机整体，实现作战部队互联互通，以精确感知战场态势。通过对作战地形、气候等战场环境，对敌我双方兵力部署、武器配置、运动状态等信息的实时掌握，形成高效的作战平台，进而综合分析敌我双方的计划和意图，精确、动态地集成和控制各种信息资源，进行战术指挥，快速打赢现代信息化战争。

【实现方法】

按照课程要求自拟物联网项目题目，完成开题报告。

课程项目开题报告		
任务起止日期	20　　年　　月　　至　　20　　年　　月	
题目	基于物联网的智慧食堂设计与实现	

一、项目主要内容

智慧食堂立足于传统食堂，但又不同于传统食堂，对现有食堂改造升级，促进食堂全面化、自动化发展，解决学校就餐问题，包括菜品来源、饭菜保温、食堂排队这 3 个方面。

1．智能库存管理，全程跟踪食物来源

根据所绑定的账号，随时都可以在手机上查看菜品来源。从哪里购买、什么时候购买、如何加工制作等方面都可以查看，不仅是学生，家长也可以查看，从这方面使学生和家长都吃得放心。

2．平台的设计与搭建

用户使用层面主要是分为客户端点餐平台和食堂后端菜品管理平台，采用微信小程序、支付宝小程序或 App 实现可视化。同时接入微信或支付宝支付接口，方便食堂内部管理端配备显示屏，接入点餐后台管理平台，显示用户点餐的详情，以便食堂阿姨打餐到对应的餐盘。餐盘可集成可读写的 RFID 标签，登记对应用户点餐的信息。阿姨盛好对应的菜品后，可交给送餐员送到智能保温柜存放。

3．全天候保温，保障食物新鲜

通过保温柜的设置，可提前在手机上点餐，食堂收到订单后根据提交订单者的取餐时间来安排订单制作顺序。一部分人负责打饭，另一部分人负责将食物放进保温柜，而通过餐盘内置的芯片就不用多余的操作来记录食物信息。将保温柜的温度设置在一个固定的温度（根据季节的不同会有所变化），若点餐者在一个小时内取餐就不用收取保管费，若超时将按照时间的多少来收取费用。这样做一是为了不过多占用公共资源，节约空间；二是为了保证时间的富足；三是避免了食物的浪费。在就餐完成后将餐盘归还到保温柜，则退还押金。这样节省了食堂员工工作量，也大大节省了时间，更避免了人员的过多接触。而手机提前点餐这一操作手段更是避免了去食堂排队打饭这一问题。取餐和归还餐盘不仅可以通过手机扫码这样的操作来进行，同时还可以人脸识别，这样更加便捷。当然也可外带食用，收取一定的一次性餐盒费用。但是出于环保，更推荐使用餐盘。

二、项目要求

1．设计符合社会主义核心价值观，以人为本。
2．根据实际出发，满足客户需求。
3．能推动社会发展，带动就业。

三、项目的主要阶段计划（分前期、中期、后期）

1．前期：进行市场调研，包括了解国内外研究现状、智慧食堂目前面临的市场痛点，并完成可行性报告分析。根据收集的资料，初步拟定开展方案。
2．中期：购买所需硬件材料，准备搭建模拟网站、App，并对其进行不断调试改进，实现基本功能。
3．后期：完善功能设计，完成设计文档的编写修正，整理项目开展获得的各种数据。

四、项目设计选题的依据（选题的目的和意义、该选题在国内外的研究现状及发展趋势、主要参考文献等）

（一）选题的目的

1．传统的食堂管理模式主要靠人工和经验来管理，这种管理模式普遍适用于规模不算庞大的食堂，但随着国内高等教育的不断发展，在校学生规模不断扩大，高校食堂就餐人数急剧增加，传统食堂已经无法适应当前环境。
2．食堂是教职员工与学生就餐的重要场所，就餐环境舒适度、结算模式的速度、就餐的秩序等因素影响着师生的就餐体验，同时体现了高校食堂的管理能力和服务水平。
3．针对目前食堂的管理模式出现的排队拥挤、结算缓慢、效率低下、浪费大等问题，提出推进"智慧食堂"的建设，减少目前出现的问题。

（二）选题的意义

1．目前食堂主要依靠经验进行备餐，无法做到精准统计就餐人数，导致做多浪费、做少不够吃的现象，且结算十分缓慢。智慧食堂通过物联网、移动互联网和 5G 技术的应用解决从食材的采购、存储、加工、生产到前台销售和服务出现的一系列问题，提高了就餐体验，提升了运营效率，实现了精准备餐与采购，杜绝了浪费。

2．由于学生下课时间较为统一，因此到食堂就餐时间集中，会出现排队拥挤现象，学生排到最后可能饭菜已经凉了，极大地影响了学生就餐体验和就餐效率，浪费了学生很多时间，同时给食堂员工造成不小的压力。由于学生对食堂菜品的新鲜程度和来源未知，有的学生可能会有顾虑。

3．食堂在高峰期通过人工结算方式会降低结算效率，可能会在结算时出现差错，造成排队滞留现象，浪费更多的时间。高峰期菜品的出品压力也会增大，进而出现浪费现象。智慧食堂通过网上订餐避免了结算出现差错，提升学生的就餐体验和满意度。

（三）国内外研究现状

智慧食堂是伴随着新一代信息技术的出现而提出的一个新概念，由于全球物联网技术不断进步以及其全面应用才刚刚兴起，缺乏科学的理论指导和具体的实践支持，无论国外还是国内有关食堂应用新技术的管理研究都较少，还处于起步状态。

（四）主要参考文献

[1]艾亮东．基于物联网技术的高校智慧食堂管理研究[J]．信息通信，2020（8）：119-122．

[2]金健，韦刚．高校智慧食堂平台建设与研究[J]．电脑与电信，2019（12）：41-43，52．

五、项目设计的主要研究内容及预期目标

（一）研究内容

1．智能库存管理，全程跟踪食物来源。

2．点餐平台及后台管理系统的设计与搭建。

3．食堂打餐管理。

4．智能保温柜设计。

（二）预期目标

1．为智能保温柜提供地方，为就餐者提供更好更便捷的用餐体验。

2．搭建好平台，接入学院校园食堂及支付平台，在校内内测该平台。前期 1 个月招募 1000 位学生体验该平台，寻找问题，让学生反馈使用过程中的问题及多数用户类似的建议，并及时修复及评估建议是否合理、是否需要添加，提案通过后及时立项开发需要的功能。

3．内测结束后继续在校园内公测 1 个月。

4．待平台完全成熟稳定后成立公司，推广该平台。

5．1 年内打通省内各大高校，以及大型食堂、人员密集的机构、单位、公司等。

6．2 年内推广到整个西南地区。

7．5 年内推广到全国。

六、项目设计的主要研究方案（拟采用的研究方法、准备工作情况及主要措施）

（一）拟采用的研究方法

1．硬件部分

（1）80C51 单片机。考虑到本次设计的功用和程序容量的大小，应该选用片内程序空间足够大的单片机，本设计采用的是 80C51 单片机。

（2）DS18B20 数字温度传感器。这里使用 DS18B20 作为保温柜的温度检测元件，其体积小、适用电压更宽、更经济。DS18B20 可以直接把测量的温度值变换成单片机可以读取的标准电压信号。单片机从外部设置两位拨码开关进行预置数，将读入的数据与预置数进行比较，根据偏差的大小，单片机执行程序对 PWM（脉冲宽度调制）进行控制，经过对 PWM 的输出脉冲进行放大，也就是对保温柜内电阻丝的驱动，对保温柜进行加热，使柜内温度升高。热电偶连续对保温柜进行温度检测，当偏差存在时单片机就继续驱动后继电路进行加热，直到偏差为零。

（3）LED 数码管显示器。其通过封藏在固定塑胶组件里的多个 LED 的巧妙布局和组合构成了一个特定功能的显示面板。

（4）LED 电子显示屏。食堂 LED 显示屏主要用来显示学生点菜信息、保温柜存放信息、资料管理和服务信息等。

2．软件部分

系统设计由 4 个功能子系统组成，分别是服务器、保温柜终端、PC 客户端、App 客户端。

（1）服务器。独立台式服务器，运行 Windows 2003/2008 企业版，可扩展为集群式服务器网络。Web 终端的站点运行 MS SQL 2005/2008 服务，是食堂系统后台服务程序。这里的后台服务程序主要实现与各地众多保温柜子系统进行通信，采用 Winform 实现，即实时监控各保温柜终端的在线状况，向保温柜终端推送指令和信息，处理来自终端的请求和报告等。

（2）保温柜终端。运行 Windows XP 系统，采用 Winform 实现，通过 4G 网络连接至服务器程序进行查询和提交操作，考虑网络暂时断开的情况。

主要功能有：食堂人员存放餐品；存放时间；学生取餐等。

柜体配置主要有：Windows XP 系统配 12 寸或 10.4 寸电阻或表面声波触控系统；标准 M1 卡 IC 读卡器；条码阅读器。

柜门配置主要有：电控开/关锁；物品检测传感器。

（3）PC 客户端。该部分主要用于食堂员工查看学生点餐信息；还可实现系统管理功能，采用 Winform 实现，主要管理学生资料信息、保温柜终端资料、日志等。

（4）App 客户端。用户可以用手机号注册账号，设置用户名称、邮箱地址、密码等信息，在 App 上进行点餐，将所有数据传入 PC 客户端。

项目设计语言及数据库如下表。

网络平台	操作系统	开发语言	数据库
中控机	Windows	待定	SQL Server
PC 端软件	Windows	待定	SQL Server
App	Android	Java	SQL Server
	iOS	Objective.c	SQL Server

（二）准备工作情况及主要措施

1．确定报告项目。

2．研究智慧食堂的基本流程，包括终端订餐系统、就餐管理系统、食堂内部管理系统、智能保温系统。

3．分析在其他各个行业中使用智慧食堂系统的可行性及该项目实施时需要考虑的问题。

4．提出智慧食堂配套硬件。

5．详细描述实际项目的整体方案，包括系统、软硬件设备、安全等方面。

6．统计智慧食堂系统工作时的各数据读取方式（人工录入、条形码扫描和远距离射频识别）的获取速度和各录入方式（人工录入、条形码扫描和远距离射频识别）的作业效率。

7．详细描述项目所使用的软件和硬件的分析、选择。

8．通过资料分析得出智慧食堂的收益模型（包括收入增加和成本缩减）。

9．描述项目的实施结果。

七、项目设计研究工作进展安排

第一周：开始选题。

第二周：填写《任务书》《开题报告》。

第三周：修改完善《任务书》《开题报告》。

第四周：确定选题。

第五周：撰写文档。

第六周：修改文档。

第七周：搭建硬件并进行调试。

第八周：搭建硬件并进行调试。

第九周：开发上位机并进行调试。

第十周：开发上位机并进行调试。

第十一周：完善文档，进行软硬件测试。

第十二周：拍摄视频（实物演示视频、开发视频等）。

第十三周：文档审核。

第十四周：答辩准备。

【思考与练习】

1. 简述物联网的体系架构及各层次的功能。
2. 简述物联网工程的广义和狭义概念。
3. 简述物联网工程文档的分类、特点及主要文档。

第 2 章　物联网项目开发知识准备

本章导读

物联网设备通常是嵌入式系统，需要了解嵌入式系统的原理和开发技术，掌握嵌入式 C 语言编程和硬件电路设计方法对于物联网开发至关重要。

教学目标

理解嵌入式 C 语言的语法结构和数据细节，与硬件打交道的特性，掌握开发板的基础知识。

任务 1　掌握嵌入式 C 语言基本语法

【任务描述】

C 语言是在 20 世纪 70 年代初问世的，1978 年美国电话电报公司（AT&T）贝尔实验室正式发布了 C 语言。由 B.W.Kernighan 和 D.M.Ritchit 合著的 *The C Programming Language* 一书被简称为 K&R，也有人称之为 K&R 标准。但是，在 K&R 中并没有定义一个完整的标准 C 语言，后来由美国国家标准学会在此基础上制定了一个 C 语言标准，于 1983 年发表，通常称之为 ANSI C 或标准 C。嵌入式系统在各行各业都得到了广泛应用，C 语言的使用也越来越广泛。

【任务要求】

通过学习 C 语言的基本知识掌握与嵌入式系统编程密切相关的基础知识。

【知识链接】

1. 数据类型

C 语言的数据类型有基本数据类型和构造数据类型两大类，基本数据类型如表 2-1 所示。

表 2-1　C 语言的基本数据类型

数据类型	名称	简明含义	位数	字节数	值域
字节型	signed char	有符号字节型	8	1	-128～+127
	unsigned char	无符号字节型	8	1	0～255
整型	signed short	有符号短整型	16	2	-32768～+32767
	unsigned short	无符号短整型	16	2	0～65535

数据类型	名称	简明含义	位数	字节数	值域
整型	signed int	有符号短整型	16	2	-32768～+32767
	unsigned int	无符号短整型	16	2	0～65535
	signed long	有符号长整型	32	4	-2147483648～+2147483647
	unsigned long	无符号长整型	32	4	0～4294967295
实型	float	浮点型	32	4	$\pm 3.4 \times (10^{-38} \sim 10^{+38})$
	double	双精度型	64	8	$\pm 1.7 \times (10^{-308} \sim 10^{+308})$

注：常用的嵌入式 C 语言中的 double 数据类型长度为 4 字节。

构造数据类型有数组、结构、联合、枚举、指针和空类型。结构和联合是基本数据类型的组合；枚举是一个被命名为整型常量的集合；空类型字节长度为 0，主要有两个作用，一是明确地表示一个函数不返回任何值，二是产生一个同一类型的指针（可根据需要动态地分配给其内存）。

在 C 语言中，数据类型指的是用于声明不同类型的变量或函数的一个广泛的系统，变量的类型决定了变量占用的存储空间大小以及如何解释存储的位模式。

在嵌入式系统中，芯片的容量是有限的，且对比于 PC 机容量通常都是比较小的，因而嵌入式开发者必须了解变量所占用的存储空间，对于不同数据类型在不同位数的芯片中（如 STM32xxx 就表示此款芯片是 32bit 的芯片，STM8xxx 表示此款芯片是 8bit 的芯片）的长度，开发者也应该掌握。

STM32 中的数据类型非常多，常用的变量在文件中的定义如下：

```
/* exact-width signed integer types */
typedef  signed   char int8_t;
typedef  signed   short int int16_t;
typedef  signed   int int32_t;
typedef  signed   __int64 int64_t;
/* exact-width unsigned integer types */
typedef  unsigned   char uint8_t;
typedef  unsigned   short int uint16_t;
typedef  unsigned   int uint32_t;
typedef  unsigned   __int64 uint64_t;
typedef  int32_t s32;
typedef  int16_t s16;
typedef  int8_t s8;
typedef  uint32_t u32;
typedef  uint16_t u16;
typedef  uint8_t u8;
```

在 STM32 编程中，常用的数据类型有 char（字符型）、u8、u16、u32，但是在一些计算中，涉及负数、小数，因此要用到 int、float、double 类型。

其中，u8——1 个字节，无符号型；u16——2 个字节，无符号型；u32——4 个字节，无符号型；int——4 个字节，有符号型，可以表达负整数；float——4 个字节，有符号型，可以表达负数/小数；double——8 个字节，有符号型，可以表达负数/小数。

2．运算符

C 语言的运算类型分为算术运算、逻辑运算、关系运算和位运算及一些特殊的运算，表 2-2 列出了 C 语言的运算符及其使用方法举例。

表 2-2　C 语言的运算符

运算类型	运算符	简明含义	举例
算术运算	+ - * /	加、减、乘、除	N=1，N=N+5 等同于 N+=5，N=6
	^	幂	A=2，B=A^3，B=8
	%	取模运算	N=5，Y=N%3，Y=2
逻辑运算	||	逻辑或	A=TRUE，B=FALSE，C=A||B，C=TRUE
	&&	逻辑与	A=TRUE，B=FALSE，C=A&&B，C=FALSE
	!	逻辑非	A=TRUE，B=!A，B=FALSE
关系运算	>	大于	A=1，B=2，C=A>B，C=FALSE
	<	小于	A=1，B=2，C=A<B，C=TRUE
	>=	大于等于	A=2，B=2，C=A>=B，C=TRUE
	<=	小于等于	A=2，B=2，C=A<=B，C=TRUE
	==	等于	A=1，B=2，C=(A==B)，C=FALSE
	!=	不等于	A=1，B=2，C=(A!=B)，C=TRUE
位运算	~	按位取反	A=0b00001111，B=~A，B=0b11110000
	<<	左移	A=0b00001111，A<<2=0b00111100
	>>	右移	A=0b11110000，A>>2=0b00111100
	&	按位与	A=0b1010，B=0b1000，A&B=0b1000
	^	按位异或	A=0b1010，B=0b1000，A^B=0b0010
	|	按位或	A=0b1010，B=0b1000，A|B=0b1010
增量和减量运算	++	增量运算符	A=3，A++，A=4
	--	减量运算符	A=3，A--，A=2
复合赋值运算	+=	加法赋值	A=1，A+=2，A=3
	-=	减法赋值	A=4，A-=4，A=0
	>>=	右移位赋值	A=0b11110000，A>>=2，A=0b00111100
	<<=	左移赋值	A=0b00001111，A<<=2，A=0b00111100
	*=	乘法赋值	A=2，A*=3，A=6
	|=	按位或赋值	A=0b1010，A|=0b1000，A=0b1010
	&=	按位与赋值	A=0b1010，A&=0b1000，A=0b1000
	^=	按位异或赋值	A=0b1010，A^=0b1000，A=0b0010
	%=	取模赋值	A=5，A%=2，A=1
	/=	除法赋值	A=4，A/=2，A=2

运算类型	运算符	简明含义	举例
指针和地址运算	*	取内容	A=*P
	&	取地址	A=&P
输出格式转换	0x	无符号十六进制数	0xa=0d10
	0o	无符号八进制数	0o10=0d8
	0b	无符号二进制数	0b10=0d2
	0d	带符号十进制数	0d10000001=-127
	0u	无符号十进制数	0u10000001=129

3．流程控制

在程序设计中主要有 3 种基本控制结构：顺序结构、选择结构和循环结构。

（1）顺序结构。顺序结构就是从前向后依次执行语句。从整体上看，所有程序的基本结构都是顺序结构，中间的某个过程可以是选择结构或循环结构。

（2）选择结构。在大多数程序中都会包含选择结构。其作用是根据所指定的条件是否满足决定执行哪些语句。在 C 语言中，主要有 if 和 switch 两种选择结构。

1）if 结构。格式为：

```
if(表达式) 语句项;
else  语句项;
```

如果表达式取值真（除 0 以外的任何值），则执行 if 的语句项；否则，如果 else 存在的话，就执行 else 的语句项。每次只会执行 if 或 else 中的某一个分支。语句项可以是单独的一条语句，也可以是多条语句组成的语句块（要用一对大括号"{}"括起来）。

if 语句可以嵌套，有多个 if 语句时，else 与最近的一个配对。对于多分支语句，可以使用 if ... else if ... else if ... else ...的多重判断结构，也可以使用下面将会讲到的 switch 语句。

2）switch 结构。switch 是 C 语言内部多分支选择语句，它根据某些整型和字符常量对一个表达式进行连续测试，当某一常量值与其匹配时，它就执行与该变量有关的一个或多个语句。switch 语句的一般形式为：

```
switch(表达式)
{
  case  常数 1:
    语句项 1
    break;
  case  常数 2:
    语句项 2
    break;
  …
  default:
    语句项
}
```

根据 case 语句中所给出的常数值按顺序对表达式的值进行测试，当常数值与表达式值相等时，就执行这个常数所在的 case 后的语句块，直到碰到 break 语句或者 switch 的末尾为止。

若没有一个常数值与表达式值相符，则执行 default 后的语句块。default 是可选的，如果它不存在，并且所有的常数值与表达式值都不相符，那么就不作任何处理。

switch 语句与 if 语句的不同之处在于 switch 语句只能对等式进行测试，而 if 语句可以计算关系表达式或逻辑表达式。

（3）循环结构。C 语言中的循环结构包括 for 循环、while 循环和 do...while 循环。

1）for 循环。格式为：

```
for(初始化表达式;条件表达式;修正表达式)
{循环体}
```

执行过程为：先求解初始化表达式；再判断条件表达式，若为假（0），则结束循环，转到循环下面的语句，若为真（非 0），则执行循环体中的语句；然后求解修正表达式；再转到判断条件表达式处根据情况决定是否继续执行循环体中的语句。

2）while 循环。格式为：

```
while(条件表达式)
{循环体}
```

当表达式的值为真（非 0）时执行循环体，其特点是先判断后执行。

3）do....while 循环。格式为：

```
do
{循环体}
while(条件表达式);
```

其特点是先执行后判断，即当流程到达 do 后，先立即执行循环体一次，然后才对条件表达式进行计算、判断。若条件表达式的值为真（非 0），则重复执行一次循环体。

（4）break 语句和 continue 语句在循环的应用。在循环中常常使用 break 语句和 continue 语句，这两个语句都会改变循环的执行情况。break 语句用来从循环体中强行跳出循环，终止整个循环；continue 语句使其后语句不再被执行，进行新的一次循环。

4. 函数

函数，即子程序，也就是"语句的集合"，是指把经常使用的语句群定义成函数，供其他程序调用，函数的编写与使用要遵循软件工程的基本规范。

使用函数时要注意：函数定义时要同时声明其类型；调用函数前要先声明该函数；传给函数的参数值，其类型要与函数定义一致；接收函数返回值的变量，其类型也要与函数类型一致。

函数的返回值：

```
return 表达式;
```

return 语句用来立即结束函数并返回一个确定值给调用程序。如果函数的类型和 return 语句中表达式的值不一致，则以函数类型为准。对数值型数据，可以自动进行数据类型转换，即函数类型决定返回值的类型。

一定要声明函数的返回值类型及所带的参数，如果没有，要声明为 void。在函数的原型声明中应包含所有参数，不允许只包含参数类型的声明方式，没有参数时以 void 填充。

函数调用时，只能使用加前缀&或者使用括起来的参数列表，没有参数时列表可以为空。例如：

```
extern INT16U func2( void );
void func( void ){
```

```
        if (func2) /* 请使用 func2()或&func2 */
        {  }
}
```

注意控制参数的数量，一般来说不要超过五个，当参数过多时应该考虑将参数定义为一个结构体，并且将结构体指针作为参数；函数的大小不要过长，一般定为 200 行以内（除去注释、空行、变量定义、调试开关等），限制函数的规模有助于函数功能的正确性和维护。

5. 指针

指针是 C 语言中广泛使用的一种数据类型，运用指针是 C 语言最主要的风格之一。在嵌入式编程中，指针尤为重要。利用指针变量可以表示各种数据结构，很方便地使用数组和字符串，并能像汇编语言一样处理内存地址，从而编写出精练而高效的程序。

指针是一种特殊的数据类型，指向变量的地址，实质上指针就是存储单元的地址。根据所指的变量类型不同，可以分为整型指针（int *）、浮点型指针（float *）、字符型指针（char *）、结构指针（struct *）和联合指针（union *）。指针在使用前一定要赋值，避免产生野指针。分配内存后要立刻判断指针是否为 NULL，如果对一个 NULL 指针进行间接访问，它的结果会因编译器而异，有些机器会访问内存位置零，有些机器将引发一个错误并终止程序。指针变量不能自动被初始化为 NULL。

（1）指针变量的定义。一般形式为：

类型说明符 *变量名;

其中，*表示这是一个指针变量，变量名即为定义的指针变量名，类型说明符表示本指针变量所指向的变量的数据类型。

例如：

```
int *p1;    //表示 p1 是指向整型数的指针变量，p1 的值是整型变量的地址
```

（2）指针变量的赋值。指针变量同普通变量一样，使用之前不仅要进行声明，而且必须赋予具体的值。未经赋值的指针变量不能使用，否则将造成系统混乱，甚至死机。指针变量的赋值只能赋予地址。

例如：

```
int a;      //a 为整型数变量
int *p1;    //声明 p1 是整型指针变量
p1 =&a;     //将 a 的地址作为 p1 的初值
```

（3）指针的运算。

1）取地址运算符&。取地址运算符&是单目运算符，其结合性为自右至左，用来取变量的地址。

2）取内容运算符*。取内容运算符*是单目运算符，其结合性为自右至左，用来表示指针变量所指的变量。

在运算符*之后跟的变量必须是指针变量。

例如：

```
int a,b;    //a、b 为整型数变量
int *p1;    //声明 p1 是整型指针变量
p1 =&a;     //将 a 的地址作为 p1 的初值
a=80;
b=*p1;      //运行结果：b=80，即为  的值
```

注意：取内容运算符*和指针变量声明中的*虽然符号相同，但含义不同。在指针变量声明中，*是类型说明符，表示其后的变量是指针类型；而表达式中出现的*则是一个运算符，用以表示指针变量所指的变量。

3）指针的加减算术运算。对于指向数组的指针变量，可以加/减一个整数 n（由于指针变量实质是地址，给地址加/减一个非整数就会出错）。设 pa 是指向数组 a 的指针变量，则 pa+n、pa-n、pa++、++pa、pa--、--pa 运算都是合法的。指针变量加/减一个整数 n 的意义是把指针指向的当前位置（指向某数组元素）向前或向后移动 n 个位置。

注意：数组指针变量前/后移动一个位置和地址加/减 1 在概念上是不同的，因为数组可以有不同的类型，各种类型的数组元素所占的字节长度是不同的。例如指针变量加 1，即向后移动 1 个位置，表示指针变量指向下一个数据元素的首地址，而不是在原地址基础上加 1。

例如：

```
int a[5],*pa;      //声明 a 为整型数组（下标为 0~5），pa 为整型指针
pa=a;              //pa 指向数组 a，也就是指向 a[0]
pa=pa+2;           //pa 指向 a[2]，即 pa 的值为&pa[2]
```

注意：指针变量的加/减运算只能对数组指针变量进行，对指向其他类型变量的指针变量作加/减运算是毫无意义的。

（4）void 指针类型。void *为无类型指针，即用来定义指针变量，不指定它是指向哪种类型数据，但可以把它强制转化成任何类型的指针。

如果指针 p1 和 p2 指向的数据类型相同，那么可以直接在 p1 和 p2 间互相赋值；如果 p1 和 p2 指向的数据类型不同，则必须使用强制类型转换运算符把赋值运算符右边的指针类型转换为左边指针的类型。

例如：

```
float *p1;         //声明 p1 为浮点型指针
int *p2;           //声明 p2 为整型指针
p1=(float *)p2;    //强制转换整型指针 p2 为浮点型指针值给 p1 赋值
                   //而 void *则不同，任何类型的指针都可以直接赋值给它，而无需进行强制类型转换
void *p1;          //声明 p1 无类型指针
int *p2;           //声明 p2 为整型指针
p1=p2;             //用整型指针 p2 的值给 p1 直接赋值
```

但这并不意味着 void *也可以无需强制类型转换地赋给其他类型的指针，否则 p2=p1 这条语句编译就会出错，而必须将 p1 强制类型转换成 void *类型。因为无类型可以包容有类型，而有类型则不能包容无类型。

6. 结构体

一个大型的 C 语言程序势必要涉及一些进行数据组合的结构体，这些结构体可以将原本意义上属于一个整体的数据组合在一起。从某种程度上来说，会不会用结构体、怎样用结构体是区别一个开发人员是否具备丰富开发经历的标志。

在网络协议、通信控制、嵌入式系统的 C 语言编程中，我们经常要传送的不是简单的字节流（char 型数组），而是多种数据组合起来的一个整体，其表现形式是一个结构体。经验不足的开发人员往往将所有需要传送的内容依顺序保存在 char 型数组中，通过指针偏移的方法来传送网络报文等信息。这样做编程复杂、容易出错，而且一旦控制方式及通信协议有所变化，

就要对程序进行非常细致的修改。结构体是由基本数据类型构成的，是用一个标识符来命名的各种变量的组合，结构体中可以使用不同的数据类型。

（1）结构体的声明和结构体变量的定义。

例如定义一个名为 student 的结构体变量类型。

```
struct student          //定义一个名为 student 的结构体变量类型
{
    char name[8];       //成员变量 name 为字符型数组
    char class[10];     //成员变量 class 为字符型数组
    int age;            //成员变量 age 为整型
};
```

这样，若声明 s1 为一个 student 类型的结构体变量，则使用如下语句：

```
struct student s1;      //声明 s1 为 student 类型的结构体变量
```

例如定义一个名为 student 的结构体变量类型，同时声明 s1 为一个 student 类型的结构体变量。

```
struct student          //定义一个名为 student 的结构体变量类型
{
    char name[8];       //成员变量 name 为字符型数组
    char class[10];     //成员变量 class 为字符型数组
    int age;            //成员变量 age 为整型
}s1;                    //声明 s1 为 student 类型的结构体变量
```

（2）结构体变量的使用。结构体是一个新的数据类型，因此结构体变量也可以像其他类型的变量一样赋值运算，不同的是结构体变量以成员作为基本变量。结构体成员的表示方式为：

```
结构体变量.成员名
```

如果将"结构体变量.成员名"看成一个整体，则这个整体的数据类型与结构体中该成员的数据类型相同，这样就像前面所讲的变量那样使用。

例如：

```
s1.age=19;              //将数据 19 赋给 s1.age（理解为学生 s1 的年龄为 19）
```

（3）结构体指针。结构体指针是指向结构体的指针。它由一个加在结构体变量名前的"*"操作符来声明。

例如用上面已说明的结构体声明一个结构体指针如下：

```
struct student *Pstudent;   //声明 Pstudent 为一个 student 类型指针
```

使用结构体指针对结构体成员的访问与结构体变量对结构体成员的访问在表达方式上有所不同，结构体指针对结构体成员的访问表示为：

```
结构体指针名->结构体成员
```

其中，"->"是两个符号"-"和">"的组合，好像一个箭头指向结构体成员。例如要给上面定义的结构体中的 name 和 age 赋值，可以用下面的语句。

```
strcpy(Pstudent->name,"HongmeiYang");
Pstudent->age=19;
```

实际上，Pstudent->name 就是(*Pstudent).name 的缩写形式。

需要指出的是结构体指针是指向结构体的一个指针，即结构体中第一个成员的首地址，因此在使用之前应该对结构体指针初始化，即分配整个结构体长度的字节空间。这可以用下面的函数完成。

```
Pstudent=(struct student*)malloc(sizeof (struct student));
```

其中，sizeof(struct student)自动求取 student 结构体的字节长度；malloc()函数定义了一个大小为结构体长度的内存区域，然后将其地址作为结构体指针返回。

7. 位域

有些信息在存储时并不需要占用一个完整的字节，而只需要占用几个或一个二进制位。例如，在存放一个开关量时，只有 0 和 1 两种状态，用一个二进制位即可。为了节省存储空间并使处理简便，C 语言又提供了一种数据结构，称为位域（bit-field），也有人翻译为位段。

所谓位域，实际上是字节中一些位的组合，可以认为它是位信息组。位域将一个字节中的二进制位划分为几个不同的区域，并给每个区域起个域名，允许在程序中按域名进行操作。

（1）位域的定义。

例如定义一个名为 my 的位域变量类型，同时声明 b1 为 my 类型的变量。

```
struct my
{
    unsigned int a:2;        //第 0～1 位
    unsigned int b:6;        //第 2～7 位
}b1;
```

注意：定义位域必须使用 unsigned int。

上例声明 b1 为 my 变量，共占 8 位（1 字节）。其中，位域 a 占 2 位（a 的范围为 0～3）；位域 b 占 6 位（b 的范围为 0～63）。对于位域的定义有以下几点说明：

1）一个位域必须存储在同一个字节中，不能跨两个字节。如一个字节所剩空间不够存放另一位域时，应从下一单元起存放该位域，也可以有意使某位域从下一单元开始。

例如：

```
struct my
{
    unsigned int a:4;
    unsigned int :0;        //空域（本字节剩余位不用）
    unsigned int b:4;        //从下一单元开始存放
    unsigned int c:4;
};
```

在这个位域定义中，a 占第一字节的 4 位，后 4 位填 0，表示不使用；b 从第二字节开始，占用 4 位；c 占用 4 位。

2）由于位域不允许跨两个字节，因此位域的长度不能大于一个字节的长度，也就是说不能超过 8 位二进制位。

3）位域可以无位域名，这时它只起填充或调整位置的作用，无名的位域是不能使用的。

例如：

```
struct my
{
    unsigned int a:1;  //第 0 位
    unsigned int :2;  //无域名，2 位不能使用
    unsigned int b:3;  //第 3～5 位
    unsigned int c:2;  //第 6～7 位
}b1;
```

从以上分析可以看出，位域在本质上就是一种结构类型，不过其成员是按二进制位分配的。

（2）位域的使用。位域的使用和结构成员的使用相同，一般形式为：

位域变量名.位域名

例如在上面定义的位域 b1 可以这样调用：

b1.a=1;   //将 b1 的第 0 位置 1（注意一个字节从最低位开始）
b1.b=4;   //将 b1 的第 3~5 位置 100

通过位域定义位变量是实现单个位操作的重要途径和方法，采用位域定义位变量，编写的代码紧凑、高效。

8．编译预处理

C 语言提供编译预处理的功能，编译预处理是 C 编译系统的一个重要组成部分。C 语言允许在程序中使用几种特殊的命令（它们不是一般的 C 语句），在 C 编译系统对程序进行通常的编译（包括语法分析、代码生成、优化等）之前，先对程序中的这些特殊的命令进行预处理，然后将预处理的结果和源程序一起再进行常规的编译处理，以得到目标代码。C 语言提供的预处理功能主要有宏定义、条件编译和文件包含。

（1）宏定义。格式为：

#define 宏名 表达式

表达式可以是数字、字符，也可以是若干条语句。在编译时，所有引用该宏的地方都将自动被替换成宏所代表的表达式。

例如：

#define PI 3.1415926   //以后程序中用到数字 3.1415926 就写 PI
#define S(r) PI*r*r   //以后程序中用到 PI*r*r 就写 S(r)

（2）条件编译。格式为：

#if 表达式
#else 表达式
#endif

如果表达式成立，则编译#if 下的程序，否则编译#else 下的程序，#endif 为条件编译的结束标志。

例如：

#ifdef 宏名   //如果宏名被定义过，则编译以下程序
#ifndef 宏名   //如果宏名未被定义过，则编译以下程序

条件编译通常用来调试、保留程序（但不编译）或者在需要对两种状况做不同处理时使用。

（3）文件包含。文件包含是指一个源文件将另一个源文件的全部内容包含进来，一般形式为：

#include "文件名"

9．用 typedef 定义类型

除了可以直接使用 C 语言提供的标准类型名（如 int、char、float、double、long 等）和自己定义的结构体、指针、枚举等类型外，还可以用 typedef 定义新的类型名来代替已有的类型名。

例如：

typedef unsigned char INT8U;

指定用 INT8U 代表 unsigned char 类型，这样下面的两个语句是等价的。

```
unsigned char i;
INT8U i;
```

（1）用 typedef 可以定义各种类型名，但不能用来定义变量。

（2）用 typedef 只是对已经存在的类型增加一个类型别名，而没有创造新的类型。

（3）typedef 与#define 有相似之处，例如：

```
typedef unsigned int INT16U;
#define INT16U unsigned int;
```

这两个语句的作用都是用 INT16U 代表 unsigned int。但事实上它们两者不同，#define 是在预编译时处理，它只能做简单的字符串替代，而 typedef 是在编译时处理。

（4）当不同源文件中用到各种类型数据（尤其是像数组、指针、结构体、共用体等较复杂数据类型）时，常用 typedef 定义一些数据类型，并把它们单独存放在一个文件中，而后在需要用到它们的文件中用#include 命令把它们包含进来。

例如在 C 中定义一个结构体类型要用 typedef。

```
typedef struct Student
{int a;
}Stu;
```

于是，在声明变量的时候就可以用 Stu stu1;；如果没有 typedef 就必须用 struct Student stu1;来声明，这里的 Stu 实际上就是 struct Student 的别名。

（5）使用 typedef 有利于程序的通用和移植。

10. 代码文件类型

用于存储源代码的 C 程序文件可以分为两类：源文件和头文件。源文件和头文件中包含的内容是不同的。

源文件中主要包括以下内容：

（1）只在本文件内部使用的（对外部隐藏的）类型。

（2）只在本文件内部使用的（对外部隐藏的）常量。

（3）只在本文件内部使用的（对外部隐藏的）宏定义。

（4）全局变量和文件级（static）变量的定义。

（5）函数原型声明和函数定义。

（6）包含文件部分、文件头的说明、函数头的说明。

头文件中主要包含如下内容。

（1）提供给外部参照的类型。

（2）提供给外部参照的常量。

（3）提供给外部参照的宏定义。

（4）提供给外部参照的（全局）函数原型声明。

（5）提供给外部参照的全局变量的外部声明。

（6）包含文件部分、文件头的说明。

【实现方法】

1. 结构体

根据智能家居需求打印时间、温度、湿度，当需要存储单类型的多属性数据时我们使用结构体。

```c
#include <stdio.h>
#include <string.h>

typedef struct homesensor{
    char time[20];
    int temp;
    float hum;
}HS;

int main(int argc, char *argv[])
{
    //HS buf = {"12:00", 26, 35.5};
    HS buf;
    strcpy(buf.time, "12:00");
    buf.temp = 26;
    buf.hum = 35.5;
    printf("%s\n %d\n %f\n", buf.time, buf.temp, buf.hum);
    return 0;
}
```

2. 结构体数组

根据用户管理数据打印多个学生用户数据，每个学生用户有多个属性。当有多个包含多属性对象需要存储的场景时，我们使用结构体数组。

```c
#include <stdio.h>
#include <string.h>

typedef struct{
    char name[20];
    char sex;
    int id;
    float score;
}STU;

int main(int argc, char *argv[])
{
    STU stu[10];
    strcpy(stu[0].name, "john");
    stu[0].sex = 1;
    stu[0].id = 10001;
    stu[0].score = 98;
    strcpy(stu[1].name, "keiv");
```

```
        stu[1].sex = 1;
        stu[1].id = 10002;
        stu[1].score = 99;
        printf("%s\t%d\t%d\t%f\n", stu[0].name, stu[0].sex,
        stu[0].id, stu[0].score);
        printf("%s\t%d\t%d\t%f\n", stu[1].name, stu[1].sex,
        stu[1].id, stu[1].score);
        return 0;
    }
```

任务 2　良好的编程风格

【任务描述】

编写程序首先是要考虑程序的可行性，然后是要考虑可读性、可移植性、健壮性和可测试性。大多数程序员只是关注程序的可行性，而忽略了可读性、可移植性和健壮性。程序的可行性和健壮性与程序的可读性有很大的关系，能编写出可读性很好的程序的程序员，他编写的程序的可行性和健壮性肯定不会差，也会有不错的可移植性。编写程序应该以人为本，计算机放在第二位。代码首先是给人读的，好的代码应当可以像好的文章一样通顺易读。程序的可读性需要程序员有一个良好的编程风格，良好的编程风格应该成为一种习惯。良好的编程风格是提高程序可读性非常重要的手段，也是大型项目多人合作开发的技术基础。

【任务要求】

养成一种良好的编程习惯，使其变成编程的潜意识，无形中会帮您解决许多细节问题。

【知识链接】

1．排版
（1）建议不要把多个语句放到一行里面，一行只写一条语句，如下：

```
//不规范的写法:
a = x+y; b = x-y;

//应该为:
a=x+y;
b=x-y;
```

（2）建议代码缩进空格数为 4 个。

尽量用空格来代替 Tab 键，因为有些编译器可能不支持 Tab 键，这会给程序的移植带来问题。在 Keil 中这个问题很容易解决，在 Keil 主界面（如图 2-1 所示）的菜单栏中单击 Edit→Configuration，在弹出的 Configuration 窗口中单击 Editor 标签，在其中 C/C++ File、ASM Files、Other Files 栏下勾选 Insert spaces for tab 复选项。若在 Tab 对应的框中填 4，这样按 Tab 键就相当于按下 4 个空格键；若在 Tab 对应的框中填 2，这样按 Tab 键就相当于按下两个空格键。

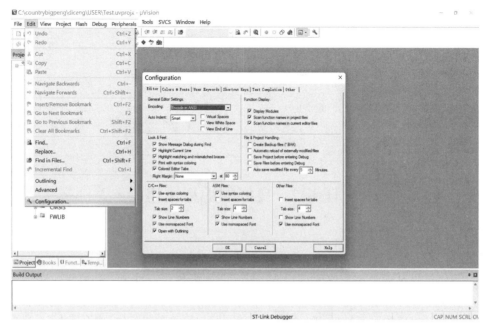

图 2-1　Keil 主界面

（3）在 C 语言中，一行代码的长度通常应该不超过 80 个字符。如果一行代码太长，建议使用反斜杠 "\" 来进行换行处理。具体来说，我们可以将一行代码分成多行，每行以反斜杠结尾，如下：

```
if(NULL != input\
&& TRUE == input->state)
```

它所表达的是：

```
if(NULL != input && TRUE == input->state)
```

（4）若函数代码的参数过长，则分多行来书写，如下：

```
void UARTSendAndRecv(UINT8 *ucSendBuf,
    UINT8 ucSendLength,
    UINT8 *ucRecvBuf,
    UINT8 ucRecvLength)
    {…}
```

2．命名

（1）命名一定要清晰。要使用完整的单词或大家都知道的缩写，做到见名知意。局部变量以小写字母命名，全局变量以首字母大写方式命名，定义类型和宏定义常数以大写字母命名。变量的作用域越大，它的名字所带有的信息就应该越多。例如：

```
局部变量：int student_age;
全局变量：int StudentAge;
宏定义常数：#define STUDENT_NUM 10
类型定义：typedef INT16S int;
```

名称间的区别很容易被误读的例子：1（数字 1）和 l（L 的小写）、0 和 O、2 和 Z、5 和 S、n 和 h。

除了常用的缩写以外，不要使用单词缩写，更不要使用汉语拼音。变量命名要注意缩写而且让人简单易懂，若是特别缩写要详细说明。经常用到的缩写如下：

```
argument 可缩写为 arg
buffer 可缩写为 buff
clock 可缩写为 clk
command 可缩写为 cmd
compare 可缩写为 cmp
configuration 可缩写为 cfg
count 可缩写为 cnt
device 可缩写为 dev
error 可缩写为 err
hexadecimal 可缩写为 hex
increment 可缩写为 inc
initialize 可缩写为 init
maximum 可缩写为 max
message 可缩写为 msg
minimum 可缩写为 min
packet 可缩写为 pkt
parameter 可缩写为 para
previous 可缩写为 prev
register 可缩写为 reg
semaphore 可缩写为 sem
statistic 可缩写为 stat
synchronize 可缩写为 sync
temp 可缩写为 tmp
```

平时不经常用到的缩写，要注释，例如：

```
SerialCommunication 可缩写为 SrlComm                //串口通信变量
SerialCommunicationStatus 可缩写为 SrlCommStat      //串口通信状态变量
```

（2）全局变量和全局函数的命名一定要详细，可以多用几个单词，例如函数UARTPrintfStringForLCD，因为它在整个项目的许多源文件中都会用到，所以必须让使用者明确这个变量或函数的作用。局部变量和只在一个源文件中调用的内部函数的命名可以简略一些，但不能太短，不要使用单个字母比如 a、b、c 作变量名，只有一个例外，即用 i、j、k 作循环变量是可以的。

具有互斥意义的变量或动作相反的函数应该是用互斥词组命名，例如：

add/remove	send/receive	first/last	lock/unlock	start/stop
begin/end	source/destination	get/release	open/close	next/previous
create/destroy	copy/paste	increment/decrement	min/max	source/target
insert/delete	up/down	put/get add/delete	old/new	show/hide

1）变量含义标识符构成：目标词+动词（过去分词）+[状语]+[目的地]。例如变量：

```
DataGotFromMY          //从 MY 中取得数据
DataDeletedFromMY      //从 MY 中删除数据
```

2）函数含义标识符构成：动词（一般现在时）+目标词+[状语]+[目的地]。例如函数：

```
GetDataFromMY          //从 MY 中取得数据
```

DeleteDataFromMY	//从 MY 中删除数据
GetCurrentDdirectory	//获取当前路径

（3）文件标识符命名规则。文件标识符分为两部分，即文件名前缀和后缀。格式如下：

×××…××.×××

文件名前缀表示该文件的内容或作用，可以由项目组成员统一约定，但最好不要超过 8 个字符。文件名前缀的最前面要使用范围限定符——模块名（文件名）缩写。文件名后缀表示该文件的类型，该部分最多为 3 个字符。

1）源文件：.c。

2）头文件：.h。

3）其他类型文件：如.tbl 文件等，使用之前进行统一规定。

文件名前缀和后缀这两部分字符应仅使用字母、数字和下划线；文件标识的长度不能超过 32 个字符，以便于识别；建议文件名全部使用大写字母。

（4）模块标识符命名规则。模块名就是范围限定符，各种全局标识符（文件名、全局函数名、全局变量名等）的命名必须使用范围限定符作为前缀。模块名必须进行适当的缩写。例如 SUSPEND-READY 模块，省略缩写为 SDRY，模块名要求全部为大写。

3. 注释

同一工程项目开发中，尽量保持代码注释规范和统一。对于好的注释，开发者将是第一个受益者。在团队合作的大型项目开发中，通过阅读别人的注释可以快速知道他人所写函数的功能、返回值、参数的使用等。

（1）边写代码边注释，修改代码的同时修改相应的注释，以保证注释与代码的一致性。注释不宜太多，也不宜太少，一般情况下，源程序有效注释量必须在 20%以上。注释应当准确、易懂，防止注释有二义性，不要出现形容词。不再有用的注释要删除，错误的注释不但无益反而有害。尽量避免在注释中使用缩写，特别是不常用的缩写。注释的位置应与被描述的代码相邻，可以放在代码的上方或右方，不可放在下方。

（2）说明性文件必须在文件头着重说明。说明性文件（如头文件.h 文件、.inc 文件、.def 文件、.cfg 编译说明文件等）头部应进行注释，注释必须列出版权说明、版本号、生成日期、作者、内容、功能、与其他文件的关系、修改日志等，头文件的注释中还应有函数功能简要说明。源文件头部应进行注释，列出版权说明、版本号、生成日期、作者、模块目的/功能、主要函数及其功能、修改日志等。

（3）函数头部应进行注释，列出函数的目的/功能、输入参数、输出参数、返回值、调用关系（函数、表）等。

任务 3　开发板概述

【任务描述】

单片机是物联网系统的核心，是物联网发展的基础。应掌握单片机的内部结构、寄存器的使用、I/O 口的控制、定时器和中断等核心概念，这些是单片机编程的基础。在物联网中，单片机可用于传感器数据的采集、处理和传输，以及设备的控制和响应。通过编写单片机程序，可以将传感器和执行器与网络连接起来，实现智能设备的功能。学习单片机编程是进入物联网领域的重要一步。

【任务要求】

通过掌握单片机的编程和物联网的相关知识参与到智能设备的开发和物联网项目中去。

【知识链接】

1. LPC11C14 概述

（1）单片机简介。单片机的全称是单片微型计算机，它是将中央处理器（CPU）、存储器（RAM 和 ROM）、中断系统、定时器/计数器和输入/输出端口（简称 I/O 口）等集成在一起的集成电路，是简化了的微型计算机。

单片机常用作智能系统的核心控制器件，因为单片机体积小，可以方便地移植（嵌入）到智能系统，所以它又被称为嵌入式控制器或微控制器（MCU）。人们希望单片机实现什么功能，就可以将单片机和一定的硬件结合成一个完整的系统，再编写相应的程序，将其输入（烧入）到单片机中，单片机就可以按人们的愿望去工作（实现控制功能）。单片机现已广泛应用于家电、通信、机电一体化、测控等领域。

（2）引脚功能。由 NXP（恩智浦半导体）公司设计开发的 LPC11C14 芯片属于 LPC11xx 系列，是在 LPC1114 的基础上增加了 CAN（控制器局域网）总线功能单元，基本的引脚排布以及其他内部功能基本与 LPC1114 保持一致。LPC11C14 原理图如图 2-2 所示。

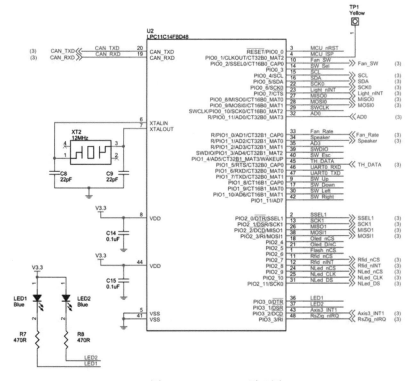

图 2-2　LPC11C14 原理图

（3）理解单片机的最小系统。单片机是一种数字逻辑控制器件，内部有复杂的电路组成。根据单片机的原理，单片机的正常工作需要一些条件，我们把满足单片机工作的最基本电路组成称为单片机最小系统。单片机的最小系统包括直流供电、时钟电路、复位电路，这些电路处于正常状态是单片机正常工作的必需条件。

1）直流供电。若直流供电不正常，则单片机不能正常工作。例如传统的 51 单片机电压多为 5V 或 3.3V，但是大多数单片机都可以在一定的电压范围内正常工作。STC12C 系列的单片机电压范围是 3.3～5.5V；STC12L 系列的单片机电压范围是 2.2～3.6V；AT89S52 单片机电压范围为 4～5.5V，推荐电压为 5V，额定电流为 0.5A 或 1A。5V 的直流电压可由专用的 5V 直流电源提供，也可以将 220V 交流电降压、整流，再用三端稳压器 7805 稳压后得到。

LPC11C14 的工作电压范围为 1.8～3.6V，芯片的 8、44 两个引脚是电源的正极输入引脚，这两个引脚连接到了芯片内部的稳压器、芯片的外设及 ADC 功能单元，用于给芯片供电；5、41 两个引脚是芯片的接地引脚，也就是电源的负极。在芯片工作的时候，首先要确保这 4 个引脚被正确地连接在电源的正负极上。

由于一般的应用中单片机使用内部程序，所以 EA（单片机的引脚）要接电源（高电平），若接地，则单片机访问外部程序（使用外部程序存储器）。

2）时钟电路。时钟电路就是一个振荡器，给单片机提供一个节拍，单片机必须在这个节拍的控制下才能执行各种操作，包括程序的运行。

LPC11C14 包含 3 个独立的振荡器，分别是系统振荡器、内部 RC 振荡器（IRC）和看门狗振荡器。在具体应用中，每一个振荡器都可以有不止一个用途。

复位之后，LPC11C14 会在内部 RC 振荡器下工作，直到通过软件进行切换。这就使得系统 Boot Loader（引导加载程序）工作在一个已知的频率下而不会受任何外部晶振的影响。

作为最小电路，单片机内部集成了一个频率为 12MHz 的 RC 振荡器，频率误差为 1%，但是如果想要提高单片机的时钟精度，就需要在单片机外部提供更加精准的时钟振荡信号。

在 XTALIN 引脚和 XTALOUT 引脚之间外接无源晶体振荡器，可以用晶体振荡器产生的振荡信号驱动单片机工作，多数情况下晶体振荡器选用 12MHz，匹配电容选用 10pF，如图 2-3 所示。

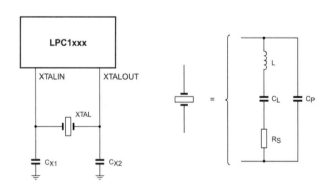

图 2-3　在 XTALIN 引脚和 XTALOUT 引脚之间外接无源晶体振荡器的原理图

3）复位电路。复位是单片机的初始化操作，单片机启动运行时都需要先复位，作用是使 CPU 和系统中其他部件处于一个确定的初始状态，并从这个状态开始工作。因此，复位是一个很重要的操作。但单片机本身是不能自动进行复位的，必须配合相应的外部电路才能实现。

上电复位电路是一种用来使电路恢复到起始状态的电路。由于单片机是基于时序控制的数字电路，它需要稳定的时钟信号，因此在电源上电时需要等待单片机内部的电源系统及时钟系统稳定工作时才可以让单片机开始工作，这个等待过程就是上电复位电路所起的作用。LPC11C14 的上电时序图如图 2-4 所示。

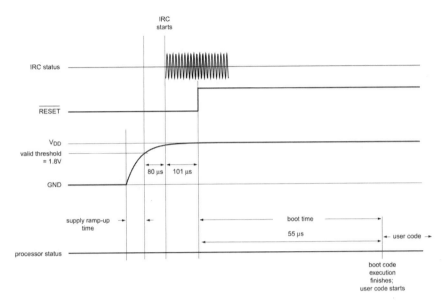

图 2-4　LPC11C14 的上电时序图

简而言之，对于 LPC11C14 单片机，上电复位电路的作用就是在上电时让单片机的 RESET 引脚保持低电平，延迟一段时间后，拉高电平，电平的跳变就会触发单片机内部的施密特触发器，收到触发信号后，处理器从地址 0 处（即最初从引导块映射的复位向量）开始执行程序。同时所有的处理器和外设的寄存器被初始为预定值。简单的 RC 上电复位电路如图 2-5 所示。

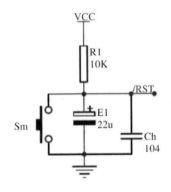

图 2-5　简单的 RC 上电复位电路

2. FS_11C14 开发板

（1）FS_11C14 简介。

FS_11C14 是专门为物联网教学研发的一款开发板，基于 LPC11C14 微控制器，集成多种传感器、RFID、ZigBee、OLED 显示屏等模块。基于 ARM Cortex-M0 内核的 LPC11C14 处理器，不仅低功耗、低成本，而且拥有丰富的外设资源。

主芯片是LPC11C14，该芯片一共有48个引脚，其中2个晶振引脚、4个电源引脚、42个通用输入/输出引脚，具有低功耗、低成本、丰富的外设资源等优点，主要有以下特点：

1）带有 SWD 调试功能（4个断点）的 50MHz Cortex-M0 控制器。

2）32个可嵌套向量中断、4个优先级、13个拥有专用中断的 GPIO。

3）带片上 CANopen 驱动器的 CAN 2.0B 的 CAN 控制器。

4）1个 UART 接口、2个 SPI 接口、1个 I^2C 接口。

5）具备脉宽调制/匹配/捕捉功能的2个16位和2个32位计时器、1个24位系统计时器。

6）具备±1LSB DNL 的8通道高精度10位 ADC。

7）42个 5V 兼容 GPIO 引脚，选择引脚高电平驱动（20mA）。

8）32KB 片上内部 Flash、8KB 片上内部 RAM。

（2）硬件组成。

处理器 LPC11C14（Cortex-M0）、片上 32KB FLASH、片上 8KB SRAM、1个 I^2C 接口 256B EEPROM、1个 SPI 接口 256KB FLASH、1个 MCU 片上 UART 接口（通过板上 USB 转换后可与 PC 或其他设备连接）、2个扩展 UART 接口、1个 I^2C 接口、2个 SPI 接口、1个 CAN 总线接口、1个 RS-485/RS-422 可选双功能接口、2路 ADC 输入、1个 12MHz 晶振、1个 128×64点阵 OLED 双色（黄和蓝）显示屏、1个八段 LED 数码管、2个 LED 灯、1个蜂鸣器、1个温湿度传感器、1个三轴加速度传感器、1个光敏传感器、1个可调电阻（电位器）、1个可控电风扇、1个 RFID 模块、1个 ZigBee 模块、1个电源开关、1个复位键（Reset）、1个可控制4个方向和确定功能的五向摇杆键、1个功能键（Esc）、1路时钟输出、1个 20Pin JTAG 调试接口、1块 1000mAh 锂电池、2根 USB 线、1张 RFID 存储卡、1个 CoLink 仿真器。

实物展示图如图 2-6 所示，原理图如图 2-7 所示。

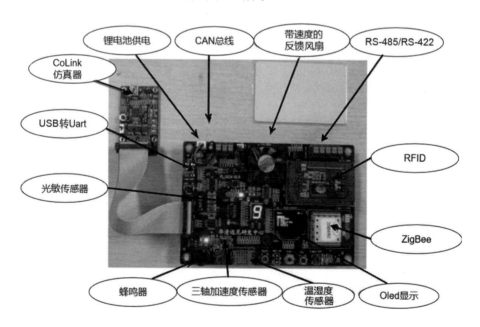

图 2-6　实物展示图

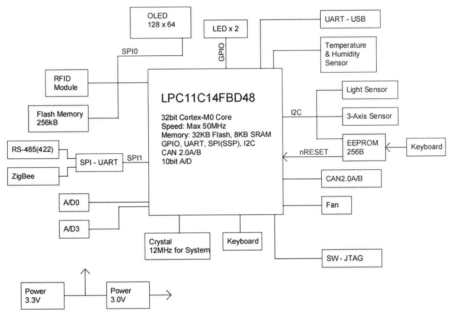

图 2-7　原理图

（3）GPIO 组成原理。

1）LPC11C14 处理器 I/O 控制原理。LPC11C14 处理器有 0～3 共 4 组 I/O 端口，其中，第 0～2 组端口有 11 个寄存器，第 3 组端口有 4 个寄存器。

每一个 GPIO 口可以定义为电平触发或边沿触发，每组端口都有复用的功能，如有一些 GPIO 口可以作为 I/O 端口，还可以定义为 I^2C 接口功能，用户可以通过软件配置寄存器来满足不同的需求。在运行主程序之前，必须先对每一个用到的引脚的功能进行设置。如果某些引脚的复用功能没有使用，那么可以先将该引脚设置为通用的 I/O 端口。

每一个 GPIO 的寄存器都是 12 位宽的，这些寄存器都可以通过字或半字的形式进行读或写操作。当单一地进行数据的输入/输出时，需要在使用 I/O 端口进行数据传输之前对 GPIO 口的数据走向进行配置；当进行数据的传输时需要由数据寄存器来保存数据。除此之外，GPIO 寄存器还包括与中断相关的寄存器，即如果在该 I/O 端口需要设置为中断模式时就需要对中断触发方式进行配置，另外还需要使用中断屏蔽寄存器、中断清除寄存器、中断状态寄存器等，如表 2-3 所示。

表 2-3　GPIO 寄存器

名称	权限	描述
GPIOnDATA	读/写	端口 n 数据地址屏蔽寄存器
GPIOnDATA	读/写	端口 n 数据寄存器
GPIOnDIR	读/写	端口 n 数据方向寄存器
GPIOnIS	读/写	端口 n 中断触发寄存器
GPIOnIBE	读/写	端口 n 中断双边沿寄存器
GPIOnIEV	读/写	端口 n 中断事件寄存器

名称	权限	描述
GPIOnIE	读/写	端口 n 中断屏蔽寄存器
GPIOnRIS	读	端口 n 普通中断状态寄存器
GPIOnMIS	读	端口 n 被屏蔽中断状态寄存器
GPIOnIC	写	端口 n 中断清除寄存器

2）GPIO 配置。I/O 端口的配置过程类似，因此接下来讲解端口配置的方法。PIO3_0 端口配置如图 2-8 所示，PIO3_端口配置如图 2-9 所示。

对应位	标志	值	相关描述	复位值
2：0	功能		选择引脚功能	000
		0x0	作为GPIO引脚PIO3_0	
		0x1	选择/DTR功能	
4：3	模式		选择功能模式（上拉或下拉电阻控制）	10
		0x0	无反应（无上拉/下拉使能）	
		0x1	下拉使能	
		0x2	上拉使能	
		0x3	重复模式	
5	滞后		滞后	0
		0	禁止	
		1	使能	
7：6	—	—	保留	11
31：8	—	—	保留	0

图 2-8　PIO3_0 端口配置

对应位	标志	值	相关描述	复位值
2：0	功能		选择引脚功能	000
		0x0	作为GPIO引脚PIO3_2	
		0x1	选择/DCD功能	
4：3	模式		选择功能模式（上拉或下拉电阻控制）	10
		0x0	无反应（无上拉/下拉使能）	
		0x1	下拉使能	
		0x2	上拉使能	
		0x3	重复模式	
5	滞后		滞后	0
		0	禁止	
		1	使能	
7：6	—	—	保留	11
31：8	—	—	保留	0

图 2-9　PIO3_2 端口配置

这些 I/O 配置寄存器控制着各个端口的引脚及所有外设和功能模块的输入/输出，还有 PC 总线引脚和 ADC 输入引脚。图 2-10 所示为 GPIO 的使用流程。

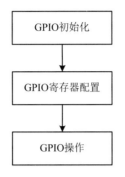

图 2-10　GPIO 的使用流程

（4）温湿度传感器基本原理。

DHT11 数字温湿度传感器是一款含有已校准数字信号输出的温湿度复合传感器。它应用专用的数字模块采集技术和温湿度传感技术，确保产品具有极高的可靠性和卓越的长期稳定性。

它的特点在于：成本低、长期稳定、相对湿度和温度测量、品质卓越、超快响应、抗干扰能力强、超长的信号传输距离、数字信号输出、精确校准。可以应用在暖通空调、除湿器、湿度调节器、医疗等相关领域。DHT11 数字温湿度传感器电路图如图 2-11 所示。

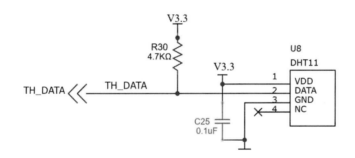

图 2-11　DHT11 数字温湿度传感器电路图

信息采集的原理为：温湿度信息的获得是通过 M0 上的 DHT11 数字温湿度传感器实现的。传感器包括一个电阻式感湿元件和一个 NTC 测温元件，并与一个高性能 8 位单片机相连接。DHT11 器件采用简单的单总线通信，系统中的数据交换、控制均由单总线完成。

单总线通信原理为：DATA 引脚用于微处理器与 DHT11 之间的通信和同步，采用单总线数据格式，一次传送 40 位数据，高位先出数据格式是 8bit 湿度整数数据+8bit 湿度小数数据+8bit 温度整数数据+8bit 温度小数数据+8bit 检验位（检验位的值为前四者和的低 8 位）；用户主机（MCU）发送一次开始信号后，DHT11 从低功耗模式转换到高速模式，待主机开始信号结束后，DHT11 发送响应信号，送出 40bit 的数据并触发一次信息采集。

读取数据步骤如下：

1）DHT11 上电后会测试环境的温度和湿度并且记录数据，数据线被 DHT11 上拉电阻拉高，DATA 引脚处于输入状态。

2）上电后设置 PIO3_2 为输出状态，并且输出低电平，数据总线被拉低。等待大约 18ms 后设置 PIO2_3 引脚为输入状态，并且设置上拉电阻，将 DATA 数据线拉高。

3）DHT11 的 DATA 引脚检测到外部的低电平信号后，延迟后输出 80μs 低电平作为应答信号和 80μs 的高电平信号作为通知处理准备接收数据的开始信号。

4）处理器的 I/O 端口接到 DHT11 的应答信号后，又接到准备接收的开始信号，开始接收 40bit 的数据。数据是以 50μs 的低电平和 26～28μs 的高电平作为数据 0，数据是以 50μs 的低电平和 70μs 的高电平作为数据 1。

5）DHT11 发送完 40bit 的数据后，继续输出 50μs 的低电平，然后 DATA 引脚转为输入状态，上拉电阻拉高数据线，DHT11 重新检测数据并记录，准备下次发送信号。

流程图如图 2-12 所示。

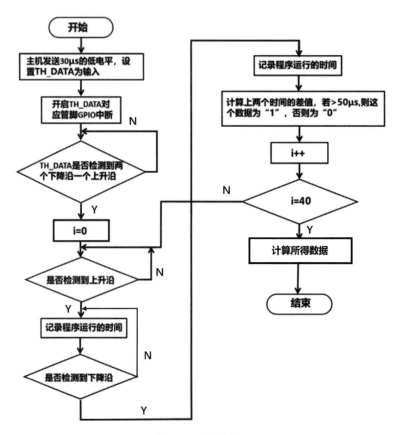

图 2-12　流程图

（5）UART 基本原理。

DTE（Data Terminal Equipment）称为数据终端设备，DCE（Data Communications Equipment）称为数据通信设备。

事实上，RS-232C 标准的正规名称是"数据终端设备和数据通信设备之间串行二进制数据交换的接口"。通常，将通信线路终端一侧的计算机或终端称为 DTE，而把连接通信线路一侧的调制解调器称为 DCE。

RS-232C 标准中所提到的"发送"和"接收"都是站在 DTE 立场，而不是站在 DCE 的立场来定义的。由于在计算机系统中往往是 CPU 和 I/O 设备之间传送信息，两者都是 DTE，因此双方都能"发送"和"接收"。

所谓串行通信是指 DTE 和 DCE 之间使用一根数据信号线（另外需要地线，可能还需要控制线），数据在一根数据信号线上一位一位地进行传输，每一位数据都占据一个固定的时间长度，如图 2-13 所示。这种通信方式使用的数据线少，在远距离通信中可以节约通信成本，当然其传输速度比并行通信传输慢。

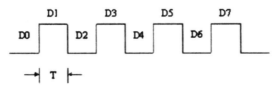

图 2-13　串行通信传输

串行通信有两种基本的类型：异步串行通信和同步串行通信。两者之间最大的差别是前者以一个字符为单位，后者以一个字符序列为单位。

1）异步串行通信。异步串行通信传输如图 2-14 所示，包括起始位、数据位和停止位，一般情况下数据位和停止位是可以编程设置的，数据位有 5、6、7、8 位可选择，停止位有 1、2 位可选择。

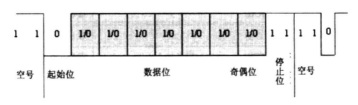

图 2-14　异步串行通信传输

一个完整的异步串行通信传输必须经历的步骤为：无传输、起始传输、数据传输、奇偶传输和停止传输。

2）串行通信数据传输过程。由于 CPU 与接口之间按并行方式传输，接口与外设之间按串行方式传输，因此在串行接口中必须要有接收移位寄存器（串→并）和发送移位寄存器（并→串）。

在数据输入过程中，数据一位一位地从外设进入接口的接收移位寄存器，当接收移位寄存器中接收完一个字符的各位后，数据就从接收移位寄存器进入数据输入寄存器，然后 CPU 从数据输入寄存器中读取接收到的字符（并行读取，即 D7～D0 同时被读取至累加器中）。接收移位寄存器的移位速度由接收时钟确定。

在数据输出过程中，CPU 把要输出的字符（并行地）送入数据输出寄存器，数据输出寄存器的内容传输到发送移位寄存器，然后由发送移位寄存器移位,把数据一位一位地送到外设。发送移位寄存器的移位速度由发送时钟确定。

接口中的控制寄存器用来容纳 CPU 传送给此接口的各种控制信息，这些控制信息决定接口工作方式。

状态寄存器的各位称为状态位，每一个状态位都可以用来指示数据传输过程中的状态或某种错误。例如，用状态寄存器的 D5 位表示数据输出寄存器空、用 D0 位表示数据输入寄存器满、用 D2 位表示奇偶检验错等。能够完成上述串/并转换功能的电路通常称为通用异步收发器（Universal Asynchronous Receiverand Transmitter，UART）。

（6）OLED 显示屏介绍。

OLED（Organic Light Emitting Diode）即有机电激发光二极管。有机发光显示技术由非常薄的有机材料涂层和玻璃基板构成，当有电荷通过时这些有机材料就会发光。OLED 发光的颜色取决于有机发光层的材料，故可通过改变发光层的材料而得到所需的颜色。有源阵列有机发光显示屏具有内置的电子电路系统，因此每个像素都由一个对应的电路独立驱动。OLED 具备构造简单、自发光不需背光源、对比度高、厚度薄、视角广、反应速度快、可用于挠曲性面板、使用温度范围广等优点，提供了浏览照片和视频的最佳方式而且对相机的设计造成的限制较少。

FS_11C14 开发板上使用到的 OLED 模块的操作流程图如图 2-15 所示。

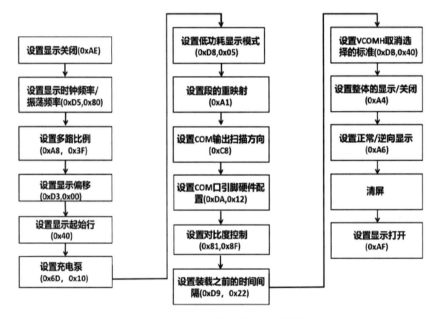

图 2-15　OLED 模块的操作流程图

（7）I^2C 基本原理。

I^2C 是一种用于 IC 器件之间连接的双向二线制总线，在总线上可以挂接多个器件，利用两根线连接，占用空间非常小，总线的长度可达 25 英尺，并且能够以 10kb/s 的最大传输速率支持 40 个组件。此外，它有多个主控，只要能够进行接收和发送的设备都可以成为主控，当然多个主控不能同一时间工作。I^2C 有两根信号线，一根为 SDA（数据线），一根为 SCL（时钟线）。任何时候时钟信号都是由主控器件产生的，其硬件连线图如图 2-16 所示。

I^2C 在传送数据的过程中，主要有 3 种控制信号：起始信号、结束信号和应答信号。

1）起始信号：当 SCL 为高电平时，SDA 由高电平转为低电平时开始传送数据。

2）结束信号：当 SCL 为高电平时，SDA 由低电平转为高电平时结束数据传送。

3）应答信号：接收数据的器件在接收到 8bit 数据后，向发送数据的器件发出低电平信号，表示已接收到数据。这个信号可以是从主控器件发出，也可以是从动器件发出，总之，由接收数据的器件发出。

在这些信号中，起始信号是必需的，结束信号和应答信号都可以不要。

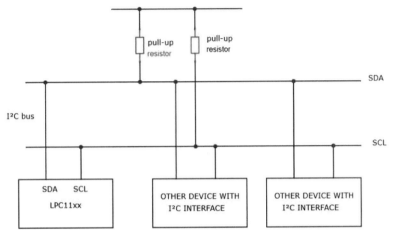

图 2-16　I²C 硬件连线图

I²C 需要对寄存器进行配置，主要的寄存器如表 2-4 所示。

表 2-4　I²C 主要的寄存器

名称	获取权限	相关描述
I²CCONSET	R/W	I²C 控制设置寄存器。当该寄存器的某一位被写 1 时，在 I²C 控制寄存器中相应的位就会被设置，写 0 时没有影响
I²C0STAT	RO	I²C 状态寄存器。在 I²C 操作期间，这个寄存器提供了详细的状态码
I²C0DAT	R/W	I²C 数据寄存器。在主/从机发送模式下，将要被传输的数据会写到这个寄存器中，在接收模式下，可以从中读取数据
I²C0ADR0	R/W	I²C 从机地址寄存器为 0，其中包含 7 位的从机地址，在主机模式下不会被使用
I²C0SCLH	R/W	SCH 占空比寄存器高半字节，决定了 I²C 时钟的最大值
I²C0SCLL	R/W	SCH 占空比寄存器低半字节，决定了 I²C 时钟的最小值
I²C0CONCLR	WO	I²C 控制清除寄存器。当该寄存器的一位写入 1 时，I²C 控制寄存器的相应位会被清除
I²C0MMCTRL	R/W	监控模式控制寄存器
I²C0ADR1	R/W	I²C 从机地址寄存器 1
I²C0ADR2	R/W	I²C 从机地址寄存器 2
I²C0ADR3	R/W	I²C 从机地址寄存器 3
I²C0DATA_BUFFER	RO	数据缓冲寄存器。在总线上的每 9 位数据接收之后 I²C DAT 的 8 个最重要的位会给 DATA_BUFFER
I²C0MASK0	R/W	I²C 从机地址掩码寄存器 0，它与前面的地址寄存器一起决定了匹配的地址

名称	获取权限	相关描述
I²C0MASK1	R/W	I²C 从机地址掩码寄存器 1
I²C0MASK2	R/W	I²C 从机地址掩码寄存器 2
I²C0MASK3	R/W	I²C 从机地址掩码寄存器 3

（8）光敏传感器基本介绍。

在 FS_11C14 开发板上使用的是 ISL29003 模块，其模块框图如图 2-17 所示。

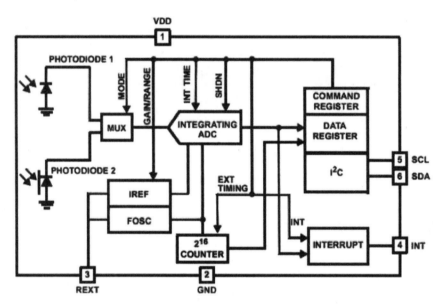

图 2-17 ISL29003 模块框图

ISL29003 内部有两个光电管。光电管 1 对可见光和红外光都是敏感的，光电管 2 主要是对红外光敏感，这两个的光谱反应是独立的。两个光电管将光信息转换为电流，然后通过二极管的电流输出会被一个 16 位的 A/D 转换为数字信号。

在 ISL29003 内部共有 8 个寄存器，其中命令寄存器和控制寄存器决定了设备的操作，这两个寄存器的内容在重新写入之前是不会修改的，另外有两个 8 位的寄存器设置高低电平中断的门槛。除此之外，还有 4 个 8 位的只读寄存器，其中 2 个用于传感器的读操作，另外 2 个用于时间计数。数据寄存器被保存着 A/D 转换的最近的数据输出和在先前的阶段中时钟的周期数。

（9）三轴加速度传感器介绍。

在 FS_11C14 开发板中，硬件上连接了一个三轴加速度传感器。通过设置硬件连接及软件操作可以利用三轴加速度获取 x、y、z 轴 3 个方向上的加速度信息。

开发板上使用的是 MMA7455L 加速度传感器，它输出的是数字信号，具有低通滤波、温度补偿、自我测试、可配置为通过中断引脚（INTO 与 INT1）检测 0g，以及对快速的移动进行检测等特点。

通过向传感器的控制寄存器中写入不同的内容可以配置该传感器工作在不同的模式上，如自测模式、待机模式、测试模式、加速度选择模式。可以通过 I²C 或使用 SPI 总线来读取传感器的数字输出。在 FS_11C14 开发平台上，使用的是 I²C 来实现数据的读取。

MMA7455L 只在从机模式下进行工作，设备地址为$1D，支持多字节的读/写模式，不支持 Hs 模式、10 位寻址模式和起始字节模式。在进行单字节的读取时，主机（微控制器）会向传感器发出一个开始信号，然后是从机地址，读/写位写入"0"表示这是一个写操作。MMA7455L 会发出一个应答信号，然后主机传送一个用于读取操作的 8 位的寄存器地址，然后传感器会返回一个应答信息。主机也可以发送一个重复的开始信号，然后以寻址传感器来读取先前选择的寄存器，从机就会应答并传送数据。等到数据被接收之后，主机就会发出一个停止信号。除此之外，还可以选择多字节读和单字节写的模式。

（10）A/D 转换基本原理。

1）A/D 转换基础。在基于 ARM 的嵌入式系统设计中，A/D 转换接口电路是应用系统前向通道的一个重要环节，可完成一个或多个模拟信号到数字信号的转换。一般来说，模拟信号到数字信号的转换并不是最终的目的，转换得到的数字量通常要经过微控制器的进一步处理。A/D 转换的一般步骤如图 2-18 所示。

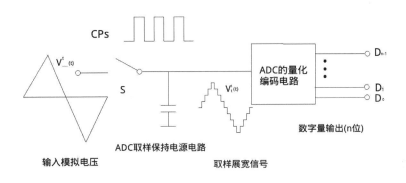

图 2-18 A/D 转换步骤

2）A/D 转换技术指标。

分辨率（Resolution）：数字量变化是一个最小量时模拟信号的变化量，定义为满刻度与 2^n 的比值。分辨率又称精度，通常以数字信号的位数来表示。A/D 转换器的分辨率以输出二进制（或十进制）数的位数表示。从理论上讲，n 位输出的 A/D 转换器能区分 2^n 个不同等级的输入模拟电压，能区分输入电压的最小值为满量程输入的 $1/2^n$。在最大输入电压一定时，输出位数越多，量化单位越小，分辨率越高。例如，S3C2410X 的 A/D 转换器输出为 10 位二进制数，输入信号最大值为 3.3V，那么这个转换器应能区分输入信号的最小电压为 3.22mV。

转换速率（Conversion Rate）：完成一次从模拟到数字的 A/D 转换所需的时间的倒数。积分型 A/D 的转换时间是毫秒级，属低速 A/D；逐次比较型 A/D 是微秒级，属中速 A/D；全并行/串并行型 A/D 可达到纳秒级。采样时间则是另外一个概念，是指两次转换的时间间隔。为了保证转换的正确完成，采样速率（Sample Rate）必须小于或等于转换速率。因此，有人习惯上将转换速率在数值上等同于采样速率也是可以的。常用单位是 ks/s 和 Ms/s，表示每秒采样千/百万次（kilo / Million Samples per Second）。

量化误差（Quantizing Error）：由于 A/D 的有限分辨率而引起的误差，即有限分辨率 A/D 的阶梯状转移特性曲线与无限分辨率 A/D（理想 A/D）的转移特性曲线（直线）之间的最大偏差。通常是一个或半个最小数字量的模拟变化量，表示为 1LSB、1/2LSB。量化和量化误差示意如图 2-19 所示。

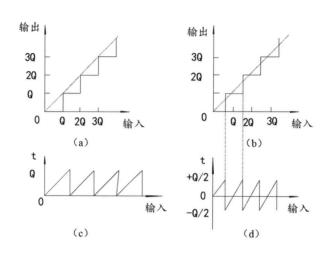

图 2-19　量化和量化误差

偏移误差（Offset Error）：输入信号为零时输出信号不为零的值，可外接电位器调至最小。

满刻度误差（Full Scale Error）：满刻度输出时对应的输入信号与理想输入信号值之差。

线性度（Linearity）：实际转换器的转移函数与理想直线的最大偏移，不包括上述 3 种误差。

其他指标还有绝对精度（Absolute Accuracy）、相对精度（Relative Accuracy）、微分非线性、单调性和无错码、总谐波失真（Total Harmonic Distortion）和积分非线性。

A/D 转换器的主要类型有积分型、逐次比较型、并行比较/串行比较型、电容阵列逐次比较型和压频变换型。

3）A/D 转换的一般步骤。

模拟信号进行 A/D 转换的时候，从启动转换到转换结束输出数字量需要一定的转换时间。在这个转换时间内，模拟信号要基本保持不变，否则转换精度没有保证，特别当输入信号频率较高时会造成很大的转换误差。要防止这种误差的产生，必须在 A/D 转换开始时将输入信号的电平保持住，而在 A/D 转换结束后又能跟踪输入信号的变化。因此，一般的 A/D 转换过程是通过取样、保持、量化和编码这 4 个步骤完成的。一般取样和保持主要由采样保持器来完成，而量化和编码则由 A/D 转换器来完成。

在 FS_11C14 开发板上，需要对 A/D 进行配置的有关寄存器如表 2-5 所示。

表 2-5 A/D 相关寄存器

名称	获取权限	描述
AD0CR	R/W	A/D 控制寄存器。该寄存器必须在进行 A/D 转换之前写入进行操作模式的选择
AD0GDR	R/W	A/D 全局数据寄存器。其中包含最近的 A/D 转换结果
AD0INTEN	R/W	A/D 中断使能寄存器。该寄存器包括允许每个产生 A/D 中断的通道的使能位
AD0DR0	R/W	A/D 通道 0 的数据寄存器。该寄存器中存放着通道 0 上最近的转换结果
...	...	...
AD0DR7	R/W	A/D 通道 7 的数据寄存器。该寄存器中存放着通道 7 上最近的转换结果
AD0STAT	RO	A/D 状态寄存器。该寄存器中包含所有的 A/D 通道以及 A/D 中断标志的 DONE 和 OVERRUN 标志

3. 单片机开发的流程

（1）确认芯片内核。LPC11C14 芯片基于 ARM CORTEX-M0 处理器，ARM CORTEX-M0 处理器基于一个高集成度、低功耗的 32 位处理器内核，采用 3 级流水线的冯·诺依曼结构。

（2）确定开发环境。Real View MDK 的前身其实是著名的 Keil μvision，后来它被 ARM 公司收购后就结合 ARM 系统推出了 MDK-ARM，它结合了程序编辑、编译、查错、调试、仿真等功能于一体，功能强大、使用方便，熟悉 Keil μvision 的用户会发现两者的界面基本上是一样的，使用起来非常方便。本教程使用的开发环境是 Keil5 MDK-ARM。以下是 Keil5 MDK-ARM 开发环境的配置步骤。

1）安装 Keil5 MDK-ARM。

①在官网下载 Keil5 MDK-ARM 安装包，双击安装包进入安装向导界面，单击 Next 按钮。

②选择"同意协议"，然后单击 Next 按钮。

③选择软件和支持包安装路径（可以默认），单击 Next 按钮。

④填写基本信息，单击 Next 按钮。

⑤等待安装，单击 Finish 按钮完成安装。

2）配置安装 Keil5 MDK-ARM。

①在官网中找到需要的 LPC11C14 芯片支持包，下载到本地计算机。

②双击安装好的芯片支持包，安装路径与 Keil5 安装路径相同。

通过实物结合丝印去找自己想要控制的硬件，开发板实物如图 2-20 所示；通过原理图结合丝印确认设备可编程（接到了 MCP 的引脚），LPC11C14 芯片原理图如图 2-21 所示。

（3）通过芯片手册找到对应引脚的编程地址和 bit 位。

（4）写代码。

1）新建一个工程。单击 Project→New μvision Project 菜单命令，在弹出的对话框中选择一个路径并输入一个工程名称（如 test，默认扩展名为 μvproj），单击"保存"按钮。

2）在弹出的器件选择对话框中选择 NXP 下的 LPC11C14，单击 OK 按钮。

3）弹出一个对话框，询问是否要把启动代码（Startup Code）加入到工程中，单击"是"按钮，进入到工作界面。

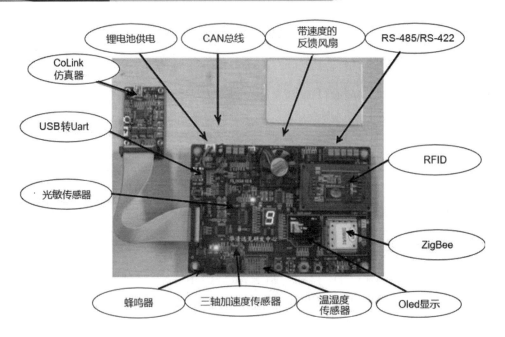

图 2-20　开发板实物图

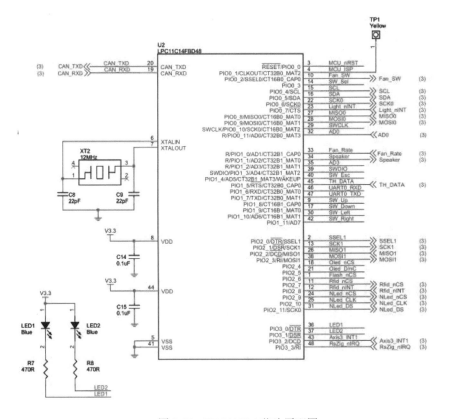

图 2-21　LPC11C14 芯片原理图

4）由于是新建的工程。其中没有任何的文件，所以接着要添加一些必要的文件（如头文件等），同时要新建主程序文件并把它也添加到工程中来。新建主程序文件。单击 File→New 菜单命令，在工作区域内新建一个默认名称为 Text1 的文本文件。

5）保存该主程序文件。单击 File→Save 菜单命令，在弹出的对话框中选择好保存路径，然后在"文件名"文本框中为主程序文件取一个名称，注意名称一定要加上扩展名，单击"保存"按钮。

6）把刚才新建的主程序文件添加到工程中，方法为：单击左侧 Target1 中的加号把它展开，然后右击其下面的 Source Group 1 并选择 Add Files toGroup 'Source Group 1'选项，如图 2-22 所示。

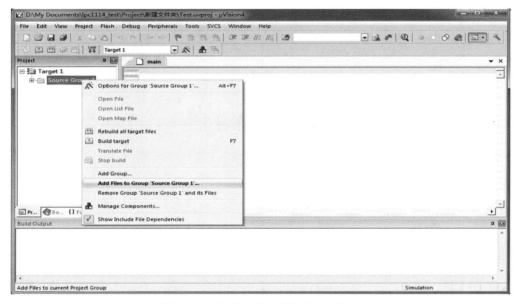

图 2-22　将新建程序文件加入到工程中

7）在弹出的对话框中找到刚才保存的主程序文件，单击 Add 按钮将其添加到工程中。这里要注意，若找不到主程序文件，可能有以下几个原因：

● 刚才保存时没有为主程序文件加上扩展名".c"。

● 对话框中的筛选条件不对（文件类型应为 C Source file）。

● 主程序文件所在的路径不对。

另外还要特别注意一点，因为该对话框是可以连续添加多个文件的，所以在单击 Add 按钮后对话框不会关闭，若要关闭对话框，需要单击 Close 按钮（注意不要多次添加同一个文件）。

最后得到了开发环境，即可在主程序文件中编写程序了。程序编辑界面如图 2-23 所示。

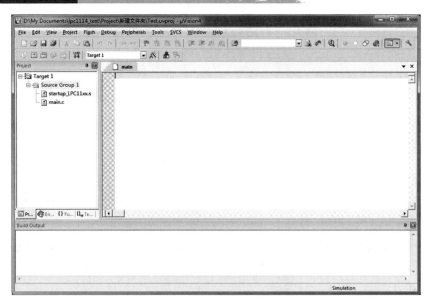

图 2-23　程序编辑界面

【思考与练习】

1．程序的内存是如何分配的？
2．单片机的最小单元指的是什么？
3．请简单描述在开发环境中写代码的步骤。

第 3 章　ARM 嵌入式开发

本章导读

　　首先，在对 ARM Cortex-A9 开发板学习的基础上，通过不同的点灯程序理解裸机开发与嵌入式开发的差异，掌握它们所对应的不同开发流程和方法。然后，通过开发板上常见硬件设备的编程掌握嵌入式开发的知识和技能。最后，通过智能家居案例完成从开发板 Linux 服务程序到 Windows 客户端程序的完整项目的开发和实践。

教学目标

　　掌握 ARM Cortex-A9 开发板上服务程序和 QT 客户端程序的开发知识和技能。

任务 1　LED 案例 1

【任务描述】

通过裸机（没有操作系统）接口编程实现对开发板上 LED 的控制（亮与灭）。

【任务要求】

学会使用 C 语言控制硬件，掌握在 ARM Cortex-A9 开发板上控制 LED 的方法。

【知识链接】

1．ARM Cortex-A9 开发板介绍

　　作为一种 32 位高性能、低成本的嵌入式 RISC（精简指令集计算机）微处理器，ARM 目前已经成为应用广泛的嵌入式微处理器。目前，Cortex-A 系列处理器已经占据了大部分中高端产品市场。ARM Cortex-A9 核心板和开发板的实物图如图 3-1 所示。

2．如何点亮和熄灭 LED

　　如果需要控制开发板上的硬件，则需要确认该硬件能被软件所控制，即确认其是与 CPU 的某个引脚所连通的。例如图 3-2 中的 LED 是不能直接被控制的。

　　那么如何去控制开发板上的 LED 呢？这时，我们需要通过芯片手册和开发板的原理图做按图索骥的工作。

　　首先，打开 FS4412-DevBoard 开发板的原理图，找到 LED 连接线路，如图 3-3 所示。

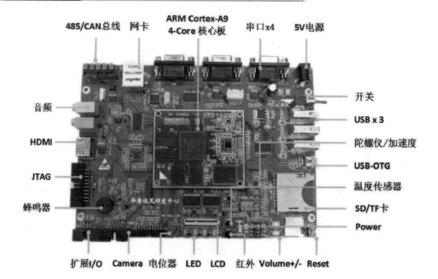

图 3-1　ARM Cortex-A9 核心板和开发板的实物图

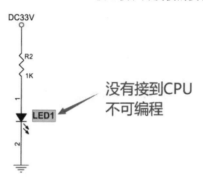

图 3-2　不能被直接控制的 LED

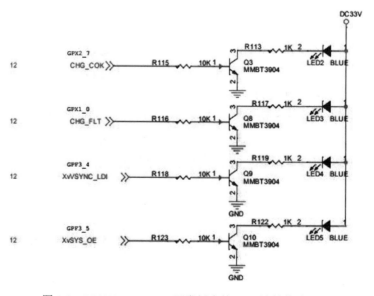

图 3-3　FS4412-DevBoard 开发板中的 LED 连接线路 1

通过原理图可以发现 LED2 是与 CHG_COK 线相连接的，那么 CHG_COK 线又要连接到哪里呢？我们在原理图中继续搜索，发现在"板对板连接器定义"中 CHG_COK 线是连接到了开发板插槽（核心板插入该插槽中）的 66 号线处，如图 3-4 所示。

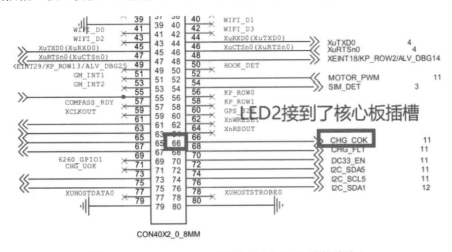

图 3-4　FS4412-DevBoard 开发板中的 LED 连接线路 2

然后，打开 FS4412-CoreBoard 核心板的原理图，继续搜索 CHG_COK 标识，找到其与 GPX2_7 脚相连接，如图 3-5 所示。其中，GPX2_7 表示 LED2 是接到了 CPU 的 GPIO 口的第 X2 组的第 8 引脚上。

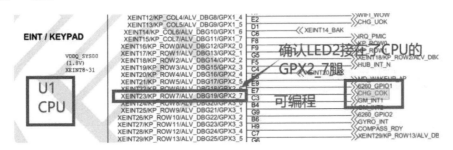

图 3-5　FS4412-CoreBoard 核心板中的 LED 连接线路

最后，打开芯片手册（SEC_Exynos4412_Users Manual_Ver.1.00.00，三星 Cortex A9），查找 GPX2CON 的基地址及第 8 引脚所对应的位，如图 3-6 和图 3-7 所示。

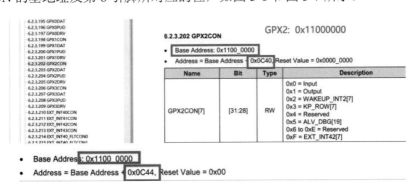

图 3-6　GPX2CON 的基地址

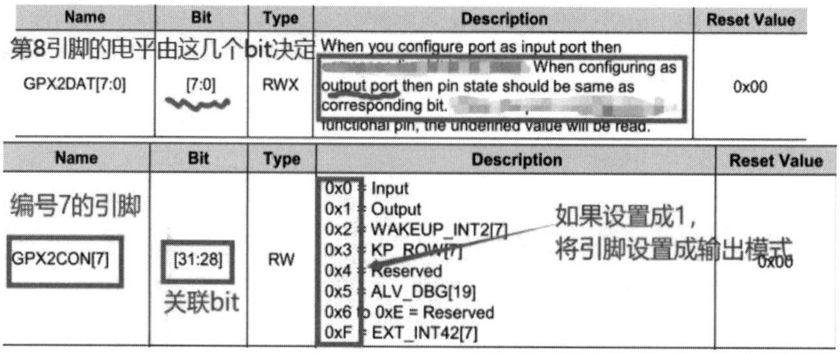

Name	Bit	Type	Description	Reset Value
第8引脚的电平由这几个bit决定 GPX2DAT[7:0]	[7:0] 〜〜〜	RWX	When you configure port as input port then When configuring as output port then pin state should be same as corresponding bit. , functional pin, the undefined value will be read.	0x00

Name	Bit	Type	Description	Reset Value
编号7的引脚 GPX2CON[7]	[31:28] 关联bit	RW	0x0 = Input 0x1 = Output 如果设置成1， 0x2 = WAKEUP_INT2[7] 将引脚设置成输出模式 0x3 = KP_ROW[7] 0x4 = Reserved 0x5 = ALV_DBG[19] 0x6 to 0xE = Reserved 0xF = EXT_INT42[7]	0x00

图 3-7　GPIO 口第 X2 组的位

通过查阅以上资料我们确定对 LED2 的控制是通过对 28～31 位进行设置来完成的。

【实现方法】

1. 编写代码

（1）在 Ubuntu 中使用 vim 编写 LED 控制测试程序 main.c。

登录 Ubuntu 系统，打开控制台，新建 led 子目录，进入该目录后执行 vim main.c 命令，在 vim 中编写如下代码：

```c
#include <stdio.h>

void mydelay()
{
    int i = 1000;
    int j;
    while(i--)
        for(j=0; j<1000; j++);
}

#define GPX2CON    *((int*)0x11000c40)
#define GPX2DAT    *((int*)0x11000c44)

int main(int argc, char *argv[])
{
    //1. 将 GPX2_7 设置成输出模式
    GPX2CON = ( GPX2CON & ~(0xf<<28) ) | (1<<28);

    while(1)
    {
        //2. 将 GPX2_7 输出高电平（亮灯，分析原理图）
        GPX2DAT |= 1<<7;

        mydelay();

        //3. 将 GPX2_7 输出低电平（关灯，分析原理图）
```

```
        GPX2DAT &= ~(1<<7);

        mydelay();
    }
    return 0;
}
```

（2）创建编译规则文件 Makefile。

执行 vim Makefile 命令，在 vim 中编写如下编译规则：

```
CROSS_COMPLIE=arm-linux-
NAME=myled
all:
    $(CROSS_COMPLIE)gcc    -c start.S
    $(CROSS_COMPLIE)gcc    -c main.c
    $(CROSS_COMPLIE)ld    start.o    main.o -T map.lds -o $(NAME).elf
    $(CROSS_COMPLIE)objcopy    -O binary    $(NAME).elf $(NAME).bin

clean:
    rm *.o *.elf *.bin
```

由于我们编译的程序将在核心板的 ARM CPU 上运行，而不是在普通 PC 的 CPU 上运行，所以在编译时需要使用交叉编译器 arm-linux-gcc 对程序进行编译。

2．编译程序

使用 make 命令，依据编译规则文件 Makefile 对程序进行编译，将生成一系列的文件，如图 3-8 所示。

图 3-8　使用 make 命令编译程序

注意：在编译之前，需要将 start.S、map.lds 文件复制到 Makefile 文件所在的目录中。

其中，启动代码文件 start.S 是 u-boot 的关键部分，是 CPU 上电后最先开始执行的代码，和 ARM 体系结构息息相关；连接脚本文件 map.lds 用于规定如何把输入文件内的 section 放入输出文件内，并控制输出文件内各部分在程序地址空间内的布局。

3．上传程序到开发板并执行

将 myled.bin 文件上传到开发板，执行程序，测试对开发板中 LED2 的控制。

（1）安装 USB-UART 驱动并连接计算机。

打开 USB-UART 目录下的驱动程序 CH341SER.exe 文件，将 USB-UART 驱动安装到计算机中，如图 3-9 所示。

安装完成后，将开发板通过 HL340-USB 数据线连接到计算机的 USB 口。打开"计算机管理"中的"设备管理器",在"端口"列表中可以看到 USB-SERIAL CH340（COM3），如图 3-10 所示。这说明 USB-UART 驱动已在计算机上安装成功并能正确识别。

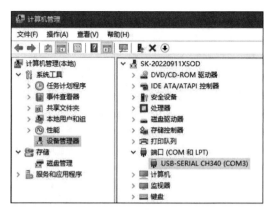

图 3-9　在 Windows 10 系统中安装 USB-UART 驱动　　　图 3-10　开发板连接计算机后被正确识别出来

（2）使用超级终端通过串口观察开发板信息。

首先，打开超级终端程序 hypertrm.exe，设置连接时使用的串口，此处会自动设置为 COM3，如图 3-11 所示。

单击"确定"按钮打开该串口的属性设置窗口，在此修改串口的波特率和数据流控制，如图 3-12 所示。

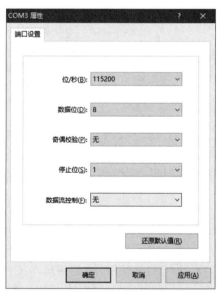

图 3-11　在超级终端中设置连接时使用的串口　　　图 3-12　在超级终端中设置串口的属性

打开开发板的电源开关，在超级终端中将看到开发板的输出信息，如图 3-13 所示。

（3）使用超级终端上传程序。

启动开发板并迅速按键盘相应功能键进入 BIOS（Basic Input Output System）。

执行 loadb 命令让开发板做好接收程序的准备，如图 3-14 所示。其中，kermit 为默认的下载协议。

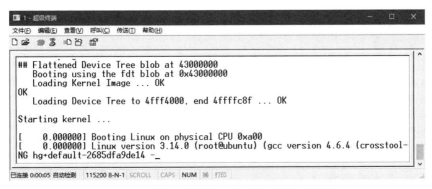

图 3-13　在超级终端中查看开发板的输出信息

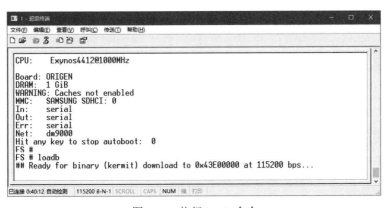

图 3-14　执行 loadb 命令

将 myled.bin 文件发送到开发板，如图 3-15 所示。

图 3-15　将发送 myled.bin 文件发送到开发板

单击"发送"按钮，完成文件的发送。

（4）在超级终端中运行程序。在超级终端中，观察加载程序的启动地址并运行加载到内存中的程序，如图 3-16 所示。

图 3-16　在超级终端中运行程序

此时，观察开发板中的 LED2 一亮一灭在不停地闪烁。至此，我们顺利地完成了第一个控制硬件的程序。

任务 2　LED 案例 2

【任务描述】

通过嵌入式系统开发编写运行于嵌入式 Linux 操作系统上的应用程序，实现对开发板上 LED 的亮与灭的控制。

【任务要求】

在网关运行起嵌入式 Linux 操作系统之后，编写程序控制开发板上 LED 的亮与灭。

【知识链接】

1. Linux 操作系统中的设备与文件

（1）文件系统。Linux 操作系统一般由内核、shell、文件系统和应用程序 4 个部分组成，其中内核是操作系统的核心，Linux 内核由内存管理、进程管理、设备驱动程序、文件系统和网络管理等部分组成。

Linux 文件系统并不是由驱动器号或驱动器名称（如 C:盘、D:盘等）来标识的，而是将独立的文件系统组合成了一个层次化的树型结构，并由一个单独的实体代表这一文件系统。Linux 将新的文件系统通过"挂装"的操作将其挂装到某个目录上，从而让不同的文件系统结合成为一个整体。Linux 支持 EXT2、EXT3、FAT、FAT32、VFAT 和 ISO9660 等许多不同的文件系统，并且将它们组织成统一的虚拟文件系统（Virtual File System，VFS）。

VFS 隐藏了各种硬件的具体细节，把文件系统操作和不同文件系统的具体实现细节分离开，为所有的设备提供了统一的接口。VFS 分为逻辑文件系统和设备驱动程序，逻辑文件系统是指 Linux 所支持的文件系统，如 EXT2、FAT 等；设备驱动程序是指为每一种硬件控制器所编写的设备驱动程序模块，如图 3-17 所示。

VFS 的上层是对如 open、close、read 和 write 等文件操作函数的通用 API 抽象，VFS 的下层则定义了上层函数的实现方式，它们是给定文件系统的插件，文件系统的源代码可以在./linux/fs 目录下找到。

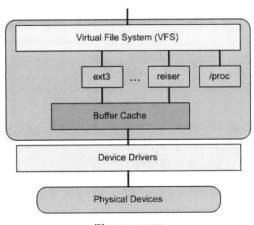

图 3-17　VFS

文件系统层之下是缓冲区缓存，它为文件系统层提供了一个通用函数集（与具体文件系统无关）。缓冲区缓存通过将数据保留一段时间或随机预先读取数据来保证数据在需要时即可用，以优化对物理设备的访问。缓冲区缓存之下是设备驱动程序，它实现了特定物理设备的接口。

（2）驱动程序。隶属于内核的 Linux 设备驱动程序运行在高特权级的处理器环境中，可以直接对硬件进行操作，也正因为如此，任何一个设备驱动程序的错误都可能导致操作系统崩溃。

设备驱动程序实际负责控制操作系统与硬件设备之间的交互。设备驱动程序提供一组操作系统可理解的抽象接口，完成与操作系统之间的交互，与硬件相关的具体实现细节则由设备驱动程序完成。一般来说，设备驱动程序的实现是与设备的控制芯片有关的。例如，如果计算机硬盘是 SCSI 硬盘，则需要使用 SCSI 驱动程序，而不是 IDE 驱动程序。

（3）文件类型。Linux 下面的文件类型主要有以下几种：

1）普通文件：C 语言源代码、Shell 脚本、二进制的可执行文件等，分为纯文本和二进制。

2）目录文件：存储文件的唯一地方。

3）链接文件：指向同一个文件或目录的文件。

4）设备文件：与系统外设相关的，通常在/dev 目录下，分为块设备和字符设备。

5）管道（FIFO）文件：提供进程间通信的一种方式。

6）套接字（socket）文件：该文件类型与网络通信有关。

可以通过 ls-l、file、stat 等命令来查看文件的类型等相关信息。

我们的开发板实际是安装有嵌入式 Linux 操作系统的，其中就包含了 LED 的驱动程序，这样我们可以通过操作文件的方式对 LED 进行访问和操作。打开超级终端，通过对/dev 目录的查看可以发现 LED，如图 3-18 所示。

2. Linux 文件操作的系统调用

Linux 下一切皆文件，不管什么都是一个文件。文件操作一般分为两种：系统 I/O 和标准 I/O。

图 3-18　文件系统下的 LED

（1）系统 I/O：系统调用接口，如 open()、read()、write()、close()，它们是操作系统直接提供的编程接口。

（2）标准 I/O：标准库的 I/O 函数，如 fopen()、fread()、fwrite()、fclose()，它们是对系统调用接口进一步封装。

那么，系统 I/O 和标准 I/O 有什么区别呢？系统 I/O 属于低级 I/O，没有缓冲机制，操作的对象是文件描述符；而标准 I/O 属于高级 I/O，有缓冲机制，可以在标准 C 库中实现，操作的对象是文件流。

注意：系统开机时就存在的文件有 stdin，标准输入；stdout，标准输出；stderr，标准出错。

接下来，我们使用系统 I/O 函数完成对文件设备的操作。

（1）打开函数 open()。

函数功能：打开一个文件。

函数原型：

```
int open(const char *pathname, int flags);
int open(const char *pathname, int flags, mode_t mode);
```

函数参数：pathname，文件的路径；flags，文件打开权限标志，包括 O_RDONLY（以只读方式打开文件）、O_WRONLY（以只写方式打开文件）、O_RDWR（以读写方式打开文件），注意这 3 种标志是互斥的；mode_t mode，文件访问权限，包括可读 r（由数字 4 代表）、可写 w（由数字 2 代表）、可执行 x（由数字 1 代表），其中每个文件的属性由左边第一部分的 10 个字符来确定，如图 3-19 所示，所以我们在权限码这一栏常用的就是 664 和 775。

文件类型	属主权限			属组权限			其他用户权限		
0	1	2	3	4	5	6	7	8	9
d	**r**	**w**	**x**	**r**	**-**	**x**	**r**	**-**	**x**
目录文件	读	写	执行	读	写	执行	读	写	执行

图 3-19　Linux 文件的属性和对应操作权限

函数返回值：执行成功时，返回文件的句柄（描述符）；执行失败时，返回-1。

（2）关闭函数 close()。

函数功能：关闭一个文件。

函数原型：

```
int clsoe(int fd);
```

函数参数：fd，文件句柄（描述符）。

函数返回值：操作运行状态（0：成功，-1：失败）。

（3）写函数 write()。

函数功能：向文件写入数据。

函数原型：

ssize_t write(int fd, const void *buf, size_t count);

函数参数：fd，文件句柄（描述符）；buf，待写入的数据缓冲区； count，写入的字节数。

函数返回值：返回成功写入的字节数或-1（表示写入失败）。

（4）读函数 read()。

函数功能：从文件读取指定的字节放入缓冲区。

函数原型：

ssize_t read(int fd, void *buf, size_t count);

函数参数：fd，文件句柄（描述符）；buf，保存读出数据的缓冲区；count，读出的字节数。

函数返回值：返回成功读出的字节数。

3．设备控制接口函数

ioctl()是设备驱动程序中的设备控制接口函数，一个设备驱动通常可以实现设备打开、关闭、读、写等功能，如果需要扩展新的功能，通常以增设 ioctl()函数命令的方式实现。

换一种说法，ioctl()就是设备驱动程序中对设备的 I/O 通道进行管理的函数。I/O 通道管理是对设备的一些特性进行控制，例如串口的传输波特率、马达的转速等。在应用层调用 ioctl 函数时，内核会调用对应驱动中的 ublocked_ioctl()函数，向内核读写数据。

同时，ioctl()函数也是文件结构中的一个属性分量，如果您的驱动程序提供了对 ioctl()函数的支持，用户就可以在用户应用程序中使用 ioctl()函数来控制设备的 I/O 通道。

用户程序所需要做的就是通过命令码（cmd）告诉驱动程序自己想做什么，至于怎么解释这些命令和怎么实现这些命令，这是驱动程序所要完成的事情。

函数名称：ioctl()。

函数功能：如果在驱动程序里提供了对 ioctl()函数的支持，则用户可以在用户程序中使用 ioctl()函数来控制设备的 I/O 通道。

函数原型：

int ioctl(int fd, ind cmd, …);

函数参数：fd，文件句柄（描述符）；cmd，用户程序对设备的控制命令；…，补充参数，该参数的有无与 cmd 相关。

函数返回值：执行成功时，返回 0；执行失败时，返回-1，并设置全局变量 errorno 值。

【实现方法】

1．编写代码

在 Ubuntu 中编写 LED 控制测试程序 led.c。

```
#include <stdio.h>
#include <sys/types.h>
#include <sys/stat.h>
#include <fcntl.h>
#include <sys/ioctl.h>
```

```
#define LEDON _IO('L',0)
#define LEDOFF _IO('L',2)

int main(int argc, char *argv[])
{
    if(2 != argc)
    {
        printf("Usage: %s <dev(/dev/led0/1/2/3)>\n", argv[0]);
        return -1;
    }

    int fd = open(argv[1], O_RDWR);
    if(-1 == fd)
    {
        perror("open");
        return -1;
    }

    while(1)
    {
        ioctl(fd, LEDON);
        sleep(1);

        ioctl(fd, LEDOFF);
        sleep(1);
    }

    close(fd);

}
```

2. 编译程序

使用交叉编译器 arm-linux-gcc 对程序进行编译，以确保程序能在开发板上运行，如图 3-20 所示。

图 3-20 将 led.c 程序编译到开发板

3. 上传程序到开发板并执行

在 Linux 开发环境中，将编译后的目标文件 led 上传到开发板并执行 led 程序，以测试对开发板中 LED 的控制效果。

（1）查看 IP 地址。

首先，在 Linux 开发环境中使用 ifconfig 命令查看计算机的 IP 地址，如图 3-21 所示。

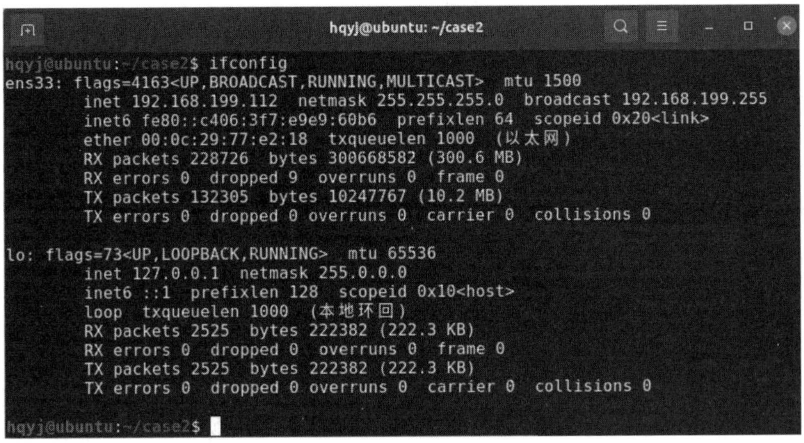

図 3-21 查看计算机的 IP 地址

然后，通过超级终端查看运行在开发板中的嵌入式 Linux 操作系统的 IP 地址，如图 3-22 所示。

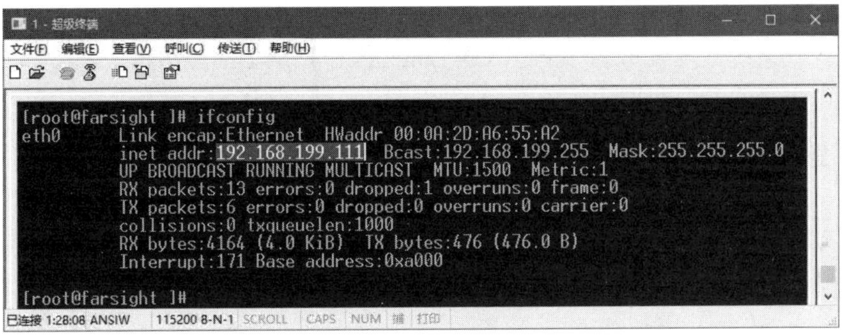

図 3-22 查看嵌入式 Linux 系统的 IP 地址

可以使用 ping 命令测试两个系统网络是否通畅，为实现后面的操作提供网络保障。

（2）将 led 程序上传到开发板。

在开发环境 Linux 操作系统中，使用 scp 命令将编译生成的 led 程序上传到开发板的嵌入式 Linux 操作系统中，如图 3-23 所示。

図 3-23 将 led 程序上传到嵌入式 Linux 操作系统中

注意：目前，在开发板所安装的嵌入式 Linux 操作系统中，root 用户的密码是 1。

（3）运行程序 led。

通过超级终端，在开发板的嵌入式 Linux 操作系统中运行 led 程序，结果如图 3-24 所示。

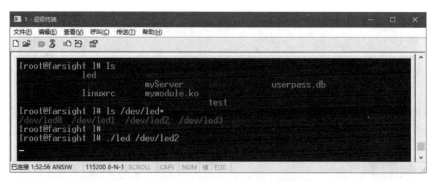

图 3-24　在开发板中运行 led 程序

此时，观察到开发板中的 LED2 一亮一灭在不停地闪烁。同样，可以对其他 LED 进行控制。

任务 3　蜂鸣器案例

【任务描述】

通过嵌入式系统开发编写运行于嵌入式 Linux 操作系统上的应用程序，实现对开发板上蜂鸣器的控制（报警的开启和停止）。

【任务要求】

编写运行于嵌入式 Linux 操作系统上的应用程序，实现对蜂鸣器的控制。

【知识链接】

1. PWM 介绍

PWM 是 Pulse Width Modulation 的缩写，中文意思就是脉冲宽度调制，简称脉宽调制。它是利用微处理器的数字输出来对模拟电路进行控制的一种非常有效的技术，其因控制简单、灵活和动态响应好等优点而成为电力电子技术中最广泛应用的控制方式。其应用领域包括测量、通信、功率控制与变换、电动机控制、伺服控制、调光、开关电源，甚至是某些音频放大器。

2. 蜂鸣器介绍

蜂鸣器由振动装置和谐振装置组成，而蜂鸣器又分为无源他激型和有源自激型。

无源他激型蜂鸣器的工作发声原理是：方波信号输入谐振装置转换为声音信号输出。

有源自激型蜂鸣器的工作发声原理是：直流电源输入经过振荡系统的放大取样电路在谐振装置作用下产生声音信号。

有源蜂鸣器和无源蜂鸣器的主要差别是：这里的"源"不是指电源，而是指振荡源，有源蜂鸣器内部带振荡源，无源蜂鸣器内部不带振荡源。二者对输入信号的要求不一样，有源蜂鸣器工作的理想信号是直流电，一般标示为 VDD、VDC 等。因为蜂鸣器内部有一个简单的振荡电路，可以把恒定的直流电转变成一定频率的脉冲信号，从而产生磁场交变，带动钼片振动发出声音。无源蜂鸣器内部没有振荡源，给直流电不能响，需要提供一定频率的脉冲信号才能够有响声，而且声音随着频率的变化而变化。

【实现方法】

1. 编写代码

在 Ubuntu 中编写控制蜂鸣器报警的程序 pwm.c。

```
#include <stdio.h>
#include <sys/types.h>
#include <sys/stat.h>
#include <fcntl.h>
#include <sys/ioctl.h>

#define PWMON _IO('P', 0)
#define PWMOFF _IO('P', 1)
#define PWMSET _IO('P', 2)

int main(int argc, char *argv[])
{
    int fd = open("/dev/pwm0", O_RDWR);
    if(-1 == fd)
    {
        perror("open");
        return -1;
    }

    while(1)
    {
        ioctl(fd, PWMON);
        sleep(1);
        ioctl(fd, PWMOFF);
        sleep(1);
    }
    close(fd);
}
```

2. 编译程序

在 Linux 开发环境中执行以下交叉编译命令，完成对程序的编译：

```
arm-linux-gcc -o pwm pwm.c
```

3. 上传程序到开发板并执行

在 Linux 开发环境中执行以下命令将编译后的目标文件 pwm 上传到开发板：

```
sudo scp pwm 192.168.199.111:/
```

通过超级终端，在开发板的嵌入式 Linux 操作系统中运行 pwm 程序，开发板上的蜂鸣器硬件在程序的控制下会发出相应的报警声。

任务 4 DS18B20 案例

【任务描述】

通过嵌入式系统开发编写运行于嵌入式 Linux 操作系统上的应用程序，实现对开发板上 DS18B20 数据的采集（温度的获取）。

【任务要求】

让网关运行起嵌入式 Linux 操作系统之后编写程序操作其上的 DS18B20。

【知识链接】

DS18B20 是常用的数字温度传感器，具有体积小、硬件开销低、抗干扰能力强、精度高等特点。DS18B20 数字温度传感器接线方便，封装后可应用于多种场合，如管道式、螺纹式、磁铁吸附式、不锈钢封装式，型号多种多样，有 LTM8877、LTM8874 等。

封装后的 DS18B20 可用于电缆沟测温、高炉水循环测温、锅炉测温、机房测温、农业大棚测温、洁净室测温、弹药库测温等各种非极限温度场合。其耐磨耐碰、体积小、使用方便、封装形式多样，适用于各种狭小空间设备数字测温和控制领域。

DS18B20 具体说明如下：

（1）测温范围为-55～+125℃，在-10～+85℃范围内误差为±0.4℃。

（2）返回 16 位二进制温度数值。

（3）主机和从机通信使用单总线，即使用单线进行数据的发送和接收。

（4）在使用时不需要任何外围元件，独立芯片即可完成工作。

（5）DS18B20 内部含有 EEPROM，通过配置寄存器可以设定数字转换精度和报警温度，在系统掉电以后它仍可保存分辨率和报警温度的设定值。

（6）每个 DS18B20 都有唯一的 64 位 ID，此特性决定了它可以将任意多的 DS18B20 挂载到一根总线上，通过 ROM 搜索读取相应 DS18B20 的温度值。

（7）宽电压供电，电压为 2.5～5.5V。

（8）DS18B20 返回的 16 位二进制数代表此刻探测的温度值，其高 5 位代表正负。如果高 5 位全部为 1，则代表返回的温度值为负值；如果高 5 位全部为 0，则代表返回的温度值为正值。后面的 11 位代表温度的绝对值，将其转换为十进制数值之后再乘以 0.0625 即可获得此时的温度值。

【实现方法】

1. 编写代码

在 Ubuntu 中编写通过温度传感器获取温度的程序 ds18b20.c。

```
#include <sys/types.h>
#include <sys/stat.h>
#include <fcntl.h>
```

```c
#include <errno.h>
#include <stdio.h>
#include <unistd.h>
#include <sys/ioctl.h>
#include <asm/ioctl.h>
#define TYPE 'c'

#define temp_9   _IO(TYPE,0)
#define temp_10 _IO(TYPE,1)
#define temp_11 _IO(TYPE,2)
#define temp_12 _IO(TYPE,3)

#define PATH "/dev/ds18b20"

int main(int argc, const char *argv[])
{
    int fd;
    short temp;
    char zheng,fen;
    float temputer,resolution;
    fd = open(PATH,O_RDWR);
    if(fd < 0){
        perror("open");
        return -EINVAL;
    }
    if(ioctl(fd,temp_12,&resolution))
    {
        perror("ioctl \n");
        return -EINVAL;
    }
    while(1){
            if(!read(fd,&temp,sizeof(short))){
                perror("read");
            }
    zheng = temp>>4;
    fen = temp & 0xf;
    if(zheng & (1<<8)){
        temputer = (temp - 65535) * resolution;
    }else{
        temputer = zheng + fen * resolution;
        }
        sleep(1);
        if((temputer >= (-55)) (temputer <= 125)){
            printf("temp :%d \t resouttion :%0.3f ,tempter:%0.3f\n",
                temp ,resolution,temputer);
        }
```

```
            close(fd);
            return 0;
}
```

2. 编译程序

在 Linux 开发环境中执行以下交叉编译命令，完成对程序的编译。

arm-linux-gcc -o ds18b20 ds18b20.c

3. 上传程序到开发板并执行

在 Linux 开发环境中执行以下命令将编译后的目标文件 ds18b20 上传到开发板。

sudo scp ds18b20 192.168.199.111:/

通过超级终端，在开发板的嵌入式 Linux 操作系统中运行 ds18b20 程序，结果如图 3-25 所示。

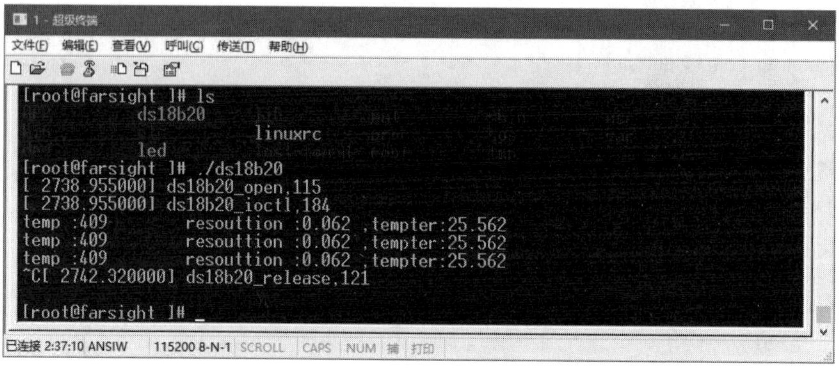

图 3-25　在开发板的嵌入式 Linux 操作系统中运行 ds18b20 程序

任务 5　V4L2 摄像头编程案例

【任务描述】

通过嵌入式系统开发编写运行于嵌入式 Linux 操作系统上的应用程序，实现对接入开发板的摄像头进行控制，从而获取图像数据。

【任务要求】

编写在嵌入式 Linux 操作系统中运行的 V4L2 框架摄像头应用程序。

【知识链接】

1. V4L2 介绍

市场上的摄像头种类繁多，如果我们每换一种摄像头就要去写一个驱动，这会非常麻烦，也没有必要，于是就出现了 V4L2 框架。V4L2（Video For Linux 2）是内核提供给应用程序访问音视频驱动的统一接口，V4L2 的相关定义包含在头文件<linux/videodev2.h>中，现在市面上的摄像头都会主动适配这个主流框架。由于 V4L2 适配了多种摄像头，所以我们只需要掌握 V4L2 编程即可操作大部分的摄像头。

　　由于 Linux 中的所有设备都是文件，所以对摄像头的操作也就是对文件的操作，默认第一个 USB 摄像头的设备文件对应于/dev/video0（若只有一个摄像头）。

　　2．V4L2 工作流程

　　打开设备→检查和设置设备属性→设置帧格式→设置一种输入/输出方法（缓冲区管理）→循环获取数据→关闭设备。

　　3．摄像头框架编程步骤

　　（1）打开摄像头设备，如/dev/video0、/dev/video1 等。

　　（2）设置图像格式，VIDIOC_S_FMT（视频捕获格式、图像颜色数据格式、图像宽度和高度）。

　　（3）申请缓冲区，VIDIOC_REQBUFS（缓冲区数量、缓冲映射方式、视频捕获格式）。

　　（4）将缓冲区映射到进程空间，VIDIOC_QUERYBUF（要映射的缓冲区下标、缓冲映射方式、视频捕获格式）。

　　（5）将缓冲区添加到采集队列中，VIDIOC_QBUF（映射的缓冲区下标、缓冲映射方式、视频捕获格式）。

　　（6）开启摄像头采集图像，VIDIOC_STREAMON（视频捕获格式）。

　　（7）从采集队列中取出图像数据，VIDIOC_DQBUF，进行图像渲染。

　　4．V4L2 头文件信息

　　V4L2 是 Linux 下标准视频驱动框架，相关头文件信息存储在 include/linux/videodev2.h 中。V4L2 驱动对用户空间提供字符设备，主设备号为81；对于视频设备，其次设备号为0～63。

　　（1）常用 ioctl 参数。

　　1）设置视频捕获格式。

```
#define VIDIOC_S_FMT _IOWR('V', 5, struct v4l2_format)
```

　　2）向内核申请缓冲区。

```
#define VIDIOC_REQBUFS _IOWR('V', 8, struct v4l2_requestbuffers)
```

　　3）将缓冲区映射到进程空间。

```
#define VIDIOC_QUERYBUF _IOWR('V', 9, struct v4l2_buffer)
```

　　4）将缓冲区添加到采集队列。

```
#define VIDIOC_QBUF _IOWR('V', 15, struct v4l2_buffer)
```

　　5）从采集队列中获取图像数据。

```
#define VIDIOC_DQBUF _IOWR('V', 17, struct v4l2_buffer)
```

　　6）开启摄像头采集图像。

```
#define VIDIOC_STREAMON _IOW('V', 18, int)
```

　　（2）核心结构体信息。

　　1）V4L2 格式 struct v4l2_format。

```
struct v4l2_format {
    __u32 type;                              //类型 V4L2_BUF_TYPE_VIDEO_CAPTURE
    union {
        struct v4l2_pix_format pix;          //视频捕获格式
        struct v4l2_pix_format_mplane pix_mp; //V4L2 VIDEO CAPTURE MPLANE
        struct v4l2_window win;              //V4L2 VIDEO OVERLAY
        struct v4l2_vbi_format vbi;          //V4L2 VBI CAPTURE
```

```
            struct v4l2_sliced_vbi_format sliced;        //V4L2 SLICED VBI CAPTURE
            __u8 raw_data[200];                          //user-defined
    } fmt;
};
```

2）图像格式 struct v4l2_pix_format。

```
struct v4l2_pix_format {
    __u32 width;                    //图像宽度
    __u32 height;                   //图像高度
    __u32 pixelformat;              //图像数据格式
    __u32 field;                    //enum v4l2_field
    __u32 bytesperline;             //for padding, zero if unused
    __u32 sizeimage;
    __u32 colorspace;               //enum v4l2_colorspace
    __u32 priv;                     //private data, depends on pixelformat
};
```

3）内存映射缓冲区 struct v4l2_requestbuffers。

```
struct v4l2_requestbuffers {
    __u32 count;                    //申请缓冲区个数
    __u32 type;                     //enum v4l2_buf_type 视频类型
    __u32 memory;                   //enum v4l2_memory 映射方式
    __u32 reserved[2];
};
```

4）视频缓冲区信息 struct v4l2_buffer。

```
struct v4l2_buffer {
    __u32 index;                    //数组下标
    __u32 type;                     //视频捕获格式
    __u32 bytesused;
    __u32 flags;
    __u32 field;
    struct timeval timestamp;
    struct v4l2_timecode timecode;
    __u32 sequence;
    /* memory location */
    __u32 memory;                   //映射格式
    union {
        __u32 offset;               //偏移量
        unsigned long userptr;
        struct v4l2_plane *planes;
        int fd;
    } m;
    __u32 length;                   //映射缓冲区大小
    __u32 input;
    __u32 reserved;
};
```

【实现方法】

1. 打开设备

在 Linux 操作系统中打开 USB 摄像头设备。

```
int fd = open("/dev/video0", O_RDWR);
if (-1 == fd)
{
    perror("open camera error.");
    return -1;
}
```

2. 提取摄像头采样能力

（1）采样方式。

```
#if 0
struct v4l2_capability{
    __u8 driver[16];                /* i.e. "bttv" */
    __u8 card[32];                  /* i.e. "Hauppauge WinTV" */
    __u8 bus_info[32];              /* "PCI:" + pci_name(pci_dev) */
    __u32 version;                  /* should use KERNEL_VERSION() */
    __u32 capabilities;             /* Device capabilities */
    __u32 reserved[4];
};
#endif


struct v4l2_capability cap = {0};
int ret = ioctl(fd, VIDIOC_QUERYCAP, &cap);
if (-1 == ret)
{
    perror("ioctl");
    return -1;
}
printf("driver name: %s device name: %s device location: %s\n", cap.driver, cap.card, cap.bus_info);
printf("version: %u.%u.%u\n",   (cap.version >> 16) & 0xff, (cap.version >> 8) & 0xff, cap.version & 0xff);
```

（2）图像格式。

```
#if 0
struct v4l2_fmtdesc {
    __u32 index;                    /* Format number */
    __u32 type;                     /* enum v4l2_buf_type */
    __u32 flags;
    __u8 description[32];           /* Description string */
    __u32 pixelformat;              /* Format fourcc */
    __u32 reserved[4];
};
#endif
struct v4l2_fmtdesc fmtdesc;
fmtdesc.type = V4L2_BUF_TYPE_VIDEO_CAPTURE;
```

```
fmtdesc.index = 0;
while (!ioctl(fd, VIDIOC_ENUM_FMT, &fmtdesc))
{
    printf("fmt:%s\n", fmtdesc.description);
    fmtdesc.index++;
}
```

3. 设置合适的采样方式

```
#if 0
struct v4l2_format {
    __u32 type;
    union {
        struct v4l2_pix_format pix;                   //V4L2 VIDEO CAPTURE
        struct v4l2_pix_format_mplane pix_mp;         //V4L2 VIDEO CAPTURE MPLANE
        struct v4l2_window win;                       //V4L2 VIDEO OVERLAY
        struct v4l2_vbi_format vbi;                   //V4L2 VBI CAPTURE
        struct v4l2_sliced_vbi_format sliced;         //V4L2 SLICED VBI CAPTURE
        struct v4l2_sdr_format sdr;                   //V4L2 SDR CAPTURE
        struct v4l2_meta_format meta;                 //V4L2 META CAPTURE
        __u8 raw_data[200];                           //user-defined
    } fmt;
};
#endif
struct v4l2_format v4l2_fmt;
memset(&v4l2_fmt, 0, sizeof(struct v4l2_format));
v4l2_fmt.type = V4L2_BUF_TYPE_VIDEO_CAPTURE;
v4l2_fmt.fmt.pix.width = 640;                         //宽度
v4l2_fmt.fmt.pix.height = 480;                        //高度
v4l2_fmt.fmt.pix.pixelformat = V4L2_PIX_FMT_MJPEG;    //像素格式 MJPEG
v4l2_fmt.fmt.pix.field = V4L2_FIELD_ANY;
if (ioctl(fd, VIDIOC_S_FMT, &v4l2_fmt) < 0)
{
    printf("ERR(%s):VIDIOC_S_FMT failed\n", __func__);
    return -1;
}
```

4. 如果支持 STREAM 则设置缓冲队列属性

```
#if 0
struct v4l2_buffer {
    __u32 index;             //缓冲区编号
    __u32 type;
    __u32 bytesused;         //图像大小
    __u32 flags;
    __u32 field;
    struct timeval timestamp;
    struct v4l2_timecode timecode;
    __u32 sequence;
```

```
    /* memory location */
    __u32 memory;
    union {
        __u32 offset;
        unsigned long userptr;
        struct v4l2_plane *planes;
        __s32 fd;
    } m;
    __u32 length;
    __u32 reserved2;
    union {
        __s32 request_fd;
        __u32 reserved;
    };
};
#endif
void* addr[4];                        //缓存地址，设置为系统缓存 4 帧
struct v4l2_requestbuffers req;
req.count = 4;                        //缓存数量
req.type = V4L2_BUF_TYPE_VIDEO_CAPTURE;
req.memory = V4L2_MEMORY_MMAP;
if (ioctl(fd, VIDIOC_REQBUFS, &req) < 0)
{
    printf("ERR(%s):VIDIOC_REQBUFS failed\n", __func__);
    return -1;
}
int i = 0;
for(; i<4; i++)
{
    struct v4l2_buffer v4l2_buffer;
    memset(&v4l2_buffer, 0, sizeof(struct v4l2_buffer));
    v4l2_buffer.index = i;          //想要查询的缓存
    v4l2_buffer.type = V4L2_BUF_TYPE_VIDEO_CAPTURE;
    v4l2_buffer.memory = V4L2_MEMORY_MMAP;
    /* 查询缓存信息 */
    ret = ioctl(fd, VIDIOC_QUERYBUF, &v4l2_buffer);
    if( ret < 0 )
    {
        printf("Unable to query buffer.\n");
        return -1;
    }
    /* 映射 */
    addr[i] = mmap(NULL /* start anywhere */ , v4l2_buffer.length, PROT_READ | PROT_WRITE,
        MAP_SHARED, fd, v4l2_buffer.m.offset);
```

```
    if (ioctl(fd, VIDIOC_QBUF, &v4l2_buffer) < 0)
    {
        printf("ERR(%s):VIDIOC_QBUF failed\n", __func__);
        return -1;
    }
}
```

5. 开启采样流

```
enum v4l2_buf_type type = V4L2_BUF_TYPE_VIDEO_CAPTURE;
if (ioctl(fd, VIDIOC_STREAMON, &type) < 0)
{
    printf("ERR(%s):VIDIOC_STREAMON failed\n", __func__);
    return -1;
}
```

6. 等待采样完成并提取图像

（1）等待采样完成。

```
struct pollfd poll_fds[1];
poll_fds[0].fd = fd;
poll_fds[0].events = POLLIN;        //关注可读
poll(poll_fds, 1, 10000);           //等待有图像准备好
```

（2）提取采样内容。

```
struct v4l2_buffer buffer;
buffer.type = V4L2_BUF_TYPE_VIDEO_CAPTURE;
buffer.memory = V4L2_MEMORY_MMAP;
if (ioctl(fd, VIDIOC_DQBUF, &buffer) < 0)
{
    printf("ERR(%s):VIDIOC_DQBUF failed, dropped frame\n", __func__);
    return -1;
}
printf("ready: %u %u\n", buffer.index, buffer.bytesused);
```

（3）标识图像已经取走。

```
if (ioctl(fd, VIDIOC_QBUF, &buffer) < 0)
{
    printf("ERR(%s):VIDIOC_QBUF failed\n", __func__);
    return -1;
}
```

7. 关闭采样流

```
if (ioctl(fd, VIDIOC_STREAMOFF, &type) < 0)
{
    printf("ERR(%s):VIDIOC_STREAMOFF failed\n", __func__);
    return -1;
}
```

8. 关闭设备

```
close(fd);
```

9．编译程序

V4L2 摄像头编程的完整程序详见资源包中的代码 camera.c。在 Linux 开发环境（Ubuntu）中执行以下交叉编译命令，完成对程序的编译：

```
arm-linux-gcc -o camera camera.c
```

10．上传程序到开发板并执行

在 Ubuntu 中执行以下命令，可将编译后的目标文件 camera 上传到开发板：

```
sudo scp camera 192.168.199.111:/
```

其中，192.168.199.111 是笔者开发板上的 IP 地址，大家在操作实践时可依据自己的网络环境而定。通过超级终端，在开发板的嵌入式 Linux 操作系统中运行 camera 程序，结果如图 3-26 所示。

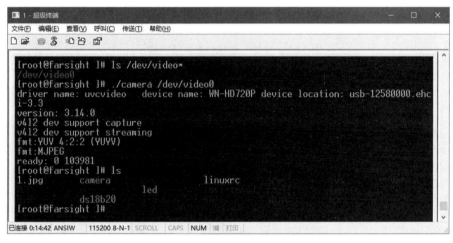

图 3-26　开发板中运行 camera 程序

通过在开发板的嵌入式 Linux 操作系统中执行 camera 程序，将生成一个 JPG 格式的图片文件，这就是 camera 程序控制摄像头所拍摄下的图片。在 Ubuntu 中执行以下命令，将保存在开发板中的 1.jpg 图像文件复制回 Ubuntu 中，以便我们查看摄像头拍摄的图像是否正确，如图 3-27 所示。

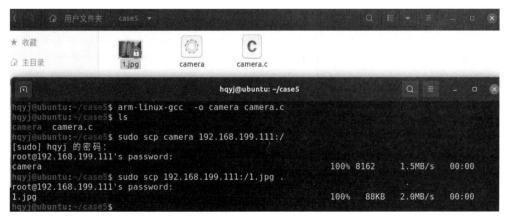

图 3-27　复制开发板中的 1.jpg 图像文件

下面，我们将实现一个智能家居综合案例，它由以下任务 6 和任务 7 一系列的子案例共同组成，以实现上位机与硬件设备的交互，完成从数据采集到控制等多个功能，如图 3-28 所示。

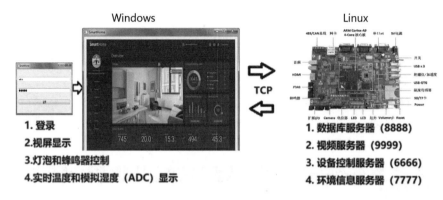

图 3-28　智能家居综合案例功能展示

任务 6　用户登录案例

【任务描述】

通过 Qt 编程编写运行于计算机端的上位机程序，完成智能家居项目的用户登录功能。其中，登录用户的验证数据存放于 Ubuntu 系统的 userpass.db 文件中。

【任务要求】

首先，编写在 Ubuntu 上运行的服务器端程序（数据库服务器，端口为 8888），用于验证客户端提交的用户名和密码；然后，编写计算机端的 Qt 程序，完成智能家居项目的用户登录功能。

【知识链接】

1. 界面布局

Qt 的界面设计使用了布局（Layout）功能。所谓布局，就是界面上组件的排列方式，使用布局可以使组件有规则地分布，并且随着窗体大小的变化自动地调整大小和相对位置。

目前，用得比较多的布局是网格布局 QGridLayout，它将界面划分为若干个单元格，而控件可以按需要放到对应的单元格，确保了控件的准确定位。通过使用 QGridLayout 对象的 addWidget()方法将给定的小部件添加到单元格网格的行、列，格式如下：

```
void QGridLayout::addWidget（QWidget * widget, int fromRow, int fromColumn, int rowSpan, int
columnSpan, Qt::Alignment alignment = 0 );
```

其中，widget 是待添加的子窗口，fromRow 是横坐标，fromColumn 是纵坐标，rowSpan 表示横向跨越几个单元格，columnSpan 表示纵向跨越几个单元格。例如：

```
QGridLayout* layout = new QGridLayout();
layout->addWidget(&TestBtn1, 0, 0, 2, 1);      //坐标(0,0)的组件占用两行一列
```

```
layout->addWidget(&TestBtn2, 0, 1, 2, 1);        //坐标(0,1)的组件占用两行一列
layout->addWidget(&TestBtn3, 2, 0, 1, 2);        //坐标(2,0)的组件占用一行两列
layout->addWidget(&TestBtn4, 3, 0, 1, 2);        //坐标(3,0)的组件占用一行两列
```

2. 信号与槽

信号与槽（Signal & Slot）是 Qt 编程的基础，也是 Qt 的一大创新。由于有了信号与槽的编程机制，在 Qt 中进行界面各组件的交互操作时会更直观和简单。

信号（Signal）就是在特定情况下被发射的事件，例如 PushButton 最常见的信号是单击鼠标时发射的 clicked()信号，ComboBox 最常见的信号是选择的列表项变化时发射的 current-IndexChanged()信号。

GUI（图形用户界面）程序设计的主要内容就是对界面上各组件的信号的响应，只需要知道什么情况下发射哪些信号，合理地去响应和处理这些信号即可。

槽（Slot）就是对信号响应的函数，与一般的 C++函数是一样的，可以定义在类的任何部分（public、private 或 protected），可以具有任何参数，也可以被直接调用。槽与一般的函数不同的是槽函数可以与一个信号关联，当信号被发射时，关联的槽被自动执行。

信号与槽关联是用 QObject::connect()函数实现的，基本格式如下：

```
QObject::connect(sender, SIGNAL(signal()), receiver, SLOT(slot()));
```

其中，connect()是 QObject 类的一个静态函数，由于 QObject 是所有 Qt 类的基类，在实际调用时可以忽略前面的限定符，直接写为：

```
connect(sender, SIGNAL(signal()), receiver, SLOT(slot()));
```

sender 是发射信号的对象，signal()是信号的名字（需要带括号），有参数时还需要指明参数，receiver 是接收信号的对象，slot()是槽的名字（需要带括号），有参数时还需要指明参数。SIGNAL 和 SLOT 是 Qt 的宏，用于指明信号和槽，例如：

```
QObject::connect(btnClose, SIGNAL(clicked()), Widget, SLOT(close()));
```

其作用就是将 btnClose 按钮的 clicked()信号与 Widget 窗体的 close()槽相关联，从而当单击 btnClose 按钮时就会执行 Widget 的 close()槽。

注意，一个信号可以连接多个槽，例如：

```
connect(spinNum, SIGNAL(valueChanged(int)), this, SLOT(addFun(int)));
connect(spinNum, SIGNAL(valueChanged(int)), this, SLOT(updateStatus(int)));
```

表示当 spinNum 对象的数值发生变化时，所在窗体有两个槽进行响应，一个 addFun()用于计算，一个 updateStatus()用于更新状态。

当一个信号与多个槽关联时，槽按照建立连接时的顺序依次执行。

当信号和槽带有参数时，我们需要在 connect()函数中写明参数的类型，但可以不写参数的名称。

同时，多个信号也可以连接同一个槽，例如让 3 个选择颜色的 RadioButton 的 clicked()信号关联到相同的一个 setTextFontColor()自定义槽，例如：

```
connect(ui->rBtnBlue,SIGNAL(clicked()),this,SLOT(setTextFontColor()));
connect(ui->rBtnRed,SIGNAL(clicked()),this,SLOT(setTextFontColor()));
connect(ui->rBtnBlack,SIGNAL(clicked()),this,SLOT(setTextFontColor()));
```

这样，当任何一个 RadioButton 被单击时都会执行 setTextFontColor()槽。

在使用信号与槽的类中，必须在类的定义中加入宏 Q_OBJECT。

当一个信号被发射时，与其关联的槽通常被立即执行，就像正常调用一个函数一样。只有当信号关联的所有槽执行完毕才会执行发射信号处后面的代码。

总的来说，信号与槽是 Qt 编程的基础，使用信号与槽机制可以比较容易地将信号与响应代码关联起来。

3. 套接字编程

socket（套接字）是网络编程的一种接口，它是一种特殊的 I/O。socket 可以理解为 TCP/IP 网络的 API，它定义了许多函数或例程，程序员可以用它们来开发 TCP/IP 网络上的应用程序。计算机上运行的网络应用程序通过套接字向网络发出请求或应答网络请求。

socket 是应用层与 TCP/IP 协议簇通信的中间软件抽象层。在设计模式中，socket 其实就是一个门面模式，它把复杂的 TCP/IP 协议簇隐藏在 socket 后面，对用户来说只需要调用 socket 规定的相关函数，让 socket 去组织符合指定的协议数据然后进行通信，如图 3-29 所示。

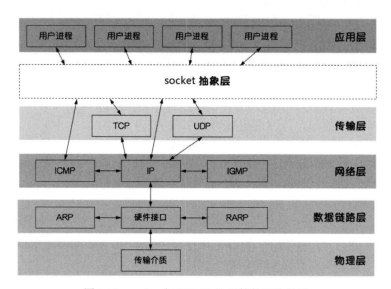

图 3-29　socket 与 TCP/IP 协议簇的层次关系

（1）套接字通信的协议。区分不同应用程序进程间的网络通信和连接，主要使用 3 个参数：通信的目的 IP 地址、使用的传输层协议（TCP 或 UDP）和使用的端口号。在编程时，就是使用这 3 个参数来构成一个 socket。这个 socket 相当于一个接口，可以进行不同计算机程序的信息传输。

（2）套接字编程的两个重要数据结构。在网络编程前，应该了解两个重要的数据结构，即 sockaddr 和 sockaddr_in，它们是用来保存 socket 信息的，如 IP 地址、通信端口等。

1）sockaddr 结构。该结构用来保存一个 socket，定义方法如下：

```
struct sockaddr
{
    unsigned short int sa_family;
    char sa_data[14];
};
```

其成员的含义如下：

● sa_family：指定通信的地址类型。如果是 TCP/IP 通信，则该值为 AF_INET 指 Address

Family 是用 IPv4 进行通信，而 AF_INET6 指用 IPv6 进行通信。

● sa_data：最多使用 14 个字符长度，用来保存 IP 地址和端口信息。

2）sockaddr_in 结构。该结构的功能与 sockaddr 结构相同，也是用来保存一个 socket 的信息。不同的是该结构将 IP 地址与端口分开为不同的成员，该结构使用更方便，它可以轻松处理 socket 地址的基本元素，定义方法如下：

```
struct sockaddr_in
{
    unsigned short int sin_family;
    uintl6_t sin_port;
    struct in_addr sin_addr;
    unsigned char sin_zero[B];
};
```

其成员与含义如下：

● sin_family：与 sockaddr 结构中的 sa_family 相同。

● sin_port：套接字使用的端口号。

● sin_addr：需要访问的 IP 地址。

● sin_zero：未使用的字段，填充为 0。

在该结构中的 in_addr 也是一个结构（用来保存 IP 地址），其定义如下：

```
struct in_addr {
    in_addr_t s_addr;
};
```

网络上多数通信服务采用客户端/服务端机制（Client/Server），TCP 提供的是一种可靠的、面向连接的服务，其主要特点是建立完连接后才进行通信。

（3）TCP socket 编程。TCP 客户端/服务器通信程序的流程如图 3-30 所示。

服务端调用 socket()、bind()、listen()函数完成初始化后调用 accept()函数阻塞等待，处于监听端口的状态；客户端调用 socket()函数初始化后调用 connect()函数发出同步信号 SYN 并阻塞等待服务端应答。

服务端应答信号 SYN-ACK，客户端收到后从 connect()函数返回，同时应答一个信号 ACK，服务端收到后从 accept()函数返回。

服务端调用 accept()函数时，连接成功了会返回一个已完成连接的 socket，后续用来传输数据。监听的 socket 和真正用来传输数据的 socket 是不同的两个 socket，一个是监听的 socket，一个是已完成连接的 socket。

成功建立连接之后，双方开始通过 read()和 write()函数来读写数据，就像往一个文件里面写数据一样。

（4）TCP socket 编程示例。

【示例】编写服务端和客户端程序：服务端接收到客户端的连接请求后，在服务端上显示客户端的 IP 地址，读取客户端发来的字符，并将每个字符转换为大写后回送给客户端；客户端再把接收到的字符串显示在屏幕上。

【分析】服务端先调用 socket()函数创建一个 socket，接着调用 bind()函数将其与本机地址及一个本地端口绑定，再调用 listen()函数在相应的 socket 端口上监听。当 accept()接收到一个客户端的连接请求时，将生成一个新的 socket，然后用该 socket 接收并显示客户端的 IP 地址，并通过该 socket 向客户端发送字符串，最后关闭该 socket。基于 TCP 的流程图如图 3-31 所示。

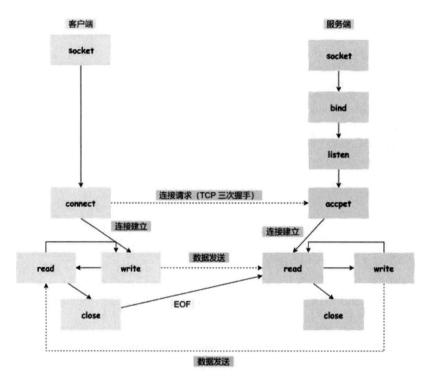

图 3-30　客户端/服务端程序的流程

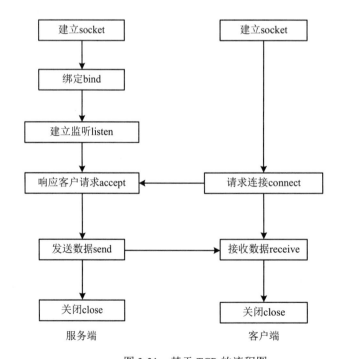

图 3-31　基于 TCP 的流程图

1）服务端。

①建立 socket()。socket() 函数用于创建一个新的 socket，也就是向系统申请一个 socket 资源。

```
int socket(int domain, int type, int protocol);
```

- domain：协议域，又称协议簇。常用的协议簇有 AF_INET、AF_INET6、AF_LOCAL（或称 AF_UNIX，UNIX 域 socket）、AF_ROUTE 等。协议簇决定了 socket 的地址类型，在通信中必须采用对应的地址，如 AF_INET 决定了要用 32 位的 IPv4 地址和 16 位的端口号的组合、AF_UNIX 决定了要用一个绝对路径名作为地址。

- type：指定 socket 类型。常用的 socket 类型有 SOCK_STREAM、SOCK_DGRAM、SOCK_RAW、SOCK_PACKET、SOCK_SEQPACKET 等。其中，SOCK_STREAM（流式 socket）是一种面向连接的 socket，针对面向连接的 TCP 服务应用；SOCK_DGRAM（数据报式 socket）是一种无连接的 socket，针对无连接的 UDP 服务应用。

- protocol：指定协议。常用协议有 IPPROTO_TCP、IPPROTO_UDP、IPPROTO_STCP、IPPROTO_TIPC 等，分别对应 TCP、UDP、STCP、TIPC 等传输协议。

通常，第一个参数填 AF_INET，第二个参数填 SOCK_STREAM，第三个参数填 0。除非系统资源耗尽，否则 socket() 函数一般不会返回失败。

- 返回值：成功则返回一个 socket；失败则返回 -1，错误原因存于 errno 中。

程序调用 socket() 函数（返回 sockfd），然后用 read() 和 write() 函数通过 sockfd() 函数对文件进行读写，实现语句：

```
socket(AF_INET, S()CK_STREAM, 0);
```

其中，AF_INET 表示采用 IPv4 协议进行通信，SOCK_STREAM 表示采用流式 socket，即 TCP。

②绑定 bind。首先，使用 socket() 函数创建套接字，确定套接字的各种属性；然后，服务器端要用 bind() 函数将套接字与特定的 IP 地址和端口绑定起来，只有这样，流经该 IP 地址和端口的数据才会交给 socket 处理。

```
int bind(int sock, struct sockaddr *addr, socklen_t addrlen);
```

其中，sock 为 socket 文件描述符，addr 为 sockaddr 结构体变量的指针，addrlen 为 addr 变量的大小，可由 sizeof() 函数计算得出。bind() 函数绑定成功返回 0，失败返回 -1。

下列语句将 sockfd 和 my_addr 绑定在一起，随后即可在该端口监听服务请求：

```
bind(sockfd, (struct sockaddr *)&my_addr,sizeof(struct sockaddr);
```

其中，my_addr 表示指向包含有本机 IP 地址及端口号等信息，struct sockaddr* 是一个通用指针类型，my_addr 实际上可以接收多种协议的 sockaddr 结构，它们的长度各不相同，所以需要第三个参数 addrlen 指定结构体的长度，在程序中对 my_addr 进行初始化，实现语句如下：

```
bzero(&(my_addr.sin_zero),8);
my_addr.sin_family = AF_INET;
my_addr.sin_port = htons(SERV_PORT);
my_addr.sin_addr.s_addr = INADDR_ANY;
```

首先将整个结构体清零，然后设置地址类型为 AF_INET，网络地址为 INADDR_ANY，该宏表示本地的任意 IP 地址，因为服务器可能有多个网卡，每个网卡也可能绑定多个 IP 地址，所以这样设置可以在所有的 IP 地址上监听，直到与某个客户端建立了连接时才确定下来到底用哪个 IP，端口号为 SERV_PORT（程序中定义为 3333）。

③建立监听 listen。使 socket 处于被动的监听模式，并为该 socket 建立一个输入数据队列，将接收到的服务请求保存在此队列中，直到程序处理它们。

```
int listen(int sockfd, int backlog);
```

listen()函数会把 sockfd 标记为被动的监听 listen 状态，之后服务端与客户端通信的整个流程中 sockfd 只有 listen 和 closed 两种状态，backlog 代表等待队列的最大长度。实现语句：

```
listen(sockfd, BACKLOG);
```

其中，BACKLOG 表示最大连接数。

④响应客户端的请求 accept()。用 accept()函数生成一个新的 socket 描述符，让服务器接收客户的连接请求。

```
int accept(int sockfd, struct sockaddr *addr, socklen_t *addrlen);
```

其中，sockfd 是服务端的 socket 描述符，addr 指向 struct sockaddr 的指针，用于返回客户端的协议地址，addrlen 返回协议地址的长度。

函数运行成功返回非负描述字，否则返回-1。accept()函数默认会阻塞进程，直到有一个客户连接建立后返回（返回的是一个新的 socket，即连接 socket）。实现语句：

```
accept(sockfd, (struct sockaddr *)&remote_addr,&sin_size);
```

其中，remote_addr 用于接收客户端地址信息，sin_size 用于存放地址的长度。

⑤发送数据 send。用于在面向连接的 socket 上进行数据发送。

```
ssize_t send(int sockfd, const void *buff, size_t nbytes, int flags);
```

其中，sockfd 是指定发送端的 socket 描述符，buff 存放要发送数据的缓冲区，nbytes 表示实际要发送的数据的字节数，flags 一般设置为 0。实现语句：

```
send(client_fd, buf,len, 0);
```

其中，buf 为发送字符串的内存地址，len 表示发送字符串的长度。

⑥关闭 close。使用 close()函数释放该 socket，从而停止在该 socket 上的任何数据操作。函数运行成功返回 0，否则返回-1。

```
int close(int fd);
```

实现语句如下：

```
close(client_fd);
```

2）客户端。

①建立 socket。调用 socket()函数创建一个 socket 描述符的句柄，同时也意味着为一个 socket 数据结构分配存储空间。实现语句：

```
socket(AF_INET, SOCK_STREAM, 0);
```

②请求连接 connect。connect()函数用于建立与指定 socket 的连接，即启动与远端主机的连接。

```
int connect (int sockfd, struct sockaddr * serv_addr, int addrlen);
```

其中，sockfd 为 socket 描述符，serv_addr 是指向 sockaddr 数据结构的指针（包括目的端口和 IP 地址），addrlen 是 sockaddr 的长度，可通过 sizeof(struct sockaddr)获得。实现语句：

```
connect(sockfd, (struct sockaddr*）&serv_addr, sizeof(struct sockaddr));
```

③接收数据 recv。不论是客户端还是服务端，都用 recv()函数从 TCP 连接的另一端接收数据。

```
int recv( SOCKET s, char FAR *buf, int len, int flags);
```

该函数中，s 指定接收端 socket 描述符，FAR *buf 指明一个缓冲区，该缓冲区用来存放

recv()函数接收到的数据，len 指明 buf 的长度，flags 一般置 0。

该函数用于在面向连接的 socket 上进行数据接收，实现语句：

recv(sockfd, buf, MAXDATASIZE, 0);

④关闭 close。停止在该 socket 上的任何数据操作，实现语句：

close(sockfd);

【实现方法】

1. 创建智能家居项目

使用 Qt 创建 SmartHome 项目。

（1）运行 Qt Creator 程序，选择"文件"→"新建文件或项目"命令，弹出如图 3-32 所示的对话框。

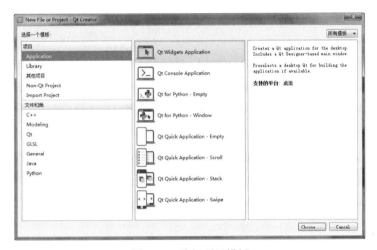

图 3-32　选择项目模板

在该对话框中，选择 Qt Widgets Application 作为项目模板，然后单击 Choose 按钮。

（2）弹出 Project Location 对话框，在此输入项目的名称及保存的路径，如图 3-33 所示。

图 3-33　设置项目的名称和路径

（3）单击"下一步"按钮，弹出 Define Build System 对话框，在此选择项目编译工具，使用默认选项，如图 3-34 所示。

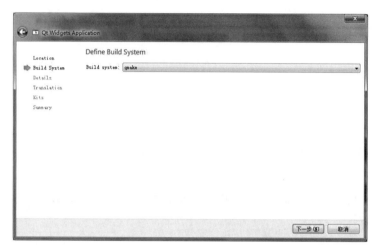

图 3-34　选择项目编译工具

（4）单击"下一步"按钮，弹出 Class Information 对话框，设置项目中的相关类，如图 3-35 所示。

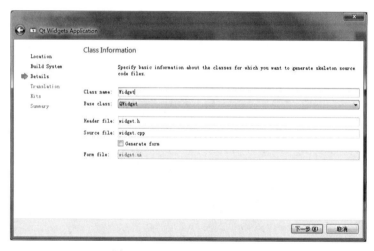

图 3-35　设置项目中的相关类

（5）单击"下一步"按钮，弹出 Translation File 对话框，设置项目中的 Translation File，使用默认设置，如图 3-36 所示。

（6）单击"下一步"按钮，弹出 Kit Selection 对话框，为项目设置所使用的 Qt 套件，使用默认设置，如图 3-37 所示。

（7）单击"下一步"按钮，弹出 Project Management 对话框，使用默认设置，单击"完成"按钮完成 Qt 项目的创建。项目汇总信息如图 3-38 所示。

完成以上操作后，我们将得到项目文件 SmartHome.pro、头文件 widget.h、C++程序 widget.cpp 和 main.cpp。

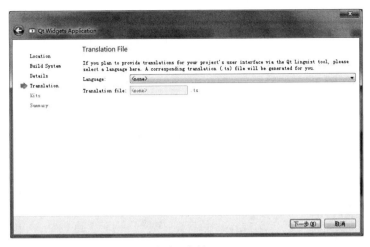

图 3-36　设置项目中的 Translation File

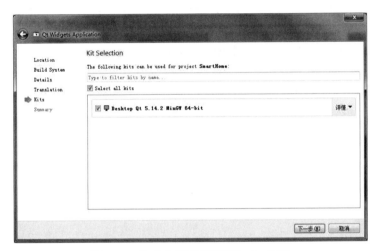

图 3-37　为项目设置所使用的 Qt 套件

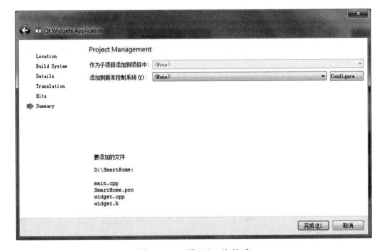

图 3-38　项目汇总信息

2. 创建用户登录类

以 QWidget 为模板，在项目中添加新文件 C++ 类 LoginWidget，Qt 将为我们生成 loginwidget.h 和 loginwidget.cpp 两个文件，在这两个文件中，可以完成用户登录界面的设计和用户操作的响应，相关操作界面如图 3-39 至图 3-42 所示。

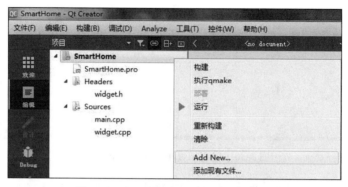

图 3-39　在 SmartHome 项目中添加新的程序

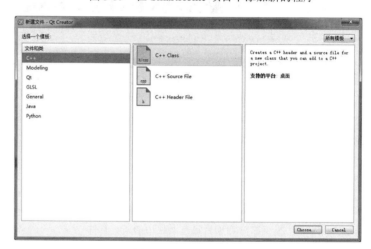

图 3-40　选择 C++ 类

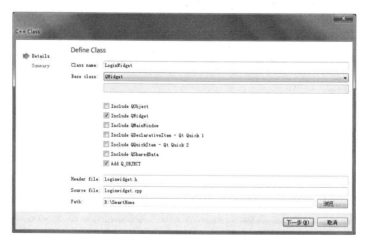

图 3-41　设置新建 C++ 类的名字及其父类

图 3-42　新建 C++类的汇总信息

（1）loginwidget.h 文件中 LoginWidget 类的定义。

```
#ifndef LOGINWIDGET_H
#define LOGINWIDGET_H

#include <QWidget>
#include <QLineEdit>
#include <QPushButton>

class LoginWidget : public QWidget
{
    Q_OBJECT
    public:
        explicit LoginWidget(QWidget *parent = nullptr);

    signals:      //声明自己的信号
    void loginSuccess();    //信号不是函数，只需要声明，不需要实现

    public slots:
        void on_login();

    private:
    //声明需要的控件
    QLineEdit *le_user;
    QLineEdit *le_pass;
    QPushButton *bt_login;
};
#endif   //LOGINWIDGET_H
```

（2）loginwidget.cpp 文件中用户登录界面的设计和对用户操作的响应。

```
#include "loginwidget.h"
#include <QVBoxLayout>
```

```
LoginWidget::LoginWidget(QWidget *parent) : QWidget(parent)
{
        //1. 构造控件
        le_user = new QLineEdit;
        le_user->setPlaceholderText("用户名");
        le_pass = new QLineEdit;
        le_pass->setPlaceholderText("密码");
        le_pass->setEchoMode(QLineEdit::Password);
        bt_login = new QPushButton("登录");

        //2. 布局
        QVBoxLayout *vbox= new QVBoxLayout;
        vbox->addWidget(le_user);
        vbox->addWidget(le_pass);
        vbox->addWidget(bt_login);
        setLayout(vbox);

        //3. 前后台关联
        connect(bt_login, SIGNAL(clicked(bool)), this, SLOT(on_login()));
}

void LoginWidget::on_login()
{
    //1. 提取用户名和密码
    QString user = le_user->text();
    QString pass = le_pass->text();

    //2. 认证（模拟：用户名和密码相等则成功）
    if(user == pass) //成功
    //3. 登录成功与否的操作
    {
        close();                //关掉自己

        emit loginSuccess();    //通知第二个界面显示（发射信号）
    }
    else                    //失败
    {
        QMessageBox msgBox;
        msgBox.setText(buf);
        msgBox.exec();          //弹出警告框
    }
}
```

3. 修改默认打开用户登录界面

在此，修改 main.cpp 程序，隐藏 Widget 对象的显示（Widget 对应于智能家居项目的主界面），让程序一执行就显示用户登录界面，代码如下（注释了 Widget 对象 w 的显示）：

（1）在 main.cpp 程序中注释掉主界面程序的显示语句。

```cpp
#include "widget.h"
#include <QApplication>

int main(int argc, char *argv[])
{
    QApplication a(argc, argv);
    Widget w;
    //w.show();
    return a.exec();
}
```

（2）在 widget.h 文件中定义主界面中要用到的组件对象。

```cpp
#ifndef WIDGET_H
#define WIDGET_H

#include <QWidget>
#include <QLabel>

class Widget : public QWidget
{
    Q_OBJECT

    public:
    Widget(QWidget *parent = nullptr);
    ~Widget();

    //声明需要的控件
    QLabel *lb;
};
#endif    //WIDGET_H
```

（3）在 widget.cpp 程序中实现主界面及对用户操作的响应。

```cpp
#include "widget.h"
#include "loginwidget.h"
#include <QVBoxLayout>
#include <QDir>

Widget::Widget(QWidget *parent) : QWidget(parent)
{
    //1. 弹出登录界面
    LoginWidget *w = new LoginWidget;
    w->setFixedSize(400, 200);
    w->show();

    //2. 构造需要的控件
    lb = new QLabel;
    lb->setFixedSize(640, 480);
```

```
lb->setScaledContents(true);
lb->setPixmap(QPixmap(QDir::currentPath()+"\\ui.png"));

//3. 布局
QVBoxLayout *vbox = new QVBoxLayout;
vbox->addWidget(lb);
setLayout(vbox);

//4. 关联信号
//只要登录界面激发了 loginSuccess()信号就会显示出来
connect(w, SIGNAL(loginSuccess()), this, SLOT(show()));
}

Widget::~Widget()
{}
```

对修改的代码进行保存后单击 Qt 中的"运行"按钮，编译并运行 SmartHome 项目，结果如图 3-43 和图 3-44 所示。

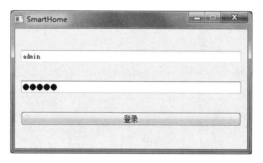

图 3-43 用户登录界面

图 3-44 用户登录后显示的智能家居主界面

4. 编写服务端程序

以上程序是模拟对用户进行验证，现在我们需要编写服务端程序，实现对客户端用户账号的验证，以下是服务端程序 tcp_server_database.c。

```c
#define LOGINSUCCESSED
#define USERNOTEXIST
#define PASSWORDWRONG

//该函数实现用户验证功能
int check_userpass(char *name, char *pass)
{
    //1. 提取账号文件内容
    int fd = open("userpass.db", O_RDONLY);
    if(-1 == fd)
    {
        perror("open");
        return -1;
    }
    char buf[1024] = {0};
    read(fd, buf, sizeof(buf));
    close(fd);

    //2. 判断用户名密码状态
    char *nameptr = strstr(buf, name);
    if(NULL == nameptr)    //用户名不存在
        return USERNOTEXIST;
    else    //用户名存在
    {
        if(0 == strncmp(pass, nameptr+strlen(name)+1, strlen(pass)))    //密码正确
            return LOGINSUCCESSED;
        else
            return PASSWORDWRONG;
    }
}

int main(int argc, char *argv[])
{
    //1. 创建流式套接字
    int listenfd = socket(AF_INET, SOCK_STREAM, 0);
    if(-1 == listenfd)
    {
        perror("socket");
        return -1;
    }

    //2. 设置本机任何一可用 IP 地址和服务端口 8888
    struct sockaddr_in myaddr = {0};
    myaddr.sin_family = AF_INET;
```

```
myaddr.sin_addr.s_addr = inet_addr("0.0.0.0"); //ANY
myaddr.sin_port = htons(8888);
if(-1 == bind(listenfd, (struct sockaddr*)&myaddr, sizeof(myaddr)))
{
    perror("bind");
    return -1;
}

listen(listenfd, 10);

//3. 提取接入
struct sockaddr_in clientaddr = {0};
int len = sizeof(clientaddr);
int clientfd = accept(listenfd, (struct sockaddr*)&clientaddr, &len);
if(-1 == clientfd)
{
    perror("accept");
    return -1;
}
printf("incoming: %s\n", inet_ntoa(clientaddr.sin_addr));

while(1)
{
    //4. 接收命令
    char buf[100] = {0};
    read(clientfd, buf, 100);
    printf("recv: %s\n", buf);

    //5. 拆解客户端的请求
    char cmd[20] = {0};
    char name[20] = {0};
    char pass[20] = {0};
    sscanf(buf, "%s%s%s", cmd, name, pass);

    //6. 处理反馈处理结果
    if(0 == strcmp("login", cmd) )    //用户登录
    {
        int ret = check_userpass(name, pass);
        switch(ret)
        {
            case LOGINSUCCESSED: write(clientfd, "ok",    2);
            break;    //用户名密码都正确
            case USERNOTEXIST: write(clientfd, "no such user",    12);
            break;    //用户名不存在
            case PASSWORDWRONG: write(clientfd, "password wrong",    14);
            break;    //密码不正确
```

```
                }
            }
            else //未识别的命令
            {
                write(clientfd, "unkown op!!!",   12);
            }
        //7. 释放资源，但服务端一般不主动关闭，服务端还会为其他客户端提供服务
        close(clientfd);
        return 0;
}
```

5. 更新客户端程序

修改 loginwidget.h 和 loginwidget.cpp 中的代码，把用户输入的用户名和密码发送给验证服务端，并读取服务端发回的反馈，如果用户名和密码正确则跳转到智慧家居主界面，否则显示服务端返回的错误提示信息。

（1）修改后的 loginwidget.h 程序代码。

```
#ifndef LOGINWIDGET_H
#define LOGINWIDGET_H

#include <QWidget>
#include <QLineEdit>
#include <QPushButton>
#include <QTcpSocket>

class LoginWidget : public QWidget
{
    Q_OBJECT
public:
    explicit LoginWidget(QWidget *parent = nullptr);

signals://声明自己的信号
    void loginSuccess();     //信号不是函数，只需要声明，不需要实现

public slots:
    void on_login();
    void recvdata();

private:
    //声明需要的控件
    QLineEdit *le_user;
    QLineEdit *le_pass;
    QPushButton *bt_login;
    QTcpSocket *sock;
};

#endif //LOGINWIDGET_H
```

（2）修改后的 loginwidget.cpp 程序代码。

```cpp
#include "loginwidget.h"
#include <QVBoxLayout>
#include <QMessageBox>

LoginWidget::LoginWidget(QWidget *parent) : QWidget(parent)
{
    //1. 构造控件
    le_user = new QLineEdit;
    le_user->setPlaceholderText("用户名");
    le_pass = new QLineEdit;
    le_pass->setPlaceholderText("密码");
    le_pass->setEchoMode(QLineEdit::Password);
    bt_login = new QPushButton("登录");

    //2. 布局
    QVBoxLayout *vbox= new QVBoxLayout;
    vbox->addWidget(le_user);
    vbox->addWidget(le_pass);
    vbox->addWidget(bt_login);
    setLayout(vbox);

    //3. 前后台关联
    connect(bt_login, SIGNAL(clicked(bool)), this, SLOT(on_login()));

    sock = new QTcpSocket;
    connect(sock, SIGNAL(readyRead()), this, SLOT(recvdata()));
    sock->connectToHost("192.168.199.112", 8888);
}

void LoginWidget::on_login()
{
    //1. 提取用户名和密码
    QString user = le_user->text();
    QString pass = le_pass->text();

    //2. 申请认证（将用户名和密码按协议发给服务端)
    QString request_str = QString("login")+" "+user+" "+pass;//"login john 123"
    sock->write(request_str.toStdString().c_str());
}

void LoginWidget::recvdata()
{
    //1. 接收反馈
    QByteArray buf = sock->readAll();
```

```
//2. 作出反应
if(buf.contains("ok")) //用户名和密码都正确，服务端返回 ok
{
    //关闭用户登录界面
    close();

    //跳转到智慧家居的主界面
    emit loginSuccess();
}
else //以消息框的形式显示服务端返回的错误信息
{

    QMessageBox msgBox;
    msgBox.setText(buf);
    msgBox.exec();

}

}
```

首先，在 Ubuntu 中运行用户验证服务端程序 tcp_server_database；然后，运行 Windows 中的智慧家居客户端程序，输入用户名和密码，通过服务端的验证后将跳转到智慧家居的主界面，如图 3-45 所示。

图 3-45　用户验证服务端程序接收到来自客户端程序的连接

任务 7　综合案例

【任务描述】

在任务 6 项目的基础之上，通过 Qt 编程编写运行于计算机端的上位机程序，完成智能家居项目中的视频显示、灯泡（LED）和蜂鸣器控制、环境温度和模拟湿度（ADC）显示的功能。此外，还将编写运行于嵌入式 Linux 操作系统中的服务端程序，包括视频服务器程序、设备控制服务器程序、环境信息服务器程序，这些服务器程序分别用于完成开发板上所接 USB 接口摄像头实现图像捕获与传输、灯泡和蜂鸣器设备控制、温度和湿度的获取与传输的功能。

【任务要求】

（1）编写运行于开发板上的视频服务器程序（端口为 9999），在该程序中实现对 USB 接口摄像头的编程，完成图像的拍摄和实时传输。

（2）编写运行于开发板上的灯泡和蜂鸣器控制服务器程序（端口为 6666），接收客户端的控制命令，完成对开发板上灯泡和蜂鸣器设备的控制。

（3）编写运行于开发板上的环境信息服务器程序（端口为 7777），接收客户端的命令，将采集的环境温度和模拟湿度（ADC）数据回发给客户端。

（4）编写计算机端的 Qt 程序，向服务端发送相关控制指令，接收开发板回传的数据并在客户端程序中加以显示。

【实现方法】

1. 编写视频服务器程序

（1）在前面 V4L2 摄像头编程案例的基础之上，增加网络功能，将采集到的图像数据通过网络发送到客户端。编写视频服务器程序 camera_server.c，默认使用开发板上的第一个摄像头设备/dev/video0，在网络通信中将使用 TCP 协议，使用的端口为 9999，程序代码如下：

```c
#define W 640
#define H 480
#define QUESIZE 4    //默认采用 4 帧缓冲
void* addr[QUESIZE];   //图片的缓冲区地址

int main(int argc, char **argv)
{
    //1. 打开摄像头
    int fd = open("/dev/video0", O_RDWR);
    if(-1 == fd)
    {
        perror("open");
        return -1;
    }

    struct v4l2_capability cap = {0};
    //2. 提取摄像头的能力（Linux V4L2 规范）
    int ret = ioctl(fd, VIDIOC_QUERYCAP, &cap);
    if (-1 == ret)
    {
        perror("ioctl");
        return -1;
    }

    printf("driver name: %s device name: %s device location: %s\n", cap.driver, cap.card, cap.bus_info);
    printf("version: %u.%u.%u\n", (cap.version >> 16) & 0xff, (cap.version >> 8) & 0xff, cap.version & 0xff);

    if(cap.capabilities & V4L2_CAP_VIDEO_CAPTURE)
    printf("v4l2 dev support capture\n");

    if(cap.capabilities & V4L2_CAP_VIDEO_OUTPUT)
    printf("v4l2 dev support output\n");

    if(cap.capabilities & V4L2_CAP_VIDEO_OVERLAY)
```

```
printf("v4l2 dev support overlay\n");

if(cap.capabilities & V4L2_CAP_STREAMING)
printf("v4l2 dev support streaming\n");

if(cap.capabilities & V4L2_CAP_READWRITE)
printf("v4l2 dev support read write\n");

struct v4l2_fmtdesc fmtdesc;
fmtdesc.type = V4L2_BUF_TYPE_VIDEO_CAPTURE;
fmtdesc.index = 0;
//支持哪些图片格式
while (!ioctl(fd, VIDIOC_ENUM_FMT, &fmtdesc))
{
    printf("fmt:%s\n", fmtdesc.description);
    fmtdesc.index++;
}
//3. 设置合适的采样方式
struct v4l2_format v4l2_fmt;
memset(&v4l2_fmt, 0, sizeof(struct v4l2_format));
v4l2_fmt.type = V4L2_BUF_TYPE_VIDEO_CAPTURE;
v4l2_fmt.fmt.pix.width = W;    //宽度
v4l2_fmt.fmt.pix.height = H;    //高度
v4l2_fmt.fmt.pix.pixelformat = V4L2_PIX_FMT_MJPEG; //像素格式 MJPEG
v4l2_fmt.fmt.pix.field = V4L2_FIELD_ANY;

if (ioctl(fd, VIDIOC_S_FMT, &v4l2_fmt) < 0)
{
    printf("ERR(%s):VIDIOC_S_FMT failed\n", __func__);
    return -1;
}
//4. 如果支持 STREAM，则设置缓冲队列属性
struct v4l2_requestbuffers req;
req.count = QUESIZE;    //缓存数量
req.type = V4L2_BUF_TYPE_VIDEO_CAPTURE;
req.memory = V4L2_MEMORY_MMAP;
if (ioctl(fd, VIDIOC_REQBUFS, &req) < 0)
{
    printf("ERR(%s):VIDIOC_REQBUFS failed\n", __func__);
    return -1;
}

int i = 0;
for(;i<QUESIZE; i++)
{
    struct v4l2_buffer v4l2_buffer;
```

```
        memset(&v4l2_buffer, 0, sizeof(struct v4l2_buffer));
        v4l2_buffer.index = i; //想要查询的缓存
        v4l2_buffer.type = V4L2_BUF_TYPE_VIDEO_CAPTURE;
        v4l2_buffer.memory = V4L2_MEMORY_MMAP;

        /* 查询缓存信息 */
        ret = ioctl(fd, VIDIOC_QUERYBUF, &v4l2_buffer);
        if(ret < 0)
        {
            printf("Unable to query buffer.\n");
            return -1;
        }

        /* 得到图像缓存位置 */
        addr[i] = mmap(NULL /* start anywhere */,
                v4l2_buffer.length, PROT_READ | PROT_WRITE, MAP_SHARED,
                fd, v4l2_buffer.m.offset);

        if (ioctl(fd, VIDIOC_QBUF, &v4l2_buffer) < 0)
        {
            printf("ERR(%s):VIDIOC_QBUF failed\n", __func__);
            return -1;
        }
    }
//5. 开启采样流
enum v4l2_buf_type type = V4L2_BUF_TYPE_VIDEO_CAPTURE;
if (ioctl(fd, VIDIOC_STREAMON, &type) < 0)
{
    printf("ERR(%s):VIDIOC_STREAMON failed\n", __func__);
    return -1;
}
//6. 向计算机申请网卡
int listenfd = socket(AF_INET, SOCK_STREAM, 0);
if(-1 == listenfd)
{
    perror("socket");
    return -1;
}
//7. 做好被别人连接的准备（IP/PORT）
struct sockaddr_in myaddr = {0};
myaddr.sin_family = AF_INET;
myaddr.sin_addr.s_addr = inet_addr("0.0.0.0"); //本机任一可用 IP 地址
myaddr.sin_port = htons(9999);
if(-1 == bind(listenfd, (struct sockaddr*)&myaddr, sizeof(myaddr)))
{
```

```
        perror("bind");
        return -1;
    }

    listen(listenfd, 10);

    while(1)
    {
        //8. 提取接入
        struct sockaddr_in clientaddr = {0};
        int len = sizeof(clientaddr);
        int clientfd = accept(listenfd, (struct sockaddr*)&clientaddr, &len);
        if(-1 == clientfd)
        {
            perror("accept");
            return -1;
        }
        printf("incoming: %s\n", inet_ntoa(clientaddr.sin_addr));
        while(1) //连拍
        {
            //9. 等待采样成功并提取图像
            struct pollfd poll_fds[1];
            poll_fds[0].fd = fd;
            poll_fds[0].events = POLLIN; //关注可读
            poll(poll_fds, 1, 10000);//等待有图像准备好
            //提取采样内容
            struct v4l2_buffer buffer;
            buffer.type = V4L2_BUF_TYPE_VIDEO_CAPTURE;
            buffer.memory = V4L2_MEMORY_MMAP;
            if (ioctl(fd, VIDIOC_DQBUF, &buffer) < 0)
            {
                printf("ERR(%s):VIDIOC_DQBUF failed, dropped frame\n", __func__);
                return -1;
            }
            //buffer.index：成功拍摄出画面的下标
            //buffer.bytesused：成功拍下来图片的大小
            //addr[buffer.index]：图片存储的位置
            printf("ready: %u %u\n", buffer.index, buffer.bytesused);
            //通过网络发送数据
            char buf_size[10] = {0};
            sprintf(buf_size, "%d", buffer.bytesused);
            int ret = write(clientfd, buf_size, sizeof(buf_size));
            if(-1 == ret||0 == ret)
            {
                close(clientfd);
                //标识图像已经取走
```

```
            if (ioctl(fd, VIDIOC_QBUF, &buffer) < 0)
            {
                printf("ERR(%s):VIDIOC_QBUF failed\n", __func__);
                return -1;
            }
            break;
        }
        //send pix data
        ret = write(clientfd, addr[buffer.index], buffer.bytesused);
        if(-1 == ret||0 == ret)
        {
            close(clientfd);
            //标识图像已经取走
            if (ioctl(fd, VIDIOC_QBUF, &buffer) < 0)
            {
                printf("ERR(%s):VIDIOC_QBUF failed\n", __func__);
                return -1;
            }
            break;
        }
        //标识图像已经取走
        if (ioctl(fd, VIDIOC_QBUF, &buffer) < 0)
        {
            printf("ERR(%s):VIDIOC_QBUF failed\n", __func__);
            return -1;
        }
        usleep(10000);
    }
}
//10. 关闭采样流
if (ioctl(fd, VIDIOC_STREAMOFF, &type) < 0)
{
    printf("ERR(%s):VIDIOC_STREAMOFF failed\n", __func__);
    return -1;
}
//11. 关闭设备
close(fd);
}
```

（2）编译程序。在 Linux 开发环境（Ubuntu）中执行以下命令对程序进行交叉编译：

```
arm-linux-gcc   -o   camera_server   camera_server.c
```

（3）上传程序到开发板。在 Ubuntu 中执行以下命令可将编译后的目标文件 camera_server 上传到开发板：

```
sudo   scp   camera_server   192.168.199.111:/
```

其中，192.168.199.111 是开发板上的 IP 地址。

2. 编写设备（灯泡和蜂鸣器）控制服务器程序

（1）在本章任务 2LED 案例 2 和任务 3 蜂鸣器案例的基础之上，增加网络功能，接收客户端发给服务端的指令，实现对开发板上灯泡开关及蜂鸣器报警开关的控制。

编写设备（灯泡和蜂鸣器）服务器程序 led_pwm_server.c，默认对开发板上的第一个灯泡 /dev/led0 和第一个蜂鸣器/dev/pwm0 进行控制，程序代码如下：

```c
#define PWMON  _IO('P', 0)
#define PWMOFF _IO('P', 1)
#define PWMSET _IO('P', 2)

#define LEDON  _IO('L',0)
#define LEDOFF _IO('L',2)

int main(int argc, char *argv[])
{
    //1. 创建服务器套接字
    int listenfd = socket(AF_INET, SOCK_STREAM, 0);
    if(-1 == listenfd)
    {
        perror("socket");
        return -1;
    }
    //2. 设置服务器的地址和端口
    struct sockaddr_in myaddr = {0};
    myaddr.sin_family = AF_INET;
    myaddr.sin_addr.s_addr = inet_addr("0.0.0.0"); //ANY
    myaddr.sin_port = htons(6666);
    if(-1 == bind(listenfd, (struct sockaddr*)&myaddr, sizeof(myaddr)))
    {
        perror("bind");
        return -1;
    }
    //3. 等待客户端的连接
    listen(listenfd, 10);
    int fdpwm = open("/dev/pwm0", O_RDWR);
    if(-1 == fdpwm)
    {
        perror("open");
        return -1;
    }

    int fdled = open("/dev/led0", O_RDWR);
    if(-1 == fdled)
    {
        perror("open");
        return -1;
```

```
    }

while(1)
{
    //4. 接收客户端的连接
    struct sockaddr_in clientaddr = {0};
    int len = sizeof(clientaddr);
    int clientfd = accept(listenfd, (struct sockaddr*)&clientaddr, &len);
    if(-1 == clientfd)
    {
        perror("accept");
        return -1;
    }
    printf("incoming: %s\n", inet_ntoa(clientaddr.sin_addr));

    while(1)
    {
        //5. 接收命令
        char buf[100] = {0};
        int ret = read(clientfd, buf, 100);
        if(-1==ret || 0==ret)
            break;
        printf("recv: %s\n", buf);

        //6. 处理客户端的请求
        if('0' == buf[0])
        {
            printf("led on!!!\n");
            ioctl(fdled, LEDON);
        }
        else
        if('1' == buf[0])
        {
            printf("led off!!\n");
            ioctl(fdled, LEDOFF);
        }

        if('2' == buf[0])
        {
            printf("pwm on!!!\n");
            ioctl(fdpwm, PWMON);
        }
        else
        if('3' == buf[0])
        {
            printf("pwm off!!\n");
```

```
                ioctl(fdpwm, PWMOFF);
            }
        }
        //7. 关闭与客户端连接的套接字
        //服务器侦听套接字不会主动关闭（服务器不会因一个客户端断开而结束）
        close(clientfd);
    }
    return 0;
}
```

（2）编译程序。在 Linux 开发环境（Ubuntu）中执行以下命令对服务器程序进行交叉编译：

```
arm-linux-gcc  -o  led_pwm_server  led_pwm_server.c
```

（3）上传程序到开发板。在 Ubuntu 中执行以下命令可将编译后的目标文件 led_pwm_server 上传到开发板：

```
sudo  scp  led_pwm_server  192.168.199.111:/
```

其中，192.168.199.111 是开发板上的 IP 地址。

3．编写环境信息（温度、湿度）服务器程序

（1）在本章任务 4 DS18B20 案例的基础之上，增加网络功能，接收客户端发送给服务端的指令，实现对开发板上 DS18B20 温度传感器数据的处理和传输。同时，使用开发板中 ADC 模拟采集的湿度数据。

编写环境信息（温度和湿度）服务器程序 temp_hum_server.c，接收客户端发来的控制命令，并将相应的温度或者湿度数据返回给客户端，程序代码如下：

```
#define SETMUX _IO('A', 0)
#define SETBIT _IO('A', 1)
#define BIT10 _IO('A', 2)
#define BIT12 _IO('A', 3)

#define TYPE 'c'

#define temp_9 _IO(TYPE,0)
#define temp_10 _IO(TYPE,1)
#define temp_11 _IO(TYPE,2)
#define temp_12 _IO(TYPE,3)

#define PATH "/dev/ds18b20"

int main(int argc, char *argv[])
{
    //1. 向计算机申请网卡
    int listenfd = socket(AF_INET, SOCK_STREAM, 0);
    if(-1 == listenfd)
    {
        perror("socket");
        return -1;
```

```
    }

    //2. 做好被别人连接的准备（IP/PORT）
    struct sockaddr_in myaddr = {0};
    myaddr.sin_family = AF_INET;
    myaddr.sin_addr.s_addr = inet_addr("0.0.0.0"); //ANY
    myaddr.sin_port = htons(7777);
    if(-1 == bind(listenfd, (struct sockaddr*)&myaddr, sizeof(myaddr)))
    {
        perror("bind");
        return -1;
    }

    listen(listenfd, 10);

    //adc init
    int fdadc = open("/dev/adc", O_RDWR);
    ioctl(fdadc, SETMUX, 3);//mux 3
    ioctl(fdadc, SETBIT, BIT10);//10 bit

    //temp init
    int fdtem;
    short temp;
    char zheng,fen;
    float temputer,resolution;
    fdtem = open(PATH,O_RDWR);
    if(fdtem < 0)
    {
        perror("open");
        return -1;
    }
    if(ioctl(fdtem,temp_12,&resolution))
    {
        perror("ioctl \n");
        return -1;
    }

    while(1)
    {
        //3. 提取接入
        struct sockaddr_in clientaddr = {0};
        int len = sizeof(clientaddr);
        int clientfd = accept(listenfd, (struct sockaddr*)&clientaddr, &len);
        if(-1 == clientfd)
        {
            perror("accept");
```

```
                return -1;
        }
        printf("incoming: %s\n", inet_ntoa(clientaddr.sin_addr));

        while(1)
        {
                //send sensor data
                if(!read(fdtem,&temp,sizeof(short))){
                        perror("read");
                }
                zheng = temp>>4;
                fen = temp & 0xf;
                if(zheng & (1<<8)){
                        temputer = (temp - 65535) * resolution;
                }else{
                        temputer = zheng + fen * resolution;
                }
                if((temputer >= (-55)) && (temputer <= 125))
                {
                        char buf_temp[50] = {0};
                        sprintf(buf_temp, "temp:%d", (int)temputer);
                        int ret = write(clientfd, buf_temp, sizeof(buf_temp));
                        if(-1 == ret||0 == ret)
                        {
                                close(clientfd);
                                break;
                        }
                }
                sleep(1);
                int data;
                read(fdadc, &data, sizeof data); //get hum
                char buf_hum[20] = {0};
                sprintf(buf_hum, "hum:%d", data);
                int ret = write(clientfd, buf_hum, sizeof(buf_hum));
                if(-1 == ret||0 == ret)
                {
                        close(clientfd);
                        break;
                }
        }
    }

    return 0;
}
```

（2）编译程序。在 Linux 开发环境（Ubuntu）中执行以下命令对程序进行交叉编译：

arm-linux-gcc　-o　temp_hum_server　temp_hum_server.c

（3）上传程序到开发板。在 Ubuntu 中执行以下命令可将编译后的目标文件 temp_hum_

server 上传到开发板：

```
sudo   scp   temp_hum_server   192.168.199.111:/
```

其中，192.168.199.111 是开发板上的 IP 地址。

4. 编写客户端 Qt 程序

下面，我们将在本章任务 6 用户登录案例中 Qt 程序的基础之上继续编写代码，完成智能家居主界面的设计、向服务器发送控制指令、接收开发板回传的数据、动态显示相关数据的功能。

（1）此时，我们的一系列服务器程序将在开发板的 Linux 操作系统中运行，所以在客户端程序中，所要连接的服务器地址应该设置为开发板的 IP。

（2）我们还需要将本章任务 6 用户登录案例中提供用户验证的服务器程序 tcp_server_database.c 进行交叉编译，并将编译后的可执行程序和 userpass.db 文件上传到开发板，即在 Ubuntu 中执行如图 3-46 所示的命令。

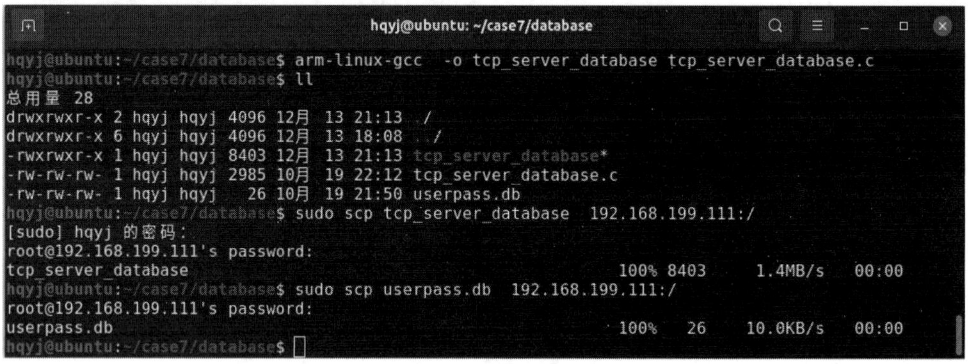

图 3-46　交叉编译用户验证服务器程序并上传到开发板

在本章任务 6 用户登录案例的客户端 Qt 基础之上，对主界面重新进行了设计，并对各按钮的操作加以实现。

（3）主界面类 widget.h 程序代码。

```cpp
#ifndef WIDGET_H
#define WIDGET_H

#include <QWidget>
#include <QLabel>
#include <QPushButton>
#include <QProgressBar>
#include <QLCDNumber>
#include <QTcpSocket>

class Widget : public QWidget
{
    Q_OBJECT

public:
    Widget(QWidget *parent = nullptr);
```

```
        ~Widget();

        //1. 声明需要的控件
        QLabel *lb_vide0;
        QPushButton *bt_led;
        QPushButton *bt_alrm;
        QLabel *lb_temp;
        QLabel *lb_hum;
        QLCDNumber *lcd_temp;
        QProgressBar *pbr_hum;

        //声明套接字连设备控制服务器
        QTcpSocket *sock_cmd;

        //声明套接字连传感器服务器
        QTcpSocket *sock_sensor;

        //声明套接字连图像服务器
        QTcpSocket *sock_video;
        bool recv_size;
        int size;

public slots:
        void cmd_connected();              //命令套接字连接成功
        void cmd_disconnected();           //命令套接字断开
        void sensor_connected();           //传感器套接字连接成功
        void sensor_disconnected();        //传感器套接字断开
        void video_connected();            //视频套接字连接成功
        void video_disconnected();         //视频套接字断开

        void led_contrl();                 //灯泡控制按钮单击
        void alrm_contrl();                //警报控制按钮单击

        void recv_sensor_data();           //接收传感器信息
        void recv_video_data();
};
#endif //WIDGET_H
```

（4）主界面类 widget.cpp 程序代码。

```
#include "widget.h"
#include <loginwidget.h>
#include <QVBoxLayout>
#include <QGridLayout>
#include <QDir>

Widget::Widget(QWidget *parent) : QWidget(parent)
{
```

```
//1. 弹出登录界面
LoginWidget *w = new LoginWidget;
w->setFixedSize(400, 200);
w->show();

//2. 构造需要的控件
lb_vide0 = new QLabel;
lb_vide0->setFixedSize(640, 480);
lb_vide0->setScaledContents(true);
lb_vide0->setPixmap(QPixmap(QDir::currentPath()+"\\nosignal.bmp"));

bt_led = new QPushButton("开灯");
bt_alrm = new QPushButton("报警");
bt_led->setEnabled(false);
bt_alrm->setEnabled(false);

lb_temp = new QLabel("温度");
lb_hum = new QLabel("湿度");

lcd_temp = new QLCDNumber;
pbr_hum = new QProgressBar;
pbr_hum->setRange(0, 1000);
lb_temp->setEnabled(false);
lb_hum->setEnabled(false);
lcd_temp->setEnabled(false);
pbr_hum->setEnabled(false);

//3. 布局
QGridLayout *gbox = new QGridLayout;
gbox->addWidget(bt_led, 0, 0);
gbox->addWidget(bt_alrm, 1, 0);
gbox->addWidget(lb_temp, 0, 1);
gbox->addWidget(lb_hum, 1, 1);
gbox->addWidget(lcd_temp, 0, 3);
gbox->addWidget(pbr_hum, 1, 3);

QVBoxLayout *vbox = new QVBoxLayout;
vbox->addWidget(lb_vide0);
vbox->addLayout(gbox);
setLayout(vbox);

sock_cmd = new QTcpSocket;
connect(sock_cmd, SIGNAL(connected()), this, SLOT(cmd_connected()));
connect(sock_cmd, SIGNAL(disconnected()), this, SLOT(cmd_disconnected()));
sock_cmd->connectToHost("192.168.199.111", 6666);
```

```
        sock_sensor = new QTcpSocket;
        connect(sock_sensor, SIGNAL(connected()), this, SLOT(sensor_connected()));
        connect(sock_sensor, SIGNAL(disconnected()), this, SLOT(sensor_disconnected()));
        sock_sensor->connectToHost("192.168.199.111", 7777);

        sock_video = new QTcpSocket;
        connect(sock_video, SIGNAL(connected()), this, SLOT(video_connected()));
        connect(sock_video, SIGNAL(disconnected()), this, SLOT(video_disconnected()));
        sock_video->connectToHost("192.168.199.111", 9999);

        //4. 关联信号
        //只要登录界面激发了 loginSuccess 信号就会显示出来
        connect(w, SIGNAL(loginSuccess()), this, SLOT(show()));
        connect(bt_led, SIGNAL(clicked(bool)), this, SLOT(led_contrl()));
        connect(bt_alrm, SIGNAL(clicked(bool)), this, SLOT(alrm_contrl()));
        connect(sock_sensor, SIGNAL(readyRead()), this, SLOT(recv_sensor_data()));
        connect(sock_video, SIGNAL(readyRead()), this, SLOT(recv_video_data()));

        recv_size = true;
}

void Widget::video_connected()            //视频套接字连接成功
{
}

void Widget::video_disconnected()         //视频套接字断开
{
        lb_vide0->setPixmap(QPixmap(":/nosignal.bmp"));
}

void Widget::recv_video_data()
{
        if(recv_size)         //接收图片大小
        {
                char buf_size[10];
                sock_video->read(buf_size, 10);
                size = atoi(buf_size);

                recv_size = false;
        }
        else                  //接收图片
        {
                if(sock_video->bytesAvailable() >= size)
                {
                        //如果图片数据完全到达，接收图片
                        QByteArray buf = sock_video->read(size);
```

```
                //显示照片
                QPixmap pix;
                pix.loadFromData(buf);    //将收到的图片内容放入 QPixmap 对象
                lb_vide0->setPixmap(pix);

                recv_size = true;
            }
        }
    }


void Widget::recv_sensor_data()
{
    //接收信息
    QByteArray buf = sock_sensor->readAll();

    //拆解并显示
    QList<QByteArray> words = buf.split(':');
    if("temp" == words[0])
    {
        QString str = QString::number( words[1].toInt());
        lcd_temp->display( str );
    }
    else
    if("hum" == words[0])
    {
        pbr_hum->setValue(words[1].toInt());
    }
}


void Widget::led_contrl()           //灯泡控制按钮单击
{
    static bool sendon = true;
    if(sendon)
    {
        //发送开灯
        sock_cmd->write("0");
        //文字变成“关”
        bt_led->setText("关灯");
        sendon = false;
    }
    else
    {
        //发送关灯
        sock_cmd->write("1");
        //文字变成“开”
```

```
            bt_led->setText("开灯");
            sendon = true;
        }
}

void Widget::alrm_contrl()            //警报控制按钮单击
{
    static bool sendon = true;
    if(sendon)
    {
        //发送开警报
        sock_cmd->write("2");
        //文字变成"关"
        bt_alrm->setText("关警报");
        sendon = false;
    }
    else
    {
        //发送关警报
        sock_cmd->write("3");
        //文字变成"开"
        bt_alrm->setText("开警报");
        sendon = true;
    }
}

void Widget::cmd_connected()
{
    bt_led->setEnabled(true);
    bt_alrm->setEnabled(true);
}

void Widget::cmd_disconnected()
{
    bt_led->setEnabled(false);
    bt_alrm->setEnabled(false);
}

void Widget::sensor_connected()
{
    lb_temp->setEnabled(true);
    lb_hum->setEnabled(true);
    lcd_temp->setEnabled(true);
    pbr_hum->setEnabled(true);
}
```

```
void Widget::sensor_disconnected()
{
    lb_temp->setEnabled(false);
    lb_hum->setEnabled(false);
    lcd_temp->setEnabled(false);
    pbr_hum->setEnabled(false);
}

Widget::~Widget()
{}
```

5. 运行服务器及客户端程序

（1）通过超级终端在开发板的 Linux 操作系统中启动以上服务器程序，如图 3-47 所示。

图 3-47　通过超级终端启动开发板上的服务器程序

（2）在 Windows 中运行 Qt 程序，分别对用户登录、设备控制、环境信息获取进行测试，如图 3-48 所示。

图 3-48　使用 Qt 开发的客户端程序

通过测试，我们发现客户端程序能够对开发板上的硬件（灯泡、蜂鸣器）进行开与关的控制；也能获取环境的温度，并通过 ADC 模拟湿度环境数据；还能实时显示开发板所接摄像头拍摄的视频数据。

【思考与练习】

理论题

1．裸机开发与嵌入式开发有什么区别？
2．ARM Cortex-A9 开发板有哪些特点？
3．简述蜂鸣器的分类及发声原理。
4．简述 DS18B20 的特点和数据的获取及计算方法。
5．简述 Linux 操作系统中 V4L2 框架摄像头的编程方法。

实训题

1．通过裸机编程实现对开发板上 LED3 硬件的控制。
2．通过嵌入式编程实现对开发板上 LED3 硬件的控制。

第 4 章 ZigBee 开发

 **本章导读**

首先，对 Cortex-M0 开发板进行学习，编写 LPC11C14 单片机程序以获取 Cortex-M0 开发板上采集的环境数据并对终端设备进行控制；然后，学习 CC2530 编程，包括 ZigBee 组网方式和 ZigBee 的编程方法；最后，通过全屋智能案例完成从终端节点、协调器节点、网关到上位机程序（计算机端与移动端）的完整项目的开发和实践。

 **教学目标**

理解基于网关的完整全屋智能架构及各模块的功能和实现方法；掌握 LPC11C14 编程方法，能编程获取开发板的环境数据并对硬件设备进行控制；掌握 CC2530 的编程方法，理解 ZigBee 组网类型，掌握 ZigBee 开发工具，熟悉终端节点、协调器节点的编程方法，掌握 ZigBee 与 UART 间的通信以及 ZigBee 节点间的无线通信的实现方法；熟悉 Qt 编程，掌握 Qt 程序的多平台部署方法。

任务 1　LED 的控制

【任务描述】

了解物联网全屋智能的架构；掌握 LPC11C14 开发板的构成；掌握 Keil 软件的安装方法；掌握 Keil 项目的创建、设置方法；掌握 Keil 中 C 语言的编程方法，并实现对 LED 设备的开和关的控制；掌握 LPC11C14 单片机程序的烧写方法。

【任务要求】

掌握 Keil 开发工具的使用；掌握 LPC11C14 单片机编程的流程；掌握对 LED 设备的控制方法。

【知识链接】

1. 物联网全屋智能概述

物联网全屋智能的架构如图 4-1 所示。在该系统中，网关起到承上启下的关键桥梁作用。网关可以把采集的数据发送给上位机(计算机端程序或手机端 App)，也可以把数据通过 MQTT 上传给云平台；同时，网关也可以接收用户发出的控制命令（上位机或云平台），并通过无线模组传输给终端设备，从而对终端设备"发号施令"。终端设备通常使用 ZigBee 方式把采集的数据传输给网关，再由网关将数据转发给用户端 App 或云平台，最终呈现在用户端。

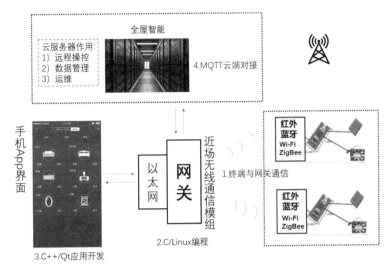

图 4-1   物联网全屋智能的架构

本章我们将完成上位机程序（计算机端 Qt 程序和手机端 App）、网关（虚拟机 Ubuntu 系统执行的网关程序）、协调器节点（CC2530）、终端设备节点（Cortex-M0 开发板），至于温湿度传感器、风扇、蜂鸣器等设备均位于终端设备节点上。

2. Cortex-M0 开发板

Cortex-M0 开发板实物图如图 4-2 所示。

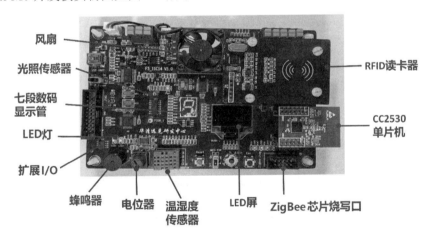

图 4-2   Cortex-M0 开发板实物图

如果需要控制开发板上的硬件或者获取某传感器所采集的数据，则需要通过芯片手册（11c14 芯片手册.pdf）和开发板的原理图文件（fs_11c14 v6 原理图.pdf）进行按图索骥。

3. 开发环境

Keil MDK-ARM 是美国 Keil 软件公司（现已被 ARM 公司收购）出品的支持 ARM 微控制器的一款 IDE（集成开发环境）软件。MDK-ARM 包含工业标准的 Keil C 编译器、宏汇编器、调试器、实时内核等组件，具有行业领先的 ARM C/C++编译工具链，支持 Cortex-M、Cortex-A8、

Cortex-R、ARM7 和 ARM9 系列器件，包括 ST、Atmel、Freescale、NXP、TI 等众多大公司微控制器芯片。

支持芯片的官方网站地址为 http://www.keil.com/dd2。

MDK-ARM 安装包官方网站下载地址为 http://www.keil.com/download/product。

注意，MDK-ARM V4 版本安装包里集成了器件的支持包，而 V5 版本（Keil 5）是独立出来的，需要用户自行下载安装，所以需要对应自己使用的芯片型号下载相应的器件支持包。

MDK-ARM 器件支持包官方网站下载地址为 http://www.keil.com/dd2/Pack。

（1）安装 Keil 软件（Keil 5）。Keil MDK-ARM 集成开发环境的安装通常无须特殊设置，按安装提示操作即可，如图 4-3 至图 4-5 所示。

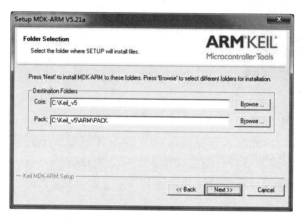

图 4-3　Keil 5 在 Windows 中的安装

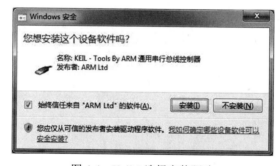

图 4-4　Keil 5 选择安装驱动

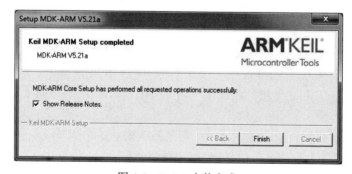

图 4-5　Keil 5 安装完成

对于 MDK-ARM V5 版（对应安装程序 MDK521a.exe），它支持的操作系统有 Windows Vista、Windows 7、Windows 8 和 Windows 10。V5.21a 版不再支持 Windows XP 操作系统，在 Windows XP 操作系统上表现为兼容性不好，容易出现异常，建议安装在官方指定的操作系统中，详情可以参见 http://www2. keil.com/system-requirements。

（2）安装支持 LPC11C14 的包。下载 Keil.LPC1100_DFP.1.4.0.pack 包文件，启动 Keil 软件，并依照以下步骤安装该包：

1）单击 Keil 工具栏中的 Pack Installer 按钮，在弹出的包安装窗口中选择 File→import 菜单命令，如图 4-6 所示。

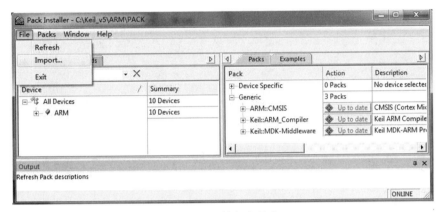

图 4-6   Keil 的包安装窗口

2）选择 Keil.LPC1100_DFP.1.4.0.pack 包文件，单击"打开"按钮，如图 4-7 所示。

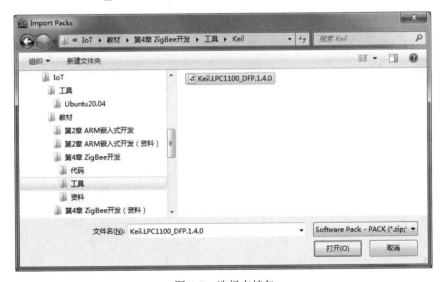

图 4-7   选择支持包

此时，我们会发现在设备列表中出现了 NXP -> LPC1100 系列设备，如图 4-8 所示。

（3）创建 Keil 工程进行测试。

1）新建项目，选择 Project→New μVision Project 菜单命令，输入项目名 mcu_test，确认后将弹出如图 4-9 所示的对话框。

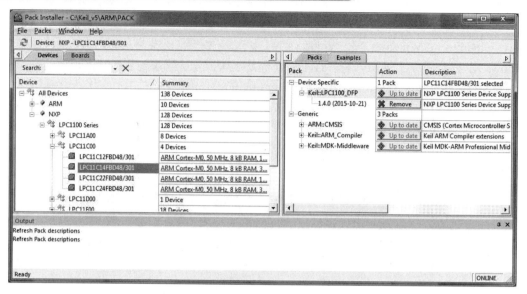

图 4-8　安装后出现的 LPC11C14 设备选项

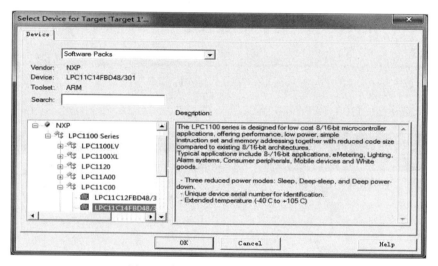

图 4-9　为新建的项目选择目标设备

在此对话框中，选择 LPC11C14 设备选项，单击 OK 按钮。

2）在弹出的 Manage Run-Time Environment 对话框中，勾选 CORE 和 Startup 复选项，单击 OK 按钮，如图 4-10 所示。Keil 将自动在项目中创建出 startup_LPC11xx.s 汇编文件和 system_LPC11xx.c 源程序，即自动生成系统自带的启动代码，完成最小系统的初始化过程，让我们能从烦琐的底层配置中解放出来，专注于应用层的开发。

3）单击工具栏中的 New 按钮或者按 Ctrl+N 快捷键新建 C 语言源程序，如图 4-11 所示。

我们需要将新建的文件保存为 main.c 并加入到项目中。右击 Source Group 1 项目，在弹出的快捷菜单中选择 Add Existing Files to Group Source Group1'选项，然后选择 main.c 文件，结果如图 4-12 所示。

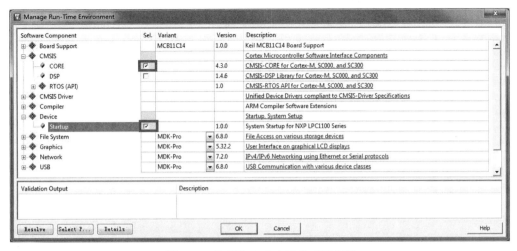

图 4-10　选择让 Keil 自动生成的组件

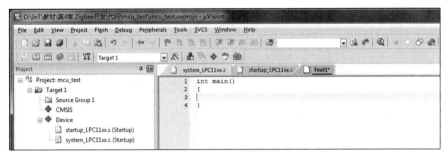

图 4-11　在 Keil 中新建一个文件

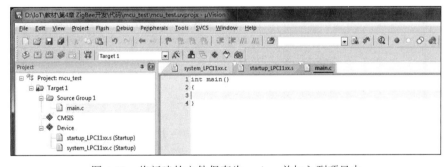

图 4-12　将新建的文件保存为 main.c 并加入到项目中

4）编写 main.c 源代码，让开发板上的 LED1 闪烁起来（一开一关）。

```c
#define GPIO3DAT *(int*)0x50033FFC
#define GPIO3DIR *(int*)0x50038000

void mydelay(int i)
{
    while(i--);
}
```

```
int main()
{
    //PIO3_0引脚配置
    //1. 输出
    GPIO3DIR |= 1; //将 bit1 置位（输出）

    while(1)
    {
        //2.低电平
        GPIO3DAT &= ~1; //将 bit0 清零
        mydelay(1000000);

        //3.高电平
        GPIO3DAT |= 1;   //将 bit0 置 1
        mydelay(1000000);
    }
}
```

5）单击工具栏中的 Build 图标按钮，对项目进行编译，编译通过，没有错误，如图 4-13 所示。

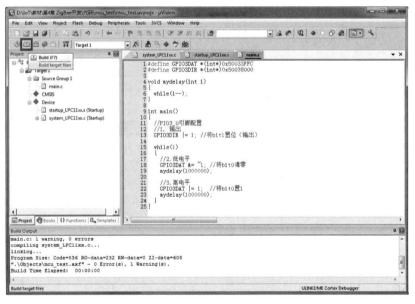

图 4-13　对项目进行编译

6）单击工具栏中的 Options for Target 按钮，在弹出的对话框中选择我们要使用的烧写器（ULINK2），单击 OK 按钮，如图 4-14 所示。

7）开发板通过 ULINK2 连接计算机等实物，如图 4-15 所示。

8）打开开发板上的电源开关，再单击工具栏中的 Download 图标按钮，将编译后的程序烧写到单片机中，如图 4-16 所示。

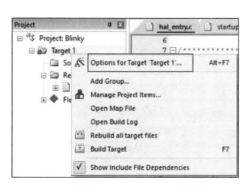

（a）单击 Options for Target 按钮　　　　　　　　（b）选择烧写器为 ULINK2

图 4-14　选择烧写器

图 4-15　开发板与烧写器的连接

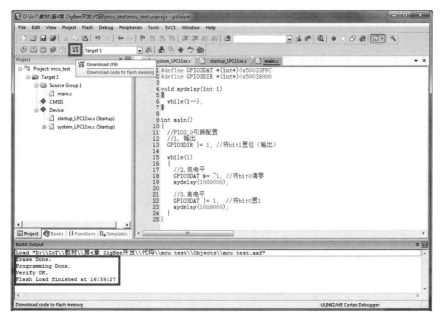

图 4-16　将项目测试程序烧写到单片机中

此时，按下开发板上的复位键，可以观察到开发板上的 LED1 开始不停地闪烁，如图 4-17 所示。

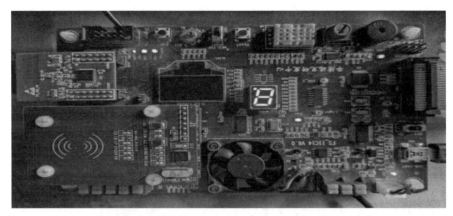

图 4-17　按下复位键后程序在单片机上的运行

【实现方法】

1. 编写代码

（1）新建 Keil 项目 test_led。

注意：所创建的项目 test_led 所在的路径中不要包含中文目录，以免编写#include 自定义头文件时 Keil 提示找不到文件。

（2）新建头文件 led.h 并加入到项目中。

```c
#ifndef __LED_H
#define __LED_H

#define LED1 1
#define LED2 2

void led_init(void);
void led_off(int num);
void led_on(int num);

#endif
```

（3）新建源程序 led.c 并加入到项目中。

```c
#include <LPC11xx.h>
#include "led.h"

void led_init()
{
    LPC_GPIO3->DIR |= 1<<0; //P3_0 -->out
    LPC_GPIO3->DIR |= 1<<1; //P3_1 -->out
}

void led_off(int num)
```

```
{
    switch(num){
        case LED1:
            LPC_GPIO3->DATA |= 1<<0;          //输出高电平
            break;
        case LED2:
            LPC_GPIO3->DATA |= 1<<1;          //输出高电平
            break;
    }
}

void led_on(int num)
{
    switch(num){
        case LED1:
            LPC_GPIO3->DATA &= ~(1<<0);       //输出低电平
            break;
        case LED2:
            LPC_GPIO3->DATA &= ~(1<<1);       //输出低电平
            break;
    }
}
```

（4）新建主程序 main.c 并加入到项目中。

```
#include "led.h"

void mydelay()
{
    int i = 1000000;
    while(i--);
}

int main()
{
    led_init();

    while(1){
        led_on(LED1);
        led_on(LED2);
        mydelay();

        led_off(LED1);
        led_off(LED2);
        mydelay();
    }
}
```

2. 编译程序并下载到开发板

按 F7 键，程序编译通过后再按 F8 键将编译后的程序下载到开发板，如图 4-18 所示。

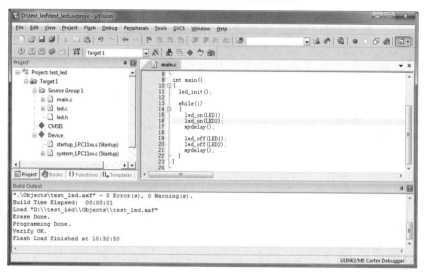

图 4-18　编译并下载程序到开发板

3．在开发板上执行程序

找到开发板上的复位键，按下再松开，让程序在开发板的 LPC11C14 单片机上运行起来，结果如图 4-19 所示。

图 4-19　LED1 和 LED2 同时闪烁

此时，观察到开发板的 LED1 和 LED2 同时一亮一灭地不停闪烁。至此，我们顺利地完成了 LPC11C14 单片机的第一个程序案例。

任务 2　风扇的控制

【任务描述】

在 Keil 下编程，实现对开发板上风扇的控制（开、关）。

【任务要求】

通过阅读开发板原理图找到控制风扇的方法，掌握控制风扇开与关的编程方法。

【知识链接】

1. FS_11C14 开发板原理图

打开"fs_11c14 v6 原理图.pdf"文件，该文件是本章中我们所使用的开发板原理图，从中可以找到风扇及其与 LPC11C14 的连接，如图 4-20 和图 4-21 所示。

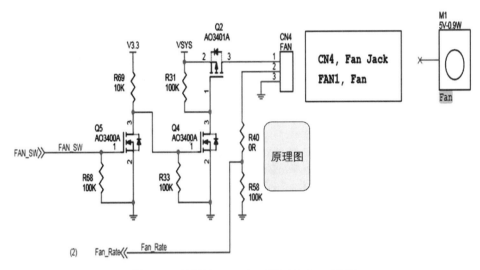

图 4-20　风扇的 FAN_SW 和 FAN_Rate 引脚

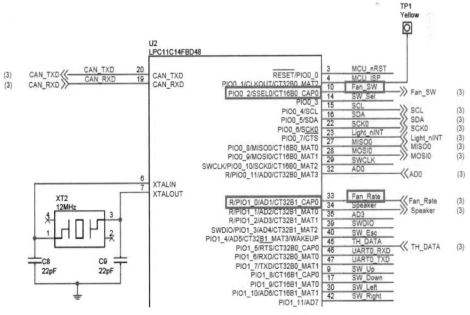

图 4-21　风扇与 LPC11C14 的连接

2. 控制风扇的开与关

从图 4-21 可以看到，风扇的开关引脚是接到 LPC11C14 的第 10 根引脚上，其对应的名字是 PIO0_2，即 LPC_GPIO0 就代表了该引脚。那么，我们编程时如何使用该引脚呢？

实际上，在 LPC11xx.h 头文件中可以找到对该引脚的定义：

```
#define LPC_GPIO0                    ((LPC_GPIO_TypeDef *) LPC_GPIO0_BASE )
```

其中，LPC_GPIO_TypeDef 结构的定义如下：

```
typedef struct
{
  union {
    __IO uint32_t MASKED_ACCESS[4096];
    //Offset: 0x0000 to 0x3FFC Port data Register for pins PIOn_0 to PIOn_11 (R/W) */
    struct {
        uint32_t RESERVED0[4095];
        __IO uint32_t DATA;          //Offset: 0x3FFC Port data Register (R/W) */
    };
  };
  uint32_t RESERVED1[4096];
  __IO uint32_t DIR;                 //Offset: 0x8000 Data direction Register (R/W) */
  __IO uint32_t IS;                  //Offset: 0x8004 Interrupt sense Register (R/W) */
  __IO uint32_t IBE;                 //Offset: 0x8008 Interrupt both edges Register (R/W) */
  __IO uint32_t IEV                  //Offset: 0x800C Interrupt event Register    (R/W) */
  __IO uint32_t IE;                  //Offset: 0x8010 Interrupt mask Register (R/W) */
  __IO uint32_t RIS;                 //Offset: 0x8014 Raw interrupt status Register (R/ ) */
  __IO uint32_t MIS;                 //Offset: 0x8018 Masked interrupt status Register (R/ ) */
  __IO uint32_t IC;                  //Offset: 0x801C Interrupt clear Register (R/W) */
} LPC_GPIO_TypeDef;
```

首先，我们需要对风扇进行初始化，也就是设置方向寄存器输出，即对该引脚的第 2 位置 1，代码如下：

```
LPC_GPIO0->DIR |= 1<<2;
```

然后，给 LPC_GPIO0 的数据寄存器置 0，拉低电平，让风扇转动起来，代码如下：

```
LPC_GPIO0->DATA &= ~(1<<2);
```

再给 LPC_GPIO0 的数据寄存器置 1，拉高电平，停止风扇的转动，代码如下：

```
LPC_GPIO0->DATA |= 1<<2;
```

【实现方法】

1. 编写代码

（1）新建 Keil 项目 test_fan。

（2）新建头文件 fan.h 并加入到项目中。

```
#ifndef __FAN_H
#define __FAN_H

void fan_init(void);
void fan_on(void);
void fan_off(void);
```

```
#endif
```

（3）新建源程序 fan.c 并加入到项目中。

```c
#include "fan.h"
#include <LPC11xx.h>

void fan_init(void)
{
    //p0_2 out
    LPC_GPIO0->DIR |= 1<<2;
}

void fan_on(void)
{
    //low
    LPC_GPIO0->DATA &= ~(1<<2);
}

void fan_off(void)
{
    //high
    LPC_GPIO0->DATA |= 1<<2;
}
```

（4）新建主程序 main.c 并加入到项目中。

```c
#include "fan.h"

int x = 10;

void mydelay()
{
    int i = 1000000;
    while(i--);
}

int main()
{
    fan_init();         //置 p0_2 输出
    fan_on();           //置 P0_2 低电平
    while(x--)
        mydelay();
    fan_off();          //置 P0_2 高电平
}
```

2. 编译程序并下载到开发板

按 F7 键，程序编译通过后再按 F8 键将编译后的程序下载到开发板。

3. 在开发板上执行程序

按下开发板上的复位键，让程序在开发板的 LPC11C14 单片机上运行起来。此时，我们发现开发板上的风扇开始转动了起来，过一段时间就停止了转动，达到了我们的预期效果，如图 4-22 所示。

图 4-22　开发板上的风扇转动了起来

任务 3　蜂鸣器的控制

【任务描述】

通过嵌入式系统开发编写运行于嵌入式 Linux 操作系统上的应用程序，实现对开发板上蜂鸣器的控制（报警的开启和停止）。

【任务要求】

编写运行于嵌入式 Linux 操作系统中的应用程序，实现对蜂鸣器的控制。

【知识链接】

1. 原理图中的蜂鸣器

打开 FS11C14 原理图，找到蜂鸣器 SPK1，如图 4-23 所示。

在原理图中查找 Speaker，发现它是与 FS11C14 的 R/PIO1_1/AD2/CT32B1_MAT0 引脚连接起来的，如图 4-24 所示。

打开 11C14 芯片手册，查找 R/PIO1_1/AD2/CT32B1_MAT0，找到其说明，如图 4-25 所示。

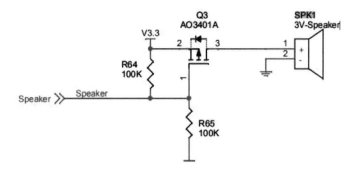

图 4-23　M0 蜂鸣器元件 SPK1

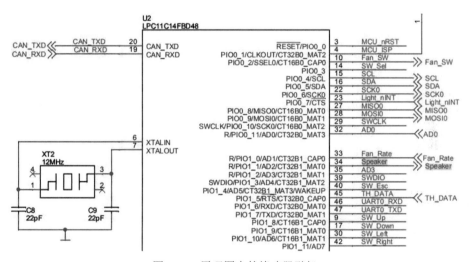

图 4-24　原理图中的蜂鸣器引却

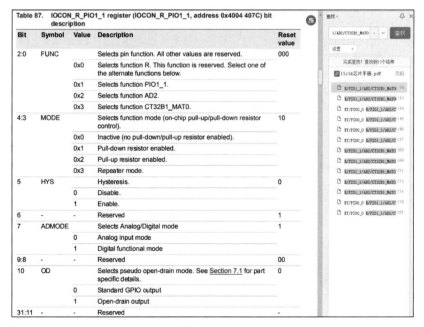

图 4-25　IOCON_R_PIO1_1：引脚的 I/O 配置（R/PIO1_1/AD2/CT32B1_MAT0）

2. 蜂鸣器编程相关结构

（1）LPC_SYSCON 结构。LPC_SYSCON 结构定义在 LPC11xx.h 头文件中，如下：

```
#define LPC_SYSCON    ((LPC_SYSCON_TypeDef *) LPC_SYSCON_BASE)
```

其中，LPC_SYSCON 结构的定义如下：

```
/*------------- System Control (SYSCON) -------------------------------------*/
/* addtogroup LPC11xx_SYSCON LPC11xx System Control Block */
typedef struct
{
    __IO uint32_t SYSMEMREMAP;      //Offset: 0x000 System memory remap (R/W)
    __IO uint32_t PRESETCTRL;       //Offset: 0x004 Peripheral reset control (R/W)
    __IO uint32_t SYSPLLCTRL;       //Offset: 0x008 System PLL control (R/W)
    __IO uint32_t SYSPLLSTAT;       //Offset: 0x00C System PLL status (R/W )
         uint32_t RESERVED0[4];

    __IO uint32_t SYSOSCCTRL;       //Offset: 0x020 System oscillator control (R/W)
    __IO uint32_t WDTOSCCTRL;       //Offset: 0x024 Watchdog oscillator control (R/W)
    __IO uint32_t IRCCTRL;          //Offset: 0x028 IRC control (R/W)
         uint32_t RESERVED1[1];
    __IO uint32_t SYSRSTSTAT;       //Offset: 0x030 System reset status Register (R/ )
         uint32_t RESERVED2[3];
    __IO uint32_t SYSPLLCLKSEL;     //Offset: 0x040 System PLL clock source select (R/W)
    __IO uint32_t SYSPLLCLKUEN;     //Offset: 0x044 System PLL clock source update enable
         uint32_t RESERVED3[10];

    __IO uint32_t MAINCLKSEL;       //Offset: 0x070 Main clock source select (R/W)
    __IO uint32_t MAINCLKUEN;       //Offset: 0x074 Main clock source update enable (R/W)
    __IO uint32_t SYSAHBCLKDIV;     //Offset: 0x078 System AHB clock divider (R/W)
         uint32_t RESERVED4[1];

    __IO uint32_t SYSAHBCLKCTRL;    //Offset: 0x080 System AHB clock control (R/W)
         uint32_t RESERVED5[4];
    __IO uint32_t SSP0CLKDIV;       //Offset: 0x094 SSP0 clock divider (R/W)
    __IO uint32_t UARTCLKDIV;       //Offset: 0x098 UART clock divider (R/W)
    __IO uint32_t SSP1CLKDIV;       //Offset: 0x09C SSP1 clock divider (R/W)
         uint32_t RESERVED6[12];

    __IO uint32_t WDTCLKSEL;        //Offset: 0x0D0 WDT clock source select (R/W)
    __IO uint32_t WDTCLKUEN;        //Offset: 0x0D4 WDT clock source update enable (R/W)
    __IO uint32_t WDTCLKDIV;        //Offset: 0x0D8 WDT clock divider (R/W)
         uint32_t RESERVED8[1];
    __IO uint32_t CLKOUTCLKSEL;     //Offset: 0x0E0 CLKOUT clock source select (R/W)
    __IO uint32_t CLKOUTUEN;        //Offset: 0x0E4 CLKOUT clock source update enable
    __IO uint32_t CLKOUTDIV;        //Offset: 0x0E8 CLKOUT clock divider (R/W)
         uint32_t RESERVED9[5];

    __IO uint32_t PIOPORCAP0;       //Offset: 0x100 POR captured PIO status 0 (R/ )
    __IO uint32_t PIOPORCAP1;       //Offset: 0x104 POR captured PIO status 1 (R/ )
         uint32_t RESERVED10[18];
    __IO uint32_t BODCTRL;          //Offset: 0x150 BOD control (R/W)
```

```
    __IO uint32_t SYSTCKCAL;          //Offset: 0x154 System tick counter calibration (R/W)
         uint32_t RESERVED13[7];
    __IO uint32_t NMISRC;             //Offset: 0x174 NMI source selection register (R/W)
         uint32_t RESERVED14[34];

    __IO uint32_t STARTAPRP0;         //Offset: 0x200 Start logic edge control Register 0 (R/W)
    __IO uint32_t STARTERP0;          //Offset: 0x204 Start logic signal enable Register 0 (R/W)
    __O uint32_t STARTRSRP0CLR;       //Offset: 0x208 Start logic reset Register 0 ( /W)
    __IO uint32_t STARTSRP0;          //Offset: 0x20C Start logic status Register 0 (R/W)
    __IO uint32_t STARTAPRP1;         //Offset: 0x210 Start logic edge control Register 0 (R/W)
    __IO uint32_t STARTERP1;          //Offset: 0x214 Start logic signal enable Register 0 (R/W)
    __O uint32_t STARTRSRP1CLR;       //Offset: 0x218 Start logic reset Register 0 (/W)
    __IO uint32_t STARTSRP1;          //Offset: 0x21C Start logic status Register 0 (R/W)
         uint32_t RESERVED17[4];

    __IO uint32_t PDSLEEPCFG;         //Offset: 0x230 Power-down states in Deep-sleep mode
    __IO uint32_t PDAWAKECFG;         //Offset: 0x234 Power-down states after wake-up (R/W)
    __IO uint32_t PDRUNCFG;           //Offset: 0x238 Power-down configuration Register (R/W)
         uint32_t RESERVED15[110];
    __I  uint32_t DEVICE_ID;          //Offset: 0x3F4 Device ID (R/ )
} LPC_SYSCON_TypeDef;
```

参考 LPC11C14 芯片手册内容，我们发现该结构中的 SYSAHBCLKCTRL 字段（偏移地址 0x080）设置控制字，其含义参见图 4-26。

Table 21. System AHB clock control register (SYSAHBCLKCTRL, address 0x4004 8080) bit description ...continued

Bit	Symbol	Value	Description	Reset value
4	FLASHARRAY		Enables clock for flash array access.	1
		0	Disabled	
		1	Enabled	
5	I2C		Enables clock for I2C.	0
		0	Disable	
		1	Enable	
6	GPIO		Enables clock for GPIO.	1
		0	Disable	
		1	Enable	
7	CT16B0		Enables clock for 16-bit counter/timer 0.	0
		0	Disable	
		1	Enable	
8	CT16B1		Enables clock for 16-bit counter/timer 1.	0
		0	Disable	
		1	Enable	
9	CT32B0		Enables clock for 32-bit counter/timer 0.	0
		0	Disable	
		1	Enable	
10	CT32B1		Enables clock for 32-bit counter/timer 1.	0
		0	Disable	
		1	Enable	
11	SSP0		Enables clock for SPI0.	1
		0	Disable	
		1	Enable	
12	UART		Enables clock for UART. See Section 3.1 for part specific details.	0
		0	Disable	
		1	Enable	
13	ADC		Enables clock for ADC.	0
		0	Disable	
		1	Enable	
14	-		Reserved	0
15	WDT		Enables clock for WDT.	0
		0	Disable	
		1	Enable	
16	IOCON		Enables clock for I/O configuration block.	0
		0	Disable	
		1	Enable	

图 4-26　SYSAHBCLKCTRL 字段中不同位的含义

（2）LPC_IOCON 结构。LPC_IOCON 结构定义在 LPC11xx.h 头文件中，如下：

#define   LPC_IOCON   ((LPC_IOCON_TypeDef *) LPC_IOCON_BASE)

在 LPC_IOCON_TypeDef 结构中包含有一个 R_PIO1_1 的成员，LPC_IOCON_TypeDef 结构定义如下：

```
/*------------- Pin Connect Block (IOCON) ------------------------------*/
/** @addtogroup LPC11xx_IOCON LPC11xx I/O Configuration Block*/
typedef struct
{
  ...
  __IO uint32_t R_PIO1_1;         //Offset: 0x07C I/O configuration for pin
                                  //TDO/PIO1_1/AD2/CT32B1_MAT0 (R/W)
  ...
} LPC_IOCON_TypeDef;
```

（3）LPC_TMR32B1 结构。LPC_TMR32B1 结构定义在 LPC11xx.h 头文件中，如下：

#define   LPC_TMR32B1   ((LPC_TMR_TypeDef *) LPC_CT32B1_BASE)

LPC_TMR_TypeDef 结构的定义如下：

```
/*------------- Timer (TMR) ---------------*/
/** @addtogroup LPC11xx_TMR LPC11xx 16/32-bit Counter/Timer */
typedef struct
{
  __IO uint32_t IR;          //Offset: 0x000 Interrupt Register (R/W)
  __IO uint32_t TCR;         //Offset: 0x004 Timer Control Register (R/W)
  __IO uint32_t TC;          //Offset: 0x008 Timer Counter Register (R/W)
  __IO uint32_t PR;          //Offset: 0x00C Prescale Register (R/W)
  __IO uint32_t PC;          //Offset: 0x010 Prescale Counter Register (R/W)
  __IO uint32_t MCR;         //Offset: 0x014 Match Control Register (R/W)
  __IO uint32_t MR0;         //Offset: 0x018 Match Register 0 (R/W)
  __IO uint32_t MR1;         //Offset: 0x01C Match Register 1 (R/W)
  __IO uint32_t MR2;         //Offset: 0x020 Match Register 2 (R/W)
  __IO uint32_t MR3;         //Offset: 0x024 Match Register 3 (R/W)
  __IO uint32_t CCR;         //Offset: 0x028 Capture Control Register (R/W)
  __I  uint32_t CR0;         //Offset: 0x02C Capture Register 0 (R/ )
  __I  uint32_t CR1;         //Offset: 0x030 Capture Register 1 (R/ )
       uint32_t RESERVED1[2];
  __IO uint32_t EMR;         //Offset: 0x03C External Match Register (R/W)
       uint32_t RESERVED2[12];
  __IO uint32_t CTCR;        //Offset: 0x070 Count Control Register (R/W)
  __IO uint32_t PWMC;        //Offset: 0x074 PWM Control Register (R/W)
} LPC_TMR_TypeDef;
```

【实现方法】

1. 编写代码

（1）新建 Keil 项目 test_pwm。

（2）新建头文件 pwm.h 并加入到项目中。

```
#ifndef _PWM_H
#define _PWM_H

void pwm_init(void );
void pwm_on(void);
void pwm_off(void);

#endif
```

（3）新建源程序 pwm.c 并加入到项目中。

```
#include "pwm.h"
#include <LPC11xx.h>

//R/PIO1_1/AD2/CT32B1_MAT0
void pwm_init(void )
{
    //由于需要 IOCON 和 TMR32B1，得开电源
    LPC_SYSCON->SYSAHBCLKCTRL |= 1<<16;      //IOCON 供电
    LPC_SYSCON->SYSAHBCLKCTRL |= 1<<10;      //TMR32B1 供电

    //PIO1_1 让出功能给 32 位定时器的 PWM 通道 0 用（IOCONFIG）
    //清除 bit0-2 并赋值为 3-->Selects function CT32B1_MAT0
    LPC_IOCON->R_PIO1_1 = (LPC_IOCON->R_PIO1_1&~7) | 3;

    //完成定时器 1 的配置
    LPC_TMR32B1->MR0 = 5000;       //如果匹配输出反转
    LPC_TMR32B1->EMR |= 3<<4;      //反转

    LPC_TMR32B1->MR1 = 30000;      //如果匹配清除计数值，重新计数（控制周期）
    LPC_TMR32B1->MCR |= 1<<4;      //如果 MR1 与 TC 匹配，则 TC 将被重置

    LPC_TMR32B1->PWMC |= 1;        //使能定时器匹配通道 0 的 pwm 功能
}

void pwm_on(void)
{
    //启动定时器计数
    LPC_TMR32B1->TCR |= 1<<0;
}

void pwm_off(void)
{
    //停止定时器计数
    LPC_TMR32B1->TCR &= ~(1<<0);
}
```

（4）新建主程序 main.c 并加入到项目中。

```c
#include "pwm.h"

int x = 10;

void mydelay()
{
    int i = 1000000;
    while(i--);
}

int main()
{
    pwm_init();
    while(1)
    {
        pwm_on();
        mydelay();
        pwm_off();
        mydelay();
    }
}
```

2. 编译程序并下载到开发板

按 F7 键，程序编译通过后再按 F8 键将编译后的程序下载到开发板。

3. 在开发板上执行程序

按下开发板上的复位键，让程序在开发板的 LPC11C14 单片机上运行起来。此时，我们会听到开发板上蜂鸣器的间歇报警声，达到了我们的预期效果。

任务 4 串口数据的收发

【任务描述】

通过嵌入式系统开发编写运行于嵌入式 Linux 操作系统中的应用程序，实现对开发板上 DS18B20 硬件数据的采集（温度的获取）。

【任务要求】

能够编写 Keil 应用程序，掌握串口助手的使用，通过串口向开发板发送命令，实现对 LED、风扇和蜂鸣器的控制。

【知识链接】

1. PL2303 芯片驱动串口的特点

PL2303 是 Prolific 公司生产的一种高度集成的 USB/RS-232 双向转换器，一方面从主机接收 USB 数据并将其转换为 RS-232 信息流格式发送给外设；另一方面从 RS-232 外设接收数据转换为 USB 数据格式传送回主机。这些工作全部由器件自动完成，开发者无须考虑。

对于没有串口的计算机，我们通过使用 PL2303 器件和安装 PL2303 驱动的方式完成对串口通信的模拟程序（驱动程序为 PL2303_Prolific_DriverInstaller_v1.12.0.exe）。

2. 友善串口调试助手

友善串口调试助手是一个系统串口调试工具，体积小巧，功能实用，支持二进制面板和 TLS（传输层安全性协议），支持终端窗口和远程访问，能够与串口进行通信，访问、修改串行端口，并能自动识别、自动搜索串口，可以用 ASCII 码或十六进制接收或发送任何数据或字符。

在此，我们设置串口调试助手参数如图 4-27 所示，单击"开始"图标按钮，打开指定的串口。

图 4-27　友善串口调试助手的设置

【实现方法】

1. 编写代码

（1）新建 Keil 项目 test_com。

（2）将以上任务中的程序 led.h、led.c、fan.h、fan.c、pwm.h 和 pwm.c 加入到项目中，通过串口向开发板发送命令，对 LED、风扇和蜂鸣器进行控制。

（3）新建头文件 uart.h 并加入到项目中。

```
#ifndef _UART_H
#define _UART_H

void uart_init(void);
void uart_send(char c);
```

```
        char uart_recv(void);

        #endif
```

（4）新建源程序 uart.c 并加入到项目中。

```
#include <LPC11xx.h>
#include "uart.h"

void uart_init()
{
    //开电
    LPC_SYSCON->SYSAHBCLKCTRL |= 1<<16;    //IOCON 时钟
    LPC_SYSCON->SYSAHBCLKCTRL |= 1<<12;    //UART 时钟
    LPC_SYSCON->UARTCLKDIV = 1;            //uart 时钟

    // 如果引脚是复用的，则还要设置成串口功能
    //PIO1_6/RXD/CT32B0_MAT0
    //PIO1_7/TXD/CT32B0_MAT1
    LPC_IOCON->PIO1_6 = (LPC_IOCON->PIO1_6&~7) | 1;//0x1 Selects function RXD.;
    LPC_IOCON->PIO1_7 = (LPC_IOCON->PIO1_7&~7) | 1;//0x1 Selects function TXD.;

    //UART 初始化  115200 8 noparity
    LPC_UART->LCR = 3;        //8 1stop noparity
    LPC_UART->LCR |= 1<<7;   //使能波特率配置寄存器 1 Enable access to Divisor Latches

    //波特率配置 115200
    LPC_UART->DLM = 0;
    LPC_UART->DLL = 26;
    LPC_UART->FDR &= ~0xf;

    LPC_UART->LCR &= ~(1<<7);        //使能波特率配置寄存器
}

void uart_send(char c)
{
    LPC_UART->THR = c;              //将 c 放入发送寄存器
    while(!(LPC_UART->LSR & (1<<5)));  //等待数据发送完成
}
char uart_recv(void)
{
    while(!(LPC_UART->LSR & 1));     //等待数据到达
    return LPC_UART->RBR;           //读取接收寄存器，得到别人发来的
}
```

（5）新建主程序 main.c 并加入到项目中。

```
#include "led.h"
#include "fan.h"
#include "pwm.h"
```

```
#include "uart.h"

void mydelay()
{
    int i = 1000000;
    while(i--);
}

int main()
{
    led_init();
    pwm_init();
    fan_init(); //将 p0_2 输出
    uart_init();

    while(1)
    {
        char c = uart_recv();
        uart_send(c);
        switch(c)
        {
         case '0': led_on(LED1);
             break;
         case '1': led_off(LED1);
             break;
         case '2': pwm_on();
             break;
         case '3': pwm_off();
             break;
         case '4': fan_on();
             break;
         case '5': fan_off();
             break;
        }
    }
}
```

2. 编译程序并下载到开发板

按 F7 键，程序编译通过后再按 F8 键将编译后的程序下载到开发板。

3. 在开发板上执行程序

首先，按下开发板上的复位键让程序在开发板的 LPC11C14 单片机上运行起来；然后，打开友善串口调试助手，分别向开发板发送控制命令（0～5），观察开发板上 LED 的开关、蜂鸣器的开关、风扇的开关，达到了我们的预期效果，如图 4-28 所示。

图 4-28　通过友善串口调试助手向开发板发送控制命令

任务 5　温湿度数据的获取

【任务描述】

通过 Qt 编程编写运行于计算机端的上位机程序，完成智能家居项目的用户登录功能。其中，登录用户的验证数据存放于 Ubuntu 系统中的 userpass.db 文件中。

【任务要求】

首先，编写在 Ubuntu 上运行的服务端程序（数据库服务器，端口为 8888），用于提供对客户端提交用户名和密码的验证；然后，编写计算机端的 Qt 程序，完成对智能家居项目的用户登录功能。

【知识链接】

1. 界面布局

Qt 的界面设计使用了布局（Layout）功能。所谓布局，就是界面上组件的排列方式，使用布局可以使组件有规则地分布，并且随着窗体大小变化自动地调整大小和相对位置。

2. 信号与槽

信号与槽（Signal & Slot）是 Qt 编程的基础，也是 Qt 的一大创新。由于有了信号与槽的编程机制，在 Qt 中进行界面各组件的交互操作时会更直观和简单。

【实现方法】

1. 编写代码

（1）新建 Keil 项目 test_dht11。

（2）将本章上一任务中的 uart.h 头文件和 uart.c 源代码文件加入到项目中，勾选 Use MicroLIB 复选项。

（3）新建头文件 dht11.h，定义对温湿度器件的初始化和数据的读取并加入到项目中。

```
#ifndef __DHT_H__
#define __DHT_H__

void dht11_init(void);
int dht11_get(unsigned char *h, unsigned char *t);

#endif
```

（4）新建源程序 dht11.c 并加入到项目中。

```
#include "LPC11xx.h"

void Delay10uS(void)
{
    int i = 45;
    while (i--);
}

void Delay10mS(void)
{
    int i = 1000;
    while (i--)
        Delay10uS();
}

void dht11_init(void)
{
    int i = 100;

    LPC_GPIO1->DIR |= 1 << 5;      //将 GPIO1_5 配置成输出
    LPC_GPIO1->DATA |= 1 << 5;     //输出高电平

    while (i--)
        Delay10mS();
}

int dht11_get(unsigned char *h,unsigned char *t)
{
    int i;
    int cnt = 0;
```

```
        unsigned char data[5] = {0};
        __disable_irq();
again:
        LPC_GPIO1->DIR |= 1 << 5;
        LPC_GPIO1->DATA |= 1 << 5;   //高
        Delay10mS();
        /* 低电平保持 18mS */
        LPC_GPIO1->DATA &= ~(1 << 5); //低
        Delay10mS();
        Delay10mS();
        LPC_GPIO1->DATA |= 1 << 5; //高

        LPC_GPIO1->DIR &= ~(1 << 5);
        Delay10uS();
        Delay10uS();
        Delay10uS();
        /* 等待 DHT11 输出低电平 */
        if (LPC_GPIO1->DATA & (1 << 5))
            goto again;

        /* 等待低电平结束，80μs */
        while (!(LPC_GPIO1->DATA & (1 << 5))) {
            Delay10uS();
            ++cnt;
        }

        /* 开始输出高电平，80μs */
        cnt = 0;
        while (LPC_GPIO1->DATA & (1 << 5)) {
            Delay10uS();
            ++cnt;
        }

        for (i = 0; i < 40; i++) {
                /* 等待低电平结束，50μs */
                while (!(LPC_GPIO1->DATA & (1 << 5)));
                /* 对高电平进行计时 */
                cnt = 0;
                while (LPC_GPIO1->DATA & (1 << 5)) {
                Delay10uS();
                ++cnt;
            }
            if (cnt > 5)
                data[i / 8] |= 1 << (7 - i % 8);
            cnt = 0;
        }
```

```
    __enable_irq();

    Delay10mS();
    LPC_GPIO1->DIR |= 1 << 5;
    LPC_GPIO1->DATA |= 1 << 5;

    if ((unsigned char)(data[0] + data[1] + data[2] + data[3]) != data[4])
        return -1;
    else {
        *h = data[0];
        *t = data[2];
        return 0;
    }
}
```

（5）新建主程序 main.c 并加入到项目中。

```
#include "uart.h"
#include "dht11.h"
#include <stdio.h>

void mydelay()
{
    int i = 1000000;
    while(i--);
}

int main()
{
    unsigned char h;
    unsigned char t;

    uart_init();

    dht11_init();

    while(1)
    {
        /*注意：加上库，并实现 fputc()*/
        dht11_get(&h, &t);
        printf("hum:%u, temp:%u\n", h, t);
        mydelay();
    }
}
```

2. 编译程序并下载到开发板

按 F7 键，程序编译通过后再按 F8 键将编译后的程序下载到开发板。

3．在开发板上执行程序

首先，按下开发板上的复位键，让程序在开发板的 LPC11C14 单片机上运行起来；然后，打开友善串口调试助手，观察开发板上温湿度数据的输出，达到了我们的预期效果，如图 4-29 所示。

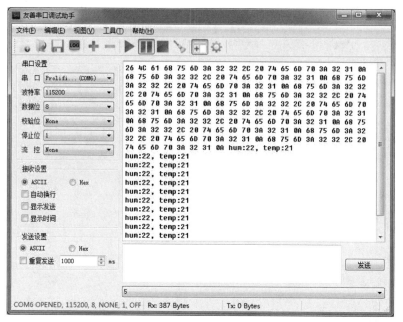

图 4-29　友善串口调试助手显示的从串口输出的温湿度数据

任务 6　中断案例

【任务描述】

在上面的案例中，我们实现了对开发板上环境数据的采集（adc、hum 和 temp），也实现了对开发板上 LED、蜂鸣器及风扇的开与关的控制。那么，我们能否在获取开发板数据的同时向开发板发送控制命令呢？我们可以考虑将输出采集数据和发送控制命令放在一个循环中加以执行，但运行效果并不理想。这时候，我们需要考虑使用中断的方法来处理这类问题。

【任务要求】

（1）完成开发板中环境数据的采集（ADC、湿度、温度）。
（2）完成对开发板中硬件的控制（LED、蜂鸣器、风扇）。
（3）完成中断程序的编写，让（1）和（2）同时进行。

【实现方法】

1．编写代码
（1）新建 Keil 项目 test_timer。

（2）将本章以上任务中的程序 adc.h、adc.c、dht11.h、dht11.c、fan.h、fan.c、led.h、led.c、pwm.h、pwm.c、uart.h 和 uart.c 加入到本项目中，这些程序的实现参见本章前面的案例。

（3）新建头文件 timer.h 并加入到项目中。

```
#ifndef _T_H
#define _T_H

void timerstart(void);

#endif
```

（4）新建源程序 timer.c 并加入到项目中。

```
#include <LPC11xx.h>
#include "timer.h"

void timerstart(void)
{
    //由于需要 IOCON 和 TMR32B0，得开电源
    LPC_SYSCON->SYSAHBCLKCTRL |= 1<<16;      //IOCON 供电
    LPC_SYSCON->SYSAHBCLKCTRL |= 1<<9;       //TMR32B0 供电

    //完成定时器 0 的配置，通道 0 计数值匹配了就清零计数 + 产生中断
    LPC_TMR32B0->MR0 = 50000000;     //如果匹配清除计数值，则重新计数（控制周期）
    LPC_TMR32B0->MCR |= 1<<0;        //产生中断，中断函数运行起来
    LPC_TMR32B0->MCR |= 1<<1;        //清零计数 TC

    //启动定时器计数
    LPC_TMR32B0->TCR |= 1<<0;

    NVIC_EnableIRQ(TIMER_32_0_IRQn); //开启定时器 0 的中断
}
```

（5）新建主程序 main.c 并加入到项目中。

```
#include "led.h"
#include "fan.h"
#include "pwm.h"
#include "uart.h"
#include "adc.h"
#include "dht11.h"
#include "timer.h"
#include <stdio.h>
#include <LPC11xx.h>

void mydelay()
{
    int i = 1000000;
    while(i--);
```

```
}
//在定时器事件到达时紧急运行
void TIMER32_0_IRQHandler()   //该函数会自动在定时器 0 的中断发生之时被调用
{
    unsigned char h;
    unsigned char t;

    /*注意：加上库，并实现 fputc()*/
    printf("adc: %d\n", adc_read());
    dht11_get(&h, &t);
    printf("hum:%u, temp:%u\n", h, t);

    LPC_TMR32B0->IR |= 1;     //清除本次中断，即由比对寄存器 0 产生的中断
}

int main()
{
    int adcdata;
    char c ;
    led_init();
    pwm_init();
    fan_init(); //将 p0_2 输出
    uart_init();
    adc_init();
    dht11_init();
    timerstart();                //开启定时器 0，以便于产生周期性的定时中断请求
    while(1)
    {
        c = uart_recv();        //通过 UART 串口接收源自上位机的控制命令

        //uart_send(c);         //回射命令，调试用
        switch(c){
            case '0': led_on(LED1);
                    break;
            case '1': led_off(LED1);
                    break;
            case '2': pwm_on();
                    break;
            case '3': pwm_off();
                    break;
            case '4': fan_on();
                    break;
            case '5': fan_off();
                    break;
            case '6':
```

```
            dcdata = adc_read();
            uart_send(adcdata);
            break;
        }
    }
}
```

2. 编译程序并下载到开发板

按 F7 键，程序编译通过后再按 F8 键将编译后的程序下载到开发板。

3. 在开发板上执行程序

首先，按下开发板上的复位键，让程序在开发板的 LPC11C14 单片机上运行起来；然后，打开友善串口调试助手，此时开发板上所采集的数据（adc、hum 和 temp）被实时从串口输出，并在友善串口调试助手中可以实时观察到，同时我们可以通过友善串口调试助手向开发板发送控制命令（0～5），实现对开发板上 LED、蜂鸣器及风扇的开和关的控制。本项目达到了我们的预期效果，如图 4-30 所示。

图 4-30　使用友善串口调试助手查看开发板采集数据并发送控制命令

任务 7　ZigBee 环境下 LPC11C14 编程

【任务描述】

在上面的案例中，我们实现了通过有线的方式对开发板上环境数据（adc、hum 和 temp）和控制命令的发送，那么如何通过无线的方式（ZigBee）实现以上数据的传输呢？

在此，我们将会考虑对 LPC11C14 单片机进行编程，通过使用 SPI-UART 线路实现将数据和命令通过 ZigBee 方式进行无线传输。

【任务要求】

（1）实现开发板中环境数据的采集（ADC、湿度、温度）和硬件的控制（LED、蜂鸣器、风扇）。

（2）对开发板中的 SPI-UART 编程，实现数据的无线传输（ZigBee）。

【知识链接】

1. 无线通信协议 ZibBee

在上述案例中，我们从开发板获取环境数据是使用与开发板连接的数据线以串口的形式与上位机连接的。如果将这一条数据线拿掉，改用无线的方式将开发板的环境数据传输到上位机，我们该怎样做呢？

我们很容易联想到蓝牙，这种情况下蓝牙技术也的确是一个选项。但我们有更好的选择，那就是使用 ZigBee。改用无线方式进行连接的框架图如图 4-31 所示。

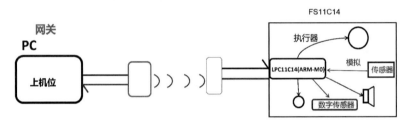

图 4-31 改用无线方式进行连接的框架图

ZigBee 技术是一种应用于短距离和低速率下的无线通信技术，ZigBee 过去又称为 HomeRF Lite 或 FireFly 技术，主要用于距离短、功耗低且传输速率不高的各种电子设备之间进行数据传输，以及典型的周期性数据、间歇性数据和低反应时间数据传输的应用。

ZigBee 这个名字的灵感来源于蜂群的交流方式：蜜蜂在发现花丛后会通过一种特殊的肢体语言来告知同伴新发现的食物源位置、距离和方向等信息，这种肢体语言就是 ZigZag 行舞蹈，是蜜蜂之间一种简单传达信息的方式。借此意义 ZigBee 作为新一代无线通信技术的命名。

简单地说，ZigBee 是一种高可靠的无线数传网络，类似于 CDMA 网络和 GSM 网络。ZigBee 数传模块类似于移动网络基站。它是一个由可多到 65535 个无线数传模块组成的一个无线数传网络平台，在整个网络范围内，每一个 ZigBee 网络数传模块之间可以相互通信，每个网络节点间的距离可以从标准的 75 米无限扩展。

与移动通信的 CDMA 网络或 GSM 网络不同的是，ZigBee 网络主要是为工业现场自动化控制数据传输而建立，它具有简单、使用方便、工作可靠、价格低等特点。移动通信网络主要是为语音通信而建立，每个基站价值一般都在百万元以上，而每个 ZigBee 基站却不到 1000 元。

每个 ZigBee 网络节点不仅本身可以作为监控对象，例如其所连接的传感器直接进行数据采集和监控，还可以自动中转别的网络节点传过来的数据资料。除此之外，每个 ZigBee 网络节点（FFD）还可以在自己信号覆盖的范围内和多个不承担网络信息中转任务的孤立子节点（RFD）无线连接。

　　ZigBee 可工作在 2.4GHz（全球流行）、868MHz（欧洲流行）和 915MHz（美国流行）3 个频段上，分别具有最高 250kb/s、20kb/s 和 40kb/s 的传输速率，它的传输距离在 10～75m 的范围内，但可以继续增加。目前，国内 ZigBee 主要采用 2.4GHz 频段。

　　作为一种无线通信技术，ZigBee 具有如下特点：

　　（1）功耗低：由于 ZigBee 的传输速率低，发射功率仅为 1mW，而且采用了休眠模式，因此 ZigBee 设备非常省电。据估算，ZigBee 设备仅靠两节 5 号电池就可以维持长达 6 个月到 2 年的使用时间，这是其他无线设备所望尘莫及的。

　　（2）成本低：ZigBee 模块初始成本在 6 美元左右，估计很快就能降到 1.5～2.5 美元，而且 ZigBee 协议是免专利费的。

　　（3）时延短：ZigBee 通信时延和从休眠状态激活的时延都非常短，典型的搜索设备时延为 30ms，休眠激活的时延为 15ms，活动设备信道接入的时延为 15ms，因此 ZigBee 适用于对时延要求苛刻的无线控制（如工业控制场合等）应用。

　　（4）网络容量大：一个星型结构的 ZigBee 网络最多可容纳 254 个从设备和 1 个主设备，一个区域内可以同时存在最多 100 个 ZigBee 网络，且网络组成灵活。

　　（5）可靠：ZigBee 采取了碰撞避免策略，同时为需要固定带宽的通信业务预留了专用时隙，避开了发送数据的竞争和冲突。MAC（媒体接入控制）层采用了完全确认的数据传输模式，每个发送的数据包都必须等待接收方的确认信息，如果传输过程中出现问题可以进行重发。

　　（6）安全：ZigBee 提供了基于循环冗余校验（CRC）的数据包完整性检查功能，支持鉴权和认证，采用了 AES-128 的加密算法，各个应用可以灵活确定其安全属性。

　　2. ZigBee 在智能家居领域的实践应用

　　ZigBee 凭借其一系列特征优势在众多智能家居中得到广泛推广，而对该项技术的应用离不开因特网网络技术的有力支持。因为家居房屋建筑面积存在一定局限性，由此为 ZigBee 的应用创造了适用条件。ZigBee 在智能家居领域的应用主要表现为：其一，打造整体性 ARM，以实现对不同家居的智能控制；其二，选择合理区域安装 ZigBee 路由设备，建立起其与对应网络的有效连接；其三，对一系列终端设备开展 ZigBee 模块合理安装，以实现不同信息的有效交互。

　　在实践应用中，可采取适用的控制手段，如遥控器控制、声音控制等，即可通过遥控器装置对冰箱、微波炉等进行指令控制，可通过声音指令实现对电视机的开机或关机操作等。为了确保控制的高效性，应当保证信号口的有效连接，唯有这样才可实现对家居设备的有效控制。

　　将 ZigBee 应用于智能家居领域，一方面可提高家居操作的便捷性，缩减家居成本；另一方面可提高人们的生活居住体验，切实彰显该项技术的实用性。除此之外，ZigBee 还可实现有效的信号抗干扰功能，为人们创造便利的同时缩减对其他用户造成的信号干扰。

　　3. ZigBee 组网

　　所谓 ZigBee 节点，是指采用 ZigBee 进行通信的节点。ZigBee 节点通常可以分为 3 类，即 ZigBee 终端节点、ZigBee 路由节点和 ZigBee 协调节点。在一个 ZigBee 网络中，这 3 类节点均必须存在，如图 4-32 所示。

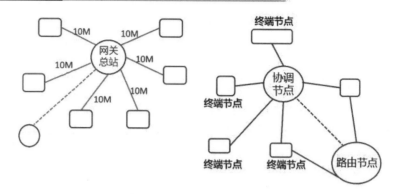

图 4-32　ZigBee 网络中的节点

　　每个 ZigBee 网络均存在一个协调节点来管理整个网络,而且也仅有一个这样的协调节点,它负责建立网络。在该过程中,它选择网络中用于不同终端节点通信的通道。同时,ZigBee的协调节点往往还作为网络安全控制的信任中心。首先,协调节点有权允许其他设备加入或离开网络,并跟踪所有终端节点和路由节点。其次,协调节点还将配置并实现终端节点之间的端到端安全性。最后,协调节点将负责存储并分发其他节点的密钥。在 ZigBee 网络中,协调节点不能休眠,需要保持持续供电。

　　ZigBee 网络中的路由节点起到协调节点和终端节点间的中间人作用。路由节点首先得到协调节点的允许加入网络;然后开始进行协调节点和终端节点间的路由工作,该工作包括了路径的建立和数据的转发,路由节点同样具有允许其他路由节点和终端节点加入网络的权限;最后,在加入网络之后,路由节点也不能休眠,直到该节点退出 ZigBee 网络。

　　ZigBee 终端节点是 ZigBee 网络中最简单且基本的设备,通常情况下 ZigBee 终端节点往往是低功耗低能耗的,如温度传感器、智能灯泡等。终端节点必须先加入网络才能与其他设备进行通信。与协调节点和路由节点不同,终端节点不会路由任何数据,也没有权限允许其他节点加入网络。由于无法中继来自其他设备的消息,终端节点只能通过其父节点(通常是路由节点)在网络内进行通信。与其他节点不同,终端节点可以进入低功耗模式并进入休眠状态以节省能耗。

　　ZigBee 之所以能在传感器网络等领域被广泛应用,这得益于它强大的组网能力。ZigBee可以形成星型网、树型网和网状网 3 种 ZigBee 网络,可以根据实际的开发项目需要来选择适合的 ZigBee 网络结构进行组网,这 3 种 ZigBee 网络结构各有千秋。

　　(1)星型拓扑。星型拓扑是拓扑结构中最为简单的一种拓扑形式,它包含一个 Coordinator(协调)节点和多个 End Device(终端)节点。每一个终端节点只能和协调节点进行链接通信,不能再链接其他终端节点。如果需要在两个终端节点之间进行相互通信,必须通过协调节点才能进行信息的接收、转发。星型拓扑如图 4-33 所示。

　　该拓扑结构的缺点是,节点之间的数据传输途径有且只有一条唯一的路由。协调节点的状态有可能影响整个网络。星型拓扑实现的组网不需要使用 ZigBee 的网络层协议,因为本身IEEE 802.15.4 的协议层就已经是在星型拓扑形式的基础上实现的,但这会增加开发者在应用层的工作,包括需要自己进行处理信息的接收、转发等工作。

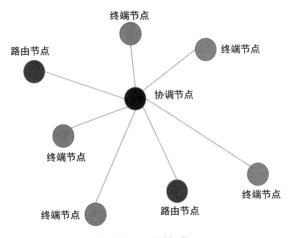

图 4-33　星型拓扑

（2）树型拓扑。树型拓扑包括一个协调节点、多个路由节点和终端节点。协调节点连接多个路由节点和终端节点，其子节点的路由节点也可以连接多个路由节点和终端节点，通过这样进行重复叠加多个层级形成树状网。树型拓扑结构如图 4-34 所示。

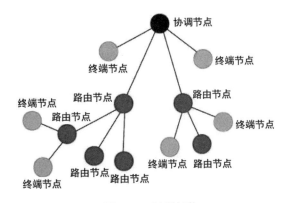

图 4-34　树型拓扑

树型拓扑中的通信规则：每个路由节点都只能与它的父节点和子节点进行通信；如果需要在节点与节点之间发送数据，那么信息就会沿着树的路由向上传递到最近的一个祖先节点，然后再向下传递到目标节点。

树型拓扑的缺点是，信息有且只有唯一的一条路由通道，而且信息的传递路由是通过协议栈层进行处理的，整个通信路由过程对于应用层来说是相对透明的。

（3）网状拓扑。网状拓扑包含一个协调节点、多个路由节点和终端节点。网状拓扑形式和树型拓扑大致相同，但网状拓扑是有灵活的通信路由规则的拓扑形式，在可能的情况下，路由节点之间是可以进行直接通信的。这种路由机制使得节点间的通信变得更加有效率，这也意味着，就算通信时一个路由出现了问题，信息也可以沿着其他的路由自动进行传输。网状拓扑如图 4-35 所示。

网状拓扑结构的网络具有非常强大的功能，可以通过"多级跳"的方式来进行通信，而且网状拓扑结构还可以组成非常复杂的网络，其组成的网络具有自组织、自愈的功能。

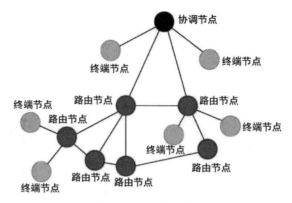

图 4-35　网状拓扑

注意：星型和树型网络都比较适合点对多点，且传输距离较近的应用。

4．UART 与 ZigBee 间的数据传输

理想的方式是在我们所使用的单片机内部就包含支持 ZigBee 通信的模块，但我们所使用的单片机 LPC11C14 内部并不包含 ZigBee 通信的模块，如图 4-36 所示。

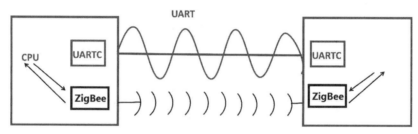

图 4-36　含有 ZigBee 处理模块的单片机间的数据通信

于是，我们通过含有能同时处理 UART 和 ZigBee 模块的单片机 CC2530 让 LPC11C14 处理的数据通过 UART 转发给 CC2530 的 UART，后者再通过 ZigBee 模块将数据以无线方式传输出去，如图 4-37 所示。开发板上 LPC11C14 与 CC2530 的位置如图 4-38 所示。

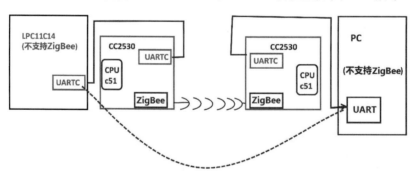

图 4-37　含有 ZigBee 和 UART 处理模块的单片机间的数据通信

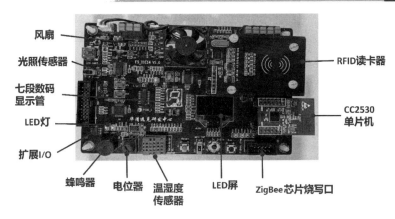

图 4-38　开发板上 LPC11C14 与 CC2530 的位置

开发板上既有 LPC11C14 又有 CC2530，它们之间实际是通过 UART 连接起来的，如图 4-39 所示。左上角通过 UART 实现与上位机的有线连接，右下角通过 CC2530 的 ZigBee 实现无线通信。

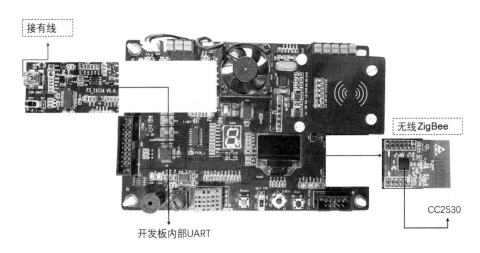

图 4-39　LPC11C14 与 CC2530 间通过 UART 进行数据通信

打开 FS_11C14 v6 原理图，我们发现在以前的案例中，命令和数据是通过 UART-USB 线路向 LPC11C14 进行发布和传输的。如果我们的数据要通过 ZigBee 进行无线传输，那么就需要使用扩展的 UART 即 SPI-UART 来进行数据的收发，如图 4-40 所示。

首先，将主程序的代码做下述修改。

（1）将普通串口初始化代码注释掉。

```
//uart_init();
//添加初始化 SPI 扩展串口代码
spi_init(1, 100000, 0);      //初始化 SPI 的通道 1（接了一个转 UART 的芯片）
SPI752_Init(1, 115200);      //初始化 UART 为 115200 速度
```

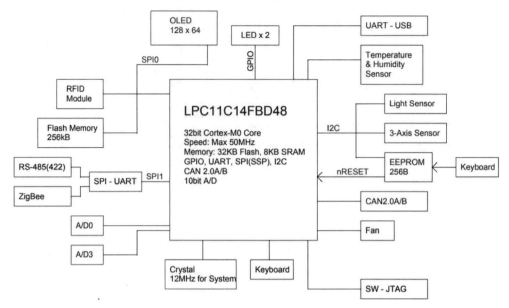

图 4-40　LPC11C14 与 CC2530 间通过 UART 进行数据通信的内部原理图

（2）注释掉通过 UART 串口接收源自上位机的控制命令。

```
c = uart_recv();
```

修改为通过 SPI 扩展串口读命令（通过 ZigBee）：

```
unsigned char buf[100] = {0};
zigbee_read(buf, sizeof(buf));
```

（3）将定时器事件代码中通过标准 UART 发出去的代码：

```
printf("adc: %d\n", adc_read());
dht11_get(&h, &t);
printf("hum:%u, temp:%u\n", h, t);
```

修改为使用 ZigBee 发送数据。

```
unsigned char buf[100] = {0};
dht11_get(&h, &t);
//printf("%u:%u:%d\n", h, t, adc_read());
//通过 SPI 扩展串口发环境信息（通过 ZigBee）
sprintf((char*)buf, "%u:%u:%d\n", h, t, adc_read());
zigbee_write(buf, strlen((char*)buf));
```

然后，将 SPI 转串口 UART 的驱动程序加入项目中，即将 gpio.h、gpio.c、spi.h、spi.c、spi_uart.h、spi_uart.c、ssp.h 和 ssp.c 文件复制到项目文件夹并加入到项目中。

【实现方法】

1．编写代码

（1）新建 Keil 项目 test_zigbee。

（2）将以上任务中的文件 adc.h、adc.c、dht11.h、dht11.c、fan.h、fan.c、led.h、led.c、pwm.h、pwm.c、uart.h 和 uart.c 加入到本项目中，这些程序的实现参见前面的案例。

（3）将 SPI-UART 驱动程序（gpio.h、gpio.c、spi.h、spi.c、spi_uart.h、spi_uart.c、ssp.h

和 ssp.c 文件）加入到项目中。

（4）新建源程序 main.c 并加入到项目中，如图 4-41 所示。

图 4-41　Keil 项目中涉及的程序文件

（5）在主程序 main.c 中修改代码如下：

```
#include "led.h"
#include "fan.h"
#include "pwm.h"
#include "uart.h"
#include "adc.h"
#include "dht11.h"
#include "timer.h"
#include <stdio.h>
#include <LPC11xx.h>
#include "spi_uart.h"
#include "spi.h"
#include <string.h>

void mydelay()
{
```

```
        int i = 1000000;
        while(i--);
}

//在定时器事件到达时运行（该函数会自动在定时器 0 的中断发生时调用）
void TIMER32_0_IRQHandler()
{
        unsigned char h;
        unsigned char t;
        unsigned char buf[100] = {0};
        dht11_get(&h, &t);

        //通过 SPI 扩展串口发环境信息（通过 ZigBee）
        sprintf((char*)buf, "%u:%u:%d\n", h, t, adc_read());
        zigbee_write(buf, strlen((char*)buf));

        //清除本次中断（清除由比对寄存器 0 产生的中断）
        LPC_TMR32B0->IR |= 1;
}

int main()
{
        char c ;

        led_init();
        pwm_init();
        fan_init();

        //初始化 SPI 扩展串口
        spi_init(1, 100000, 0);        //1. 初始化 SPI 的通道 1（转 UART 的芯片）
        SPI752_Init(1, 115200);        //2. 初始化 UART 为 115200 速度

        adc_init();
        dht11_init();

        //开启定时器 0，以便于产生周期性的定时中断请求
        timerstart();

        while(1)
        {
                //通过 SPI 扩展串口读命令（通过 ZigBee）
                unsigned char buf[100] = {0};
                ZigBee_read(buf, sizeof(buf));
                //通过 ZigBee 接收源自上位机的控制命令
                c = buf[0];
```

```
        switch(c)
        {
            case '0': led_on(LED1); break;
            case '1': led_off(LED1); break;
            case '2': pwm_on(); break;
            case '3': pwm_off(); break;
            case '4': fan_on(); break;
            case '5': fan_off(); break;
        }
    }
}
```

2. 编译程序并下载到开发板

按 F7 键，程序编译通过后再按 F8 键将编译后的程序下载到开发板。

3. 在开发板上执行程序

按下开发板上的复位键，让程序在开发板的 LPC11C14 单片机上运行起来。此后，该程序将会通过 ZigBee 读取来自上位机的控制命令，并将开发板上所采集的数据（adc、hum 和 temp）通过 ZigBee 以无线方式发送出去。

任务 8　ZigBee 环境下 CC2530 编程

【任务描述】

在上述案例中，我们对 LPC11C14 单片机编程，通过使用 SPI-UART 线路实现将数据和命令通过 ZigBee 方式进行无线传输。

此任务中，我们将会考虑如何编写一个 ZigBee 节点设备的程序。

【任务要求】

（1）在一个 ZigBee 网络环境中，如何让终端节点、协调器节点能够正常运行起来，形成一个正常工作的 ZigBee 网络。

（2）编写协调器节点代码、终端节点代码并运行。

【知识链接】

1. CC2530 单片机编程

现在拿出我们的协调器/电位器模块，其上包含有 CC2530 模块，通过该模块可以实现 ZigBee 之间的数据通信，如图 4-42 和图 4-43 所示。

CC2530 是用于 2.4GHz IEEE 802.15.4、ZigBee 和 RF4CE 应用的一个真正的片上系统（SoC）解决方案，它能以非常低的成本建立强大的网络节点。片上系统是为了专门的应用而将单片机和特定功能器件集成在同一个芯片上。美国 TI 公司的 CC2530 集成了 51 单片机内核 CC2530F32/64/128/256，具有 32/64/128/256KB 的闪存。

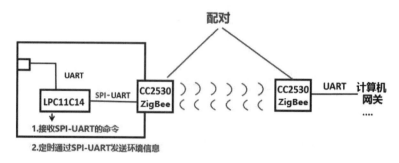

图 4-42　CC2530 模块间的无线通信

图 4-43　含 CC2530 的协调器/电位器模块

CC2530 重要外设包括 21 个 I/O 端口、18 个中断源、4 个定时器、1 个睡眠定时器、1 个看门狗定时器、2 个串行通信口（USART0、USART1）、8 路 12 位 ADC、5 通道 DMA 控制器，如图 4-44 所示。

针对 CC2530 芯片的 ZigBee 开发套件可与 IAR for MCS-51 集成开发环境无缝连接，操作方便、简单易学，是学习开发 ZigBee 产品最好、最实用的开发工具。通过 USB 接口连接计算机，具有代码高速下载、在线调试、断点、单步、变量观察、寄存器观察等功能，实现对 CC2530 系列无线单片机实时在线仿真、调试。该开发套件模板能够协助设计人员快速评估及进行多种 ZigBee 应用开发，熟练掌握硬件原理和协议栈。

2．CC2530 的开发环境

IAR Systems 是全球领先的嵌入式系统开发工具和服务的供应商，该公司成立于 1983 年，提供的产品和服务涉及嵌入式系统的设计、开发和测试的每一个阶段，包括带有 C/C++编译器和调试器的集成开发环境（IDE）、实时操作系统和中间件、开发套件、硬件仿真器及状态机建模工具。

IAR Systems 公司总部在瑞典，在美国、日本、英国、德国、比利时、巴西和中国设有分公司。它最著名的产品是 C 编译器——IAR Embedded Workbench（简称 EW），其支持众多知名半导体公司的微处理器。许多全球著名的公司都在使用 IAR Systems 提供的开发工具，用以开发他们的前沿产品，从消费电子、工业控制、汽车应用、医疗、航空航天到手机应用系统。与 Keil C 类似，EW 也是一个用单片机程序开发的集成开发环境，它对 CC2530 提供完美的支持，因此在大多数针对 CC2530 或同类型芯片的开发中有着广泛的应用。

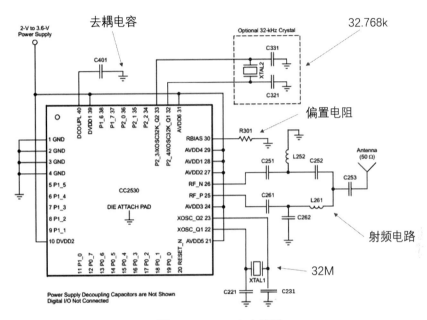

图 4-44　CC2530 电路图

安装 EW 的基本步骤如下：

（1）购买 EW 安装程序，双击 EW8051-9301-Autorun.exe 打开 EW 安装程序，如图 4-45 所示。

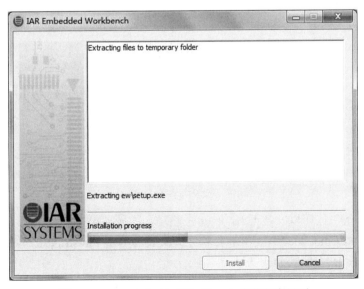

图 4-45　IAR Embedded Workbench 安装程序界面

（2）选择 Install IAR Embedded Workbench 安装项，如图 4-46 所示。

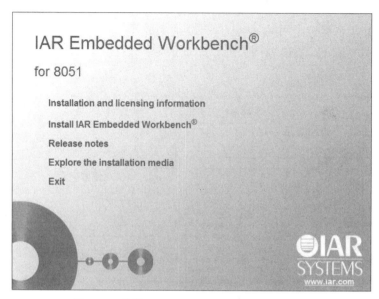

图 4-46　选择 Install IAR Embedded Workbench

（3）使用默认选项进行软件的安装，单击 Install 按钮，如图 4-47 所示。

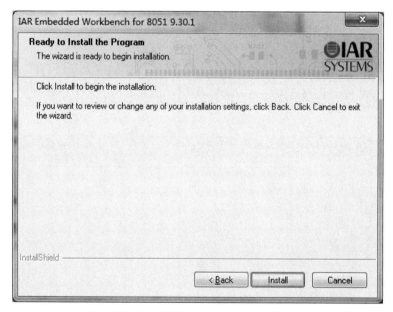

图 4-47　使用默认选项安装 IAR Embedded Workbench

（4）单击"是"按钮以安装 USB dongles 驱动，如图 4-48 所示。

（5）完成 IAR Embedded Workbench 软件的安装后单击 Finish 按钮，如图 4-49 所示。

3. IAR Embedded Workbench 开发示例

在使用 CC2530 进行 ZigBee 编程之前，有必要先对 EW 的项目工程进行学习，因为后面的 CC2530 编程均是在已有的示例项目基础之上进行开发的。

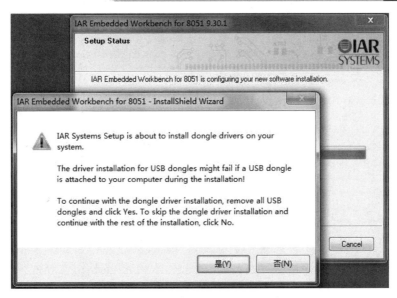

图 4-48　安装 USB dongles 驱动

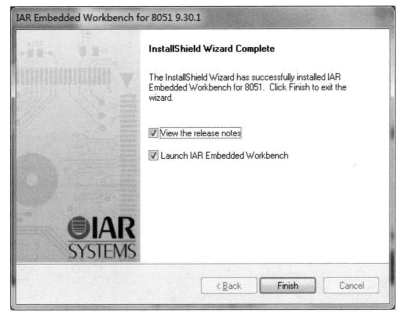

图 4-49　完成 IAR Embedded Workbench 的安装

在本机的 D:\Z-StackMesh1.0.0\Projects\zstack\Samples\1.OSAL_HAL\CC2530DB\路径下找到 GenericApp.eww 文件，双击打开该工作区文件，EW 软件将会自动加载该项目，加载完项目后的 EW 界面如图 4-50 所示。

这里所列的文件夹及所包含的代码文件都是 TI 公司提供的已写好可直接使用的程序框架。其中，App 文件夹中的代码就是我们写的应用层的程序代码，HAL 文件夹中的代码实际就是硬件驱动相关的程序代码。

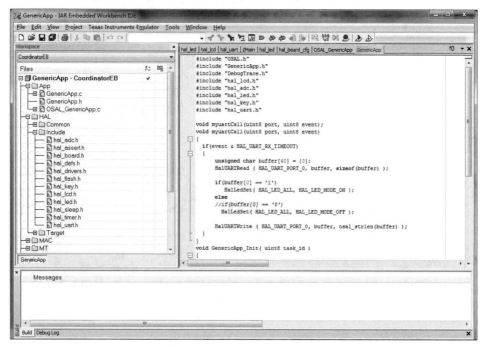

图 4-50　第一个 EW 示例程序

（1）App\ GenericApp.c。

```c
#include "OSAL.h"
#include "GenericApp.h"
#include "DebugTrace.h"
#include "hal_lcd.h"
#include "hal_adc.h"
#include "hal_led.h"
#include "hal_key.h"
#include "hal_uart.h"

void myuartCall(uint8 port, uint8 event);
void myuartCall(uint8 port, uint8 event)
{
    if(event & HAL_UART_RX_TIMEOUT)
    {
        unsigned char buffer[40] = {0};
        //从串口接收数据
        HalUARTRead ( HAL_UART_PORT_0, buffer, sizeof(buffer) );

        if(buffer[0] == '1')
            HalLedSet( HAL_LED_ALL, HAL_LED_MODE_ON );
        else
        //if(buffer[0] == '0')
            HalLedSet( HAL_LED_ALL, HAL_LED_MODE_OFF );
```

```
    HalUARTWrite ( HAL_UART_PORT_0, buffer, osal_strlen(buffer) );
    }
}


/*
TI 公司要求，用 CC2530 必须基于此工程修改开发自己的代码
1. 需要实现一个 App 的初始化函数（启动时自动运行一次）
2. 需要实现一个 App 的事件处理函数（芯片有重要的事情发生就会调用自定义的函数）
*/
//初始化函数示例
void GenericApp_Init( uint8 task_id )
{
    HalLedInit();   //灯泡初始化
    HalUARTInit(); //串口初始化

    //HalLedBlink( HAL_LED_ALL, 100, 50, 500 );

    halUARTCfg_t uconfig = {0};
    uconfig.baudRate = HAL_UART_BR_115200;
    //如果 CC2530 的串口收到数据，则 myuartCall 被自动执行
    uconfig.callBackFunc = myuartCall;
    HalUARTOpen ( HAL_UART_PORT_0,   &uconfig );
    HalUARTWrite ( HAL_UART_PORT_0, "hello", 5);

    //osal_start_timerEx( task_id, GENERICAPP_SEND_MSG_EVT, 1000 );
}


//事件处理函数示例
uint16 GenericApp_ProcessEvent( uint8 task_id, uint16 events )
{
    return 0;
}
```

（2）烧写程序。在 IAR Embedded Workbench IDE 工具栏中单击 Download and Debug 图标按钮，编译程序并通过 TI 公司的 SmartRF04EB 仿真器写入 CC2530，如图 4-51 所示。

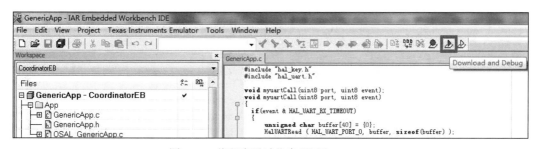

图 4-51　将程序通过仿真器写入 CC2530

注意：在写入程序之前，开发板一定要开机，并通过 SmartRF04EB 仿真器与计算机连接好，否则仿真设备无法找到。协调器模块、仿真器和计算机间的连接如图 4-52 所示。

图 4-52　协调器模块、仿真器和计算机间的连接

如果此时弹出如图 4-53 至图 4-55 所示的对话框之一，则表示没有连接仿真器或仿真器连接不良或没有安装仿真器的驱动程序。

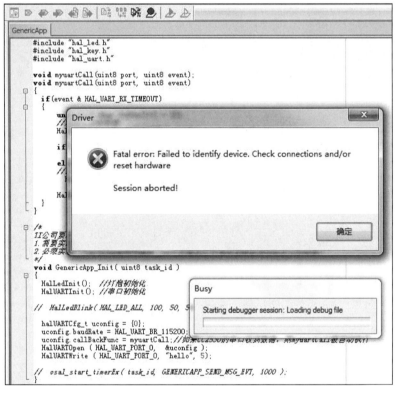

图 4-53　无法找到写入设备

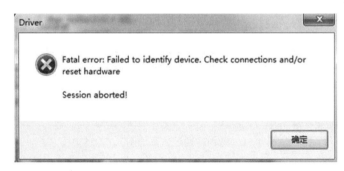

图 4-54　进程终止

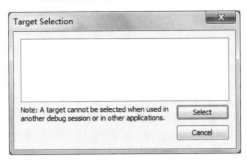

图 4-55　缺失目标设备

在使用 SmartRF04EB 仿真器前需要先安装其配套的驱动程序。首先，将 SmartRE04EB Driver.zip 压缩包解压。然后，我们会得到 win_32bit_x86 和 win_64bit_x64 两个目录，里面分别是 32 位和 64 位 SmartRF04EB 驱动程序。最后，根据自己计算机操作系统选择安装 32 位或 64 位的驱动程序。安装了驱动后，通过仿真器连接开发板和计算机，此时如果发现 SmartRF04EB 设备上仍有黄色的叹号，则需要手工对驱动程序进行更新。如果手工安装也失败，则建议在计算机上安装驱动精灵来自动对 SmartRF04EB 驱动程序进行安装，如图 4-56 和图 4-57 所示。

图 4-56　驱动程序尚未安装正确的仿真器设备

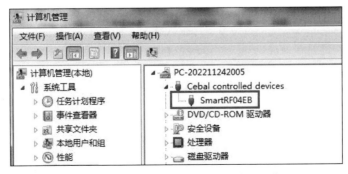

图 4-57　驱动程序安装正确的仿真器设备

如果一切正常，将看到如图 4-58 所示的界面，表示程序正在被写入开发板。

图 4-58　程序通过仿真器写入开发板

（3）执行程序。

1）将含有 CC2530 的协调器模块与计算机连接起来，如图 4-59 所示。

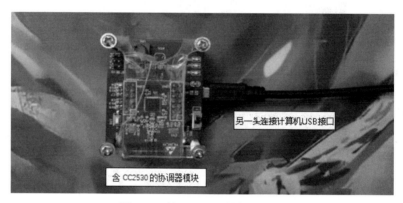

图 4-59　协调器到计算机的连接

2）打开模块上的开关，按下模块上的 RESET 键，让程序重启。

3）在计算机上打开串口助手软件，选择相应串口，单击工具栏中的"开始"图标按钮开启与相应串口的通信，另一头连接计算机 USB 接口。

4）可以看到程序向串口输出的信息，也可通过串口助手向协调器发送控制命令，如 0 打开 LED、1 关闭 LED，程序执行结果如图 4-60 所示。

图 4-60　通过串口助手查看程序输出信息

4. ZigBee 开发示例

下面来考虑如何编写一个 ZigBee 节点设备的程序实现在一个 ZigBee 网络环境中让终端节点、协调器节点能够正常运行起来，形成一个正常工作的 ZigBee 网络。我们所考虑的 ZigBee 网络中的节点及其通信如图 4-61 所示。

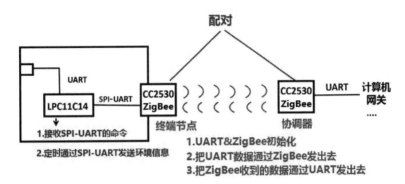

图 4-61　ZigBee 中不同节点间的通信

在我们的节点中，一般会完成以下 3 个步骤：

（1）对 UART 串口和 ZigBee 模块进行初始化操作。

（2）将 UART 串口中的数据通过 ZigBee 转发出去。

（3）将 ZigBee 接收到的数据通过 UART 串口转发出去。

下面通过一个示例来看看 ZigBee 编程的基本方法。在本机的 D:\Z-StackMesh1.0.0\Projects\zstack\Samples\uartNet_pro_unicast\CC2530DB \路径下找到 GenericApp.eww 文件，双击打开该工作区文件。对于该示例的分析参见下面的"实现方法"。

【实现方法】

1. 协调器节点代码

在 IAR 工作区的设备类型下拉列表中选择 CoordinatorEB 类型，即协调器。此时，我们编写的代码将被用于协调器节点。同时，我们会看到 enddevice.c 文件是灰色的，即编写协调器节点代码时终端节点代码文件是不可用的，如图 4-62 所示。

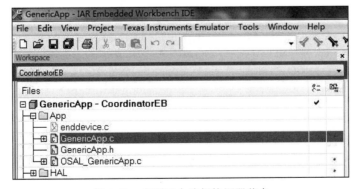

图 4-62　在项目中选择协调器节点

（1）App\GenericApp.c。在该程序中，编写代码完成 UART 和 ZigBee 初始化、数据通过

ZigBee 转发、数据通过 UART 转发这 3 个基本步骤。该程序编写完成后，将其烧写到协调器模块中。

```c
#include "OSAL.h"
#include "AF.h"
#include "ZDApp.h"
#include "ZDObject.h"
#include "ZDProfile.h"

#include "GenericApp.h"
#include "DebugTrace.h"

#if !defined( WIN32 ) || defined( ZBIT )
    #include "OnBoard.h"
#endif

/* HAL */
#include "hal_lcd.h"
#include "hal_led.h"
#include "hal_key.h"
#include "hal_uart.h"

const cId_t GenericApp_ClusterList[GENERICAPP_MAX_CLUSTERS] =
{
    GENERICAPP_CLUSTERID
};

const SimpleDescriptionFormat_t GenericApp_SimpleDesc =
{
    GENERICAPP_ENDPOINT,                //int Endpoint;
    GENERICAPP_PROFID,                  //uint16 AppProfId[2];
    GENERICAPP_DEVICEID,                //uint16 AppDeviceId[2];
    GENERICAPP_DEVICE_VERSION,          //int AppDevVer:4;
    GENERICAPP_FLAGS,                   //int AppFlags:4;
    GENERICAPP_MAX_CLUSTERS,            //byte AppNumInClusters;
    (cId_t *)GenericApp_ClusterList,    //byte *pAppInClusterList;
    GENERICAPP_MAX_CLUSTERS,            //byte AppNumInClusters;
    (cId_t *)GenericApp_ClusterList     //byte *pAppInClusterList;
};

endPointDesc_t GenericApp_epDesc;
byte GenericApp_TaskID;      //内部任务/事件处理的任务 ID，当调用 GenericApp_Init()时将接收此变量
devStates_t GenericApp_NwkState;
byte GenericApp_TransID;                //这是唯一的消息 ID（计数器）
afAddrType_t GenericApp_DstAddr;        //收到的消息数
```

```
static uint16 rxMsgCount;                //发送消息之间的时间间隔
void myuartCall(uint8 port, uint8 event);

/*
   1. 初始化串口和 ZigBee
*/
void GenericApp_Init( uint8 task_id )
{
   GenericApp_TaskID = task_id;
   GenericApp_NwkState = DEV_INIT;
   GenericApp_TransID = 0;

   GenericApp_DstAddr.addrMode = (afAddrMode_t)AddrBroadcast;
   GenericApp_DstAddr.endPoint = 10;
   GenericApp_DstAddr.addr.shortAddr = 0xffff;      //发送的目的地（广播）

   GenericApp_epDesc.endPoint = GENERICAPP_ENDPOINT;      //10（端口）
   GenericApp_epDesc.task_id = &GenericApp_TaskID;
   GenericApp_epDesc.simpleDesc = (SimpleDescriptionFormat_t *)&GenericApp_SimpleDesc;
   GenericApp_epDesc.latencyReq = noLatencyReqs;

   //Register the endpoint description with the AF
   //对 ZigBee 无线消息感兴趣（一旦有 ZigBee 的消息时将会激活 Event 处理函数）
   //初始化 ZigBee
   afRegister( &GenericApp_epDesc );

   HalLedInit();

   //初始化串口
   HalUARTInit();

   /* UART Configuration */
   halUARTCfg_t uartConfig = {0};
   uartConfig.baudRate = HAL_UART_BR_115200;
   uartConfig.flowControl = FALSE;
   uartConfig.rx.maxBufSize = 1024;
   uartConfig.tx.maxBufSize = 1024;
   uartConfig.callBackFunc = myuartCall;

   /* Start UART */
   HalUARTOpen (HAL_UART_PORT_0, &uartConfig);
   HalUARTWrite ( HAL_UART_PORT_0, "coord",5);        //输出 coord 表示是协调器
}

/*
```

```
    2. 将 UART 串口中的数据通过 ZigBee 转发出去
*/
void myuartCall(uint8 port, uint8 event)
{
    if(event & HAL_UART_RX_TIMEOUT)
    {
        unsigned char buf[100] = {0};

        //接收串口消息
        uint16 n = HalUARTRead ( HAL_UART_PORT_0, buf, sizeof buf );

        //ZigBee 发送函数，将串口收到的消息通过 ZigBee 发出去
        if ( AF_DataRequest( &GenericApp_DstAddr, &GenericApp_epDesc,
                        GENERICAPP_CLUSTERID,
                        n,
                        (byte *)buf,
                        &GenericApp_TransID,
                        AF_DISCV_ROUTE, AF_DEFAULT_RADIUS ) == afStatus_SUCCESS )
        {
            //Successfully requested to be sent.
        }
        else
        {
            //Error occurred in request to send.
        }
    }
}


/*
    3. 将 ZigBee 接收到的数据通过 UART 串口转发出去
*/
uint16 GenericApp_ProcessEvent( uint8 task_id, uint16 events )
{
    afIncomingMSGPacket_t *MSGpkt;

    //数据确认消息字段
    (void)task_id;   //故意未引用的参数
    if ( events & SYS_EVENT_MSG )
    {
        MSGpkt = (afIncomingMSGPacket_t *)osal_msg_receive( GenericApp_TaskID );
        while ( MSGpkt )
        {
            switch ( MSGpkt->hdr.event )
            {
                //代表 ZigBee 收到了消息
```

```
            case AF_INCOMING_MSG_CMD:
              GenericApp_DstAddr.addrMode = (afAddrMode_t)Addr16Bit;
              GenericApp_DstAddr.addr.shortAddr = MSGpkt->srcAddr.addr.shortAddr;
              switch ( MSGpkt->clusterId )
              {
                case GENERICAPP_CLUSTERID:
                  rxMsgCount += 1;   //消息计数
                  if(MSGpkt->cmd.DataLength)
                  {
                    //通过串口发出去
                    HalUARTWrite ( HAL_UART_PORT_0, MSGpkt->cmd.Data,
                                     MSGpkt->cmd.DataLength);
                  }
                  break;
              }
              break;

            default:
              break;
          }

          //释放存储
          osal_msg_deallocate( (uint8 *)MSGpkt );

          //下一步
          MSGpkt = (afIncomingMSGPacket_t *)osal_msg_receive( GenericApp_TaskID );
        }

        //返回未处理的事件
        return (events ^ SYS_EVENT_MSG);
      }

      return 0;
    }
```

（2）PAN ID 的设置。PAN 的全称为 Personal Area Networks，即个域网。每个个域网都有一个独立的 ID，被称为 PAN ID。整个个域网中的所有设备共享同一个 PAN ID。ZigBee 设备的 PAN ID 可以通过程序预先指定，也可以在设备运行期间自动加入到一个附近的 PAN 中。当 PAN ID 为 0xFFFF 时，表示该设备可加入到环境中存在的任意 ZigBee 网络中；当 PAN ID 为任意其他值时，如 0xF53D，则表示该设备只能加入到 PAN ID 相同的 ZigBee 网络中。

打开项目中 Tools 文件夹中的 f8wConfig.cfg 文件，在该文件中可以设置 ZigBee 网络的 PAN ID，如图 4-63 所示。

（3）将协调器程序烧写到协调器模块中。使用 SmartRF04EB 仿真器将本项目的协调器程序烧写到协调器模块中，器件间的连接如图 4-64 所示。

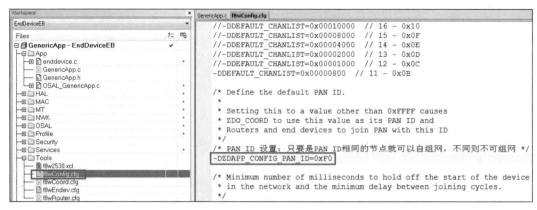

图 4-63　设置 PAN ID

图 4-64　烧写协调器程序时的连接

2. 终端节点代码

在 IAR 工作区的设备类型下拉列表中选择 EndDeviceEB 类型，即终端节点。此时，我们编写的代码将被用于终端节点。同时，我们会看到 GenericApp.c 文件是灰色的，即编写终端节点代码时协调器节点代码文件是不可用的，如图 4-65 所示。

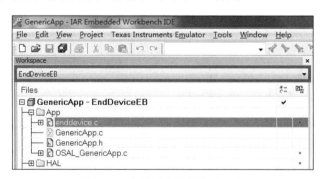

图 4-65　在项目中选择终端节点

（1）App\enddevice.c。该程序中完成的工作与协调器节点的程序 App\GenericApp.c 中完成的工作基本相同，只是在目标地址处进行了修改，将 GenericApp_Init()函数中 GenericApp_DstAddr.addr.shortAddr 的地址由 0xffff（广播地址）改为 0（协调器地址）。UART 和 ZigBee 初始化、数据通过 ZigBee 转发、数据通过 UART 转发这 3 个基本步骤与协调器的代码基本相同。该程序编写完成后，将烧写到终端节点模块中，即写到含有 CC2530 模块的 FS_11C14 开发板中。

```c
#include "OSAL.h"
#include "AF.h"
#include "ZDApp.h"
#include "ZDObject.h"
#include "ZDProfile.h"

#include "GenericApp.h"
#include "DebugTrace.h"

#if !defined( WIN32 ) || defined( ZBIT )
  #include "OnBoard.h"
#endif

/* HAL */
#include "hal_lcd.h"
#include "hal_led.h"
#include "hal_key.h"
#include "hal_uart.h"

const cId_t GenericApp_ClusterList[GENERICAPP_MAX_CLUSTERS] =
{
  GENERICAPP_CLUSTERID
};

const SimpleDescriptionFormat_t GenericApp_SimpleDesc =
{
  GENERICAPP_ENDPOINT,               //int Endpoint;
  GENERICAPP_PROFID,                 //uint16 AppProfId[2];
  GENERICAPP_DEVICEID,               //uint16 AppDeviceId[2];
  GENERICAPP_DEVICE_VERSION,         //int AppDevVer:4;
  GENERICAPP_FLAGS,                  //int AppFlags:4;
  GENERICAPP_MAX_CLUSTERS,           //byte AppNumInClusters;
  (cId_t *)GenericApp_ClusterList,   //byte *pAppInClusterList;
  GENERICAPP_MAX_CLUSTERS,           //byte AppNumInClusters;
  (cId_t *)GenericApp_ClusterList    //byte *pAppInClusterList;
};

endPointDesc_t GenericApp_epDesc;
byte GenericApp_TaskID;     //内部任务/事件处理的任务 ID，当调用 GenericApp_Init()时将接收此变量。
devStates_t GenericApp_NwkState;
byte GenericApp_TransID;    //这是唯一的消息 ID（计数器）
afAddrType_t GenericApp_DstAddr;
```

```
//收到的消息数
static uint16 rxMsgCount;

void myuartCall(uint8 port, uint8 event);

void GenericApp_Init( uint8 task_id )
{
  GenericApp_TaskID = task_id;
  GenericApp_NwkState = DEV_INIT;
  GenericApp_TransID = 0;

  GenericApp_DstAddr.addrMode = (afAddrMode_t)Addr16Bit;
  GenericApp_DstAddr.endPoint = 10;
  GenericApp_DstAddr.addr.shortAddr = 0;     //发送的目的地（0：协调器的固定地址）

  GenericApp_epDesc.endPoint = GENERICAPP_ENDPOINT;     //10（端口）
  GenericApp_epDesc.task_id = &GenericApp_TaskID;
  GenericApp_epDesc.simpleDesc
              = (SimpleDescriptionFormat_t *)&GenericApp_SimpleDesc;
  GenericApp_epDesc.latencyReq = noLatencyReqs;

  //Register the endpoint description with the AF
  //初始化 ZigBee 模块，未来收到了信息时将触发事件处理函数
  afRegister( &GenericApp_epDesc );

  HalLedInit();

  //初始化串口，以便接收和发送串口信息
  HalUARTInit();

  halUARTCfg_t uartConfig = {0};
  uartConfig.configured = TRUE;
  uartConfig.baudRate = HAL_UART_BR_115200;
  uartConfig.flowControl = FALSE;
  uartConfig.flowControlThreshold = 5;
  uartConfig.rx.maxBufSize = 1024;
  uartConfig.tx.maxBufSize = 1024;
  uartConfig.idleTimeout = 6;
  uartConfig.callBackFunc = myuartCall;

  /* Start UART */
  HalUARTOpen (HAL_UART_PORT_0, &uartConfig);
  HalUARTWrite ( HAL_UART_PORT_0, "enddevice",9);
}
```

```c
/*
   串口有数据了
*/
void myuartCall(uint8 port, uint8 event)
{
    if(event & HAL_UART_RX_TIMEOUT)
    {
        unsigned char buf[100] = {0};

        //接收串口消息
        uint16 n = HalUARTRead ( HAL_UART_PORT_0, buf, sizeof buf );

        //将消息发送出去
        if ( AF_DataRequest( &GenericApp_DstAddr, &GenericApp_epDesc,
                    GENERICAPP_CLUSTERID, n, (byte *)buf,
                    &GenericApp_TransID,
                    AF_DISCV_ROUTE, AF_DEFAULT_RADIUS ) == afStatus_SUCCESS )
            {
                //发送成功请求
            }
            else
            {
                //发送请求时出错
            }
    }

}

uint16 GenericApp_ProcessEvent( uint8 task_id, uint16 events )
{
    afIncomingMSGPacket_t *MSGpkt;

    //数据确认消息字段
    (void)task_id;   //故意未引用的参数

    if ( events & SYS_EVENT_MSG )
    {
        MSGpkt = (afIncomingMSGPacket_t *)osal_msg_receive( GenericApp_TaskID );
        while ( MSGpkt )
        {
            switch ( MSGpkt->hdr.event )
            {
                //ZigBee 收到了消息
                case AF_INCOMING_MSG_CMD:
                    switch ( MSGpkt->clusterId )
```

```
        {
            case GENERICAPP_CLUSTERID:
            rxMsgCount += 1;    //消息计数
            if(MSGpkt->cmd.DataLength)
            {
                //通过串口发出去
                HalUARTWrite ( HAL_UART_PORT_0, MSGpkt->cmd.Data,
                                MSGpkt->cmd.DataLength);
            }
            break;
        }
        break;

        case ZDO_STATE_CHANGE:
            GenericApp_NwkState = (devStates_t)(MSGpkt->hdr.status);
            if ( GenericApp_NwkState == DEV_END_DEVICE )
            {
                HalLedBlink( HAL_LED_3, 100, 50, 1000 );
            }
            break;

        default:
            break;
        }

        //释放存储
        osal_msg_deallocate( (uint8 *)MSGpkt );

        //下一步
        MSGpkt = (afIncomingMSGPacket_t *)osal_msg_receive( GenericApp_TaskID );
    }

    //返回未处理的事件
    return (events ^ SYS_EVENT_MSG);
    }

    return 0;
}
```

（2）PAN ID 的设置。终端节点和协调器节点都是在同一个项目中，这两种类型节点的 PAN ID 必须相同，否则无法自组织到同一个 ZigBee 网络中。终端节点的 PAN ID 和协调器节点的 PAN ID 相同，都是 0xF0。在此，我们不需要去修改 f8wConfig.cfg 文件中 DZDAPP_CONFIG_PAN_ID 的值。

（3）将终端节点程序烧写到终端节点模块中。使用 SmartRF04EB 仿真器将本项目的终端节点程序写入到终端节点模块中，器件间的连线如图 4-66 所示。

图 4-66　烧写终端节点程序时器件间的连接

3. 终端节点和协调器节点程序的运行

（1）烧写好终端节点程序后将终端节点所在的开发板开机。

（2）烧写好协调器节点程序后将协调器模块通过有线连接到计算机，让协调器开机，如图 4-67 所示。

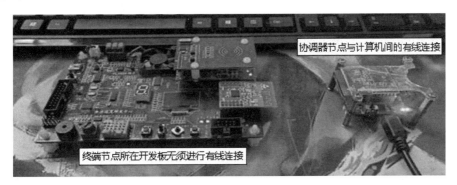

图 4-67　终端节点模块及协调器模块的连接

（3）在连接协调器的计算机上打开串口助手软件，选择所连接的串口，然后单击"开始"按钮，再按下协调器模块的重启键，在串口助手上观察到的信息如图 4-68 所示。

图 4-68　协调器节点通过串口输出的信息

任务 9　基于网关的全屋智能家居案例

【任务描述】

在上面的案例中，我们通过编写协调器代码和终端节点代码示范了如何编写一个 ZigBee 节点设备的程序。

协调器一方面以 ZigBee 形式与终端节点进行网络通信，另一方面通过串口与网关进行数据通信。本任务将编写一个 Linux 下的串口通信程序，使之与协调器进行数据通信，并编写 Qt 程序完成手机到网关的通信。

【任务要求】

（1）编写 Linux 下的串口通信程序，使之与协调器进行数据通信。

（2）编写 Qt 程序完成手机到网关的通信。

【知识链接】

1. 全屋智能家居的通信架构

（1）直接与网关通信的架构。在该架构中，上位机与 A9（ARM Cortex-A9）开发板（网关）之间是以一种直接通信的方式进行数据传输的，A9 开发板并没有真正起到网关的作用，而是通过 TCP/IP 或串口的方式直接与上位机的客户端程序进行沟通，如图 4-69 所示。由于 A9 开发板上本身就包含一系列的传感设备，所以能实现对环境数据的采集，当然也能实现对 LED、蜂鸣器和摄像头等设备的控制。

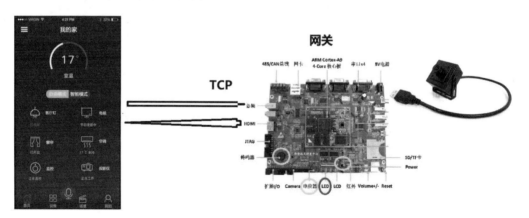

图 4-69　上位机与 A9 间的直接通信

（2）网关作为通信桥梁的架构。网关支持多种协议，向外支持 TCP/IP 协议，能够将内部数据转发到互联网；向内支持物联网设备间的通信协议，如 ZigBee、红外、蓝牙等。从而通过网关可以实现家庭中所有设备的互联,而网关的核心功能就是实现各种不同协议间的互通互联，如图 4-70 所示。

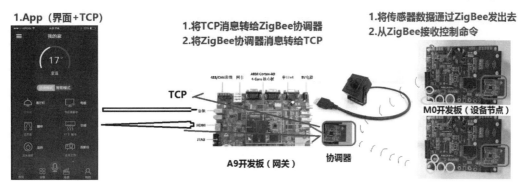

图 4-70   网关在多协议通信中的桥梁作用

（3）云端架构。终端设备通过 MQTT（消息队列遥测传输）将采集的数据上传到云端，App 与云端通过 HTTP 协议进行网络通信，获取终端设备上传到云端的数据，并通过云端向设备发送控制命令。用户看到的就是 App 和对终端设备的控制，而感受不到云和网关这一块内容，这一块内容恰恰是物联网开发所要完成的工作，如图 4-71 所示。

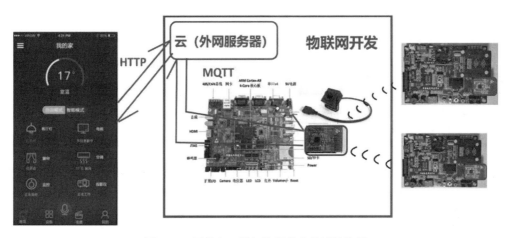

图 4-71   网关在云端架构通信中的桥梁作用

2. 网关作为通信桥梁下的全屋智能实例

基于以上架构，协调器一方面以 ZigBee 形式与终端节点进行网络通信，另一方面通过串口与网关进行数据通信。网关上往往运行的是 Linux 操作系统，下面我们来编写一个 Linux 下的串口通信程序，该程序将与协调器进行数据通信。

（1）协调器接入 Linux 操作系统。首先启动安装在虚拟机中的 Ubuntu 系统，然后将协调器节点（小开发板）通过 USB 连线到计算机。注意，连接后要记得打开协调器模块的电源开关。

单击"虚拟机"菜单中的"可移动设备"→QinHeng USB2.0-Serial→"连接（断开与主机的连接）（C）"菜单项，如图 4-72 所示。

此时在 Ubuntu 的终端中执行命令：

ls /dev/ttyU*

将会发现我们接入的 USB 设备名称为/dev/ttyUSB0。

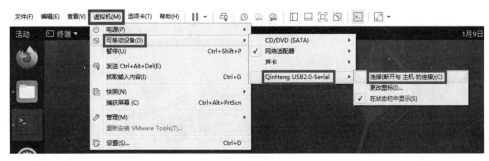

图 4-72　在 Ubuntu 中连接可移动 USB 设备（协调器）

（2）Linux 串口程序。

1）编写 Linux 串口程序。Linux 串口编程的基本步骤是打开串口、设置串口、收发数据和关闭串口。在 Ubuntu 中，打开 vim 软件，编写程序 serial_uart_test.c。该程序的默认主线程中接收用户输入的控制命令，同时创建一个读串口线程，接收协调器从串口发送过来的数据，并在 Linux 控制台中打印输出。具体实现代码如下：

```c
#include <stdio.h>
#include <stdlib.h>
#include <unistd.h>              //UNIX 标准函数定义
#include <sys/types.h>
#include <sys/stat.h>
#include <fcntl.h>               //文件控制定义
#include <termios.h>             //PPSIX 终端控制定义
#include <errno.h>               //错误号定义
#include <pthread.h>

/* 读串口线程 */
void *recv_thread_func(void *arg)
{
    int fd = (int)arg;
    while(1)
    {
        char buf[100] = {0};
        read(fd, buf, sizeof(buf));
        printf("recv: %s\n", buf);
    }
}

int main(int argc, char *argv[])
{
    int fd = open("/dev/ttyUSB0", O_RDWR|O_NOCTTY);
    if(-1 == fd)
    {
        perror("open");
        return -1;
    }
```

```
struct termios options = {0};
if( tcgetattr( fd,&options) != 0)
{
      perror("SetupSerial");
      return -1;
}
cfsetispeed(&options, B115200);        //输出波特率
cfsetospeed(&options, B115200);        //输入波特率

options.c_cflag |= CLOCAL|CREAD;   //忽略 modem 控制线，使能接收
options.c_cflag |= CS8;                   //8 位数据位
options.c_cflag &= ~CRTSCTS;          //禁用硬件流控
options.c_cflag &= ~PARENB;          //清除校验位  PARODD
options.c_cflag &= ~CSTOPB;          //一位停止位
options.c_oflag &= ~(ONLCR | OCRNL);              //将输出的回车转化成换行
options.c_oflag &= ~(ONLCR | OCRNL | ONOCR | ONLRET);
options.c_iflag &= ~(IXON | IXOFF | IXANY);       //禁用流控
options.c_iflag &= ~(INLCR | ICRNL | IGNCR);        //将输入的回车转化成换行
//ICRNL 将输入的回车转化成换行（如果 IGNCR 未设置的情况下）
options.c_iflag &= ~(BRKINT | INPCK | ISTRIP);
options.c_lflag &= ~(ICANON | ECHO | ECHOE | ISIG);  //禁用终端回显等
options.c_cc[VTIME] = 1;              //读取一个字符等待 0*(0/10)s
options.c_cc[VMIN] = 1;               //读取字符的最少个数为 0

tcflush(fd,TCIFLUSH);
if (tcsetattr(fd,TCSANOW,&options) != 0)
{
    perror("com set error!\n");
    return -1;
}

pthread_t t;
pthread_create(&t, NULL, recv_thread_func, (void*)fd);

/* 默认主线程中的写串口  */
while(1)
{
    char buf[100];
    printf("input: ");
    fflush(stdout);
    gets(buf);

    write(fd, &buf[0], 1);
}
```

```
    return 0;
}
```

2）编译 Linux 串口程序。在 Ubuntu 的终端中执行程序编译命令 gcc serial_uart_test.c -lpthread，如图 4-73 所示。

```
hqyj@ubuntu: ~/code/case10
hqyj@ubuntu:~/code/case10$ gcc serial_uart_test.c -lpthread
serial_uart_test.c: In function 'recv_thread_func':
serial_uart_test.c:21:14: warning: cast from pointer to integer of different size [-Wpointer-to-int-cast]
   21 |     int fd = (int)arg;
      |              ^
serial_uart_test.c: In function 'main':
serial_uart_test.c:74:48: warning: cast to pointer from integer of different size [-Wint-to-pointer-cast]
   74 |     pthread_create(&t, NULL, recv_thread_func, (void*)fd);
      |                                                ^
serial_uart_test.c:81:9: warning: implicit declaration of function 'gets'; did you mean 'fgets'? [-Wimpli
cit-function-declaration]
   81 |         gets(buf);
      |         ^~~~
      |         fgets
/usr/bin/ld: /tmp/cca0p3UW.o: in function `main':
serial_uart_test.c:(.text+0x32a): 警告:  the `gets' function is dangerous and should not be used.
hqyj@ubuntu:~/code/case10$
```

图 4-73　对串口程序进行编译

3）执行 Linux 串口程序。确认用 USB 连接好协调器并打开其电源开关，然后打开 M0 开发板（终端节点）的电源开关，最后在 Ubuntu 的终端中输入命令 sudo ./a.out 执行串口程序。硬件连线如图 4-74 所示。

图 4-74　Ubuntu 计算机、协调器节点与终端节点的连接

正常情况下，我们会在 Ubuntu 的控制台中看到协调器从串口发送过来的数据。同时，我们也可以在控制台中输入控制命令，让 Ubuntu 通过串口传给协调器，而协调器继续通过 ZigBee 发送给终端节点，从而控制终端节点上的设备，比如 0（打开终端节点上的 LED）、1（关闭终端节点上的 LED）、2（打开终端节点上的蜂鸣器）、3（关闭终端节点上的蜂鸣器）。控制台中 Linux 串口程序的执行结果如图 4-75 所示。

（3）网络（TCP）与串口间通信的网关。现在要做一个 TCP 与串口通信的网关，也就是要编写一个程序，具备以下两个功能：①接收串口数据，再通过网络发送出去（TCP 协议）；

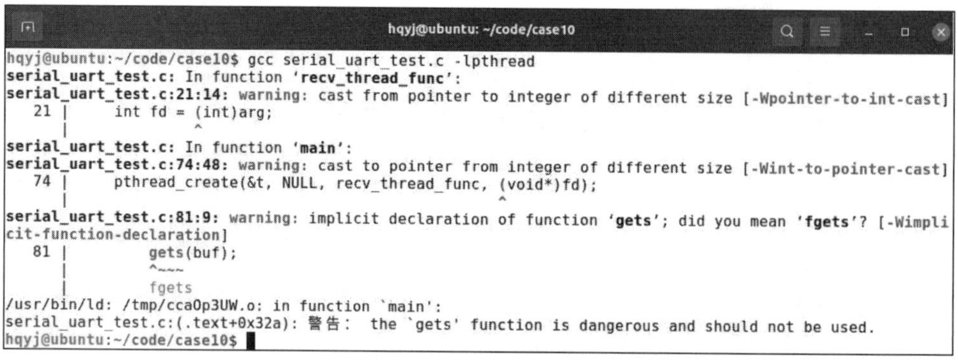

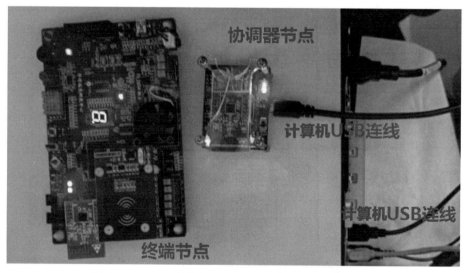

②接收网络数据，再通过串口发送出去。

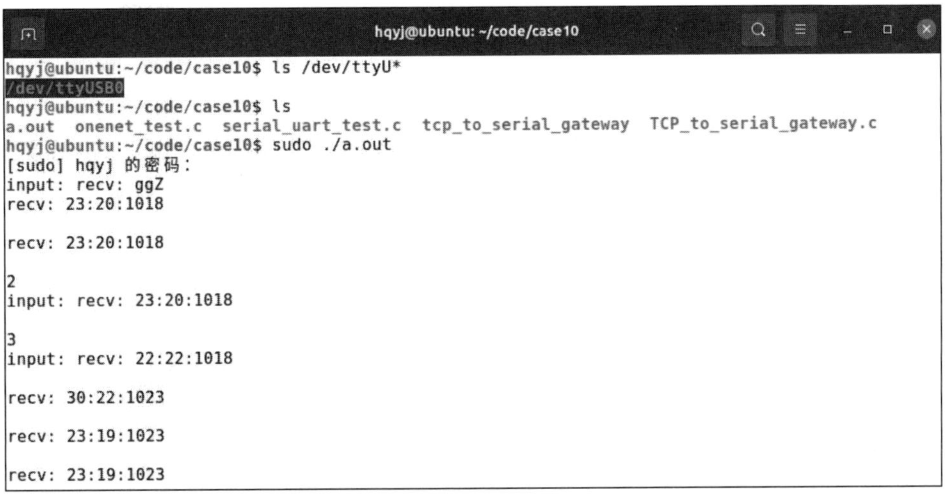

图 4-75　Linux 串口程序的执行结果

该程序实现 TCP 与串口在通信上的互联互通功能，即通过该网关程序，数据可以在串口和网络之间进行传输。

1）TCP 与串口通信的网关程序。在 Ubuntu 系统中，打开 vim 软件，编写网关程序 tcp_to_serial_gateway.c，实现串口与网络间数据的传输。具体实现代码如下：

```c
#include <stdio.h>
#include <stdlib.h>
#include <unistd.h>          //UNIX 标准函数定义
#include <sys/types.h>
#include <sys/stat.h>
#include <sys/socket.h>
#include <netinet/in.h>
#include <arpa/inet.h>
#include <fcntl.h>           //文件控制定义
#include <termios.h>         //PPSIX 终端控制定义
#include <errno.h>           //错误号定义
#include <pthread.h>
#include <strings.h>
#include <signal.h>

int fdcom;
int clientfd;

void *tcp2serial(void *arg)
{
    while(1)
    {
        char buf[100];
        //接收网络数据
```

```
            int ret = read(clientfd, buf, 100);
            if(ret == -1 || 0 == ret)
              return NULL;
            //通过串口发送出去
            ret = write(fdcom, buf, ret);
            if(-1 ==ret || 0==ret)
              return NULL;
        }
}

void *serial2tcp(void *arg)
{
    while(1)
    {
        char buf[100];
        //接收串口数据
        int ret = read(fdcom, buf, 100);
        if(ret == -1 || 0 == ret)
          return NULL;
        //通过网络发送出去
        ret = write(clientfd, buf, ret);
        if(-1 ==ret || 0==ret)
          return NULL;
    }
}

int main()
{
    //初始化串口设备
    fdcom = open("/dev/ttyUSB0", O_RDWR|O_NOCTTY);
    if(-1 == fdcom)
    {
        perror("open");
        return -1;
    }

    struct termios options = {0};
    if( tcgetattr( fdcom,&options) != 0)
    {
        perror("SetupSerial");
        return -1;
    }
    cfsetispeed(&options, B115200);        //输出波特率
    cfsetospeed(&options, B115200);        //输入波特率

    options.c_cflag |= CLOCAL|CREAD;      //忽略 modem 控制线，使能接收
```

```
options.c_cflag |= CS8;                    //8 位数据位
options.c_cflag &= ~CRTSCTS;               //禁用硬件流控
options.c_cflag &= ~PARENB;                //清除校验位 PARODD
options.c_cflag &= ~CSTOPB;                //一位停止位

options.c_oflag &= ~(ONLCR | OCRNL);                     //将输出的回车转化成换行
options.c_oflag &= ~(ONLCR | OCRNL | ONOCR | ONLRET);
options.c_iflag &= ~(IXON | IXOFF | IXANY);              //禁用流控
options.c_iflag &= ~(INLCR | ICRNL | IGNCR);            //将输入的回车转化成换行
//ICRNL 将输入的回车转化成换行（如果 IGNCR 未设置的情况下）
options.c_iflag &= ~(BRKINT | INPCK | ISTRIP);
options.c_lflag &= ~(ICANON | ECHO | ECHOE | ISIG);    //禁用终端回显等

options.c_cc[VTIME] = 1;    //读取一个字符等待 0*(0/10)s
options.c_cc[VMIN] = 1;     //读取字符的最少个数为 0

tcflush(fdcom,TCIFLUSH);
if (tcsetattr(fdcom,TCSANOW,&options) != 0)
{
    perror("com set error!\n");
    return -1;
}

//初始化网络
//向计算机申请网卡
int listenfd = socket(AF_INET, SOCK_STREAM, 0);
if(-1 == listenfd)
{
    perror("socket");
    return -1;
}

//做好被连接的准备（IP/PORT）
struct sockaddr_in myaddr = {0};
myaddr.sin_family = AF_INET;
myaddr.sin_addr.s_addr = inet_addr("0.0.0.0"); //ANY
myaddr.sin_port = htons(8888);
if(-1 == bind(listenfd, (struct sockaddr*)&myaddr, sizeof(myaddr)))
{
    perror("bind");
    return -1;
}

listen(listenfd, 10);

signal(SIGPIPE, SIG_IGN);
```

```
        while(1)
        {
            //提取接入
            struct sockaddr_in clientaddr = {0};
            int len = sizeof(clientaddr);
            clientfd = accept(listenfd, (struct sockaddr*)&clientaddr, &len);
            if(-1 == clientfd)
            {
                perror("accept");
                return -1;
            }
            printf("incoming: %s\n", inet_ntoa(clientaddr.sin_addr));

            //创建一个 TCP2SERIAL 线程
            pthread_t t1;
            pthread_create(&t1, NULL, tcp2serial, NULL);

            //创建一个 SERIAL2TCP 线程
            pthread_t t2;
            pthread_create(&t2, NULL, serial2tcp, NULL);

            pthread_join(t1, NULL);
            pthread_join(t2, NULL);
        }
    }
```

2）编译程序。在 Ubuntu 的终端中执行程序编译命令：

```
gcc tcp_to_serial_gateway.c -lpthread
```

将在当前目录中编译并生成目标文件 a.out。

3）对 TCP 和串口间的通信网关程序进行测试。还是使用上一示例的协调器、计算机、终端节点的连接方法进行连接，然后在 Ubuntu 终端中输入命令 sudo ./a.out 执行本网关程序，如图 4-76 所示。

图 4-76　TCP 网络与串口通信网关程序的执行

事实上，在看到图 4-76 所示的来自某一 IP 的连接之前，我们还要打开一个 TCPUDPDbg（TCP UDP 网络调试）工具，通过该工具可以对 Ubuntu 所在的网关进行连接，并向其发送控制命令，这与串口助手的功能类似。通过该工具可以在网络中接收到来自网关程序转发的串口数据，如图 4-77 所示。

注意，使用 TCPUDPDbg 工具连接网关的 IP 以 Ubuntu 的实际 IP 为准，端口号为 8888。

通过该工具，我们在发送区中输入 2 并单击"发送"按钮，则控制蜂鸣器开的命令"2"被通过网络（TCP 协议）发送到网关（运行有网关程序的 Ubuntu 系统），并被网关程序以串口的形式发送给协调器节点，协调器再通过 ZigBee 发送给终端节点，最终终端节点上的蜂鸣器按用户的意图鸣叫了起来。

图 4-77　TCPUDPDbg 工具的执行结果

（4）能与网关通信的 Qt 客户端程序（上位机）。现在要编写一个具备网络通信能力的上位机程序，它可以取代 TCPUDPDbg 工具与网关进行 TCP 通信。

1）创建 Qt 项目。创建 Qt 项目 APP_to_gateway，在 Class Information 这一步的设置如图 4-78 所示。

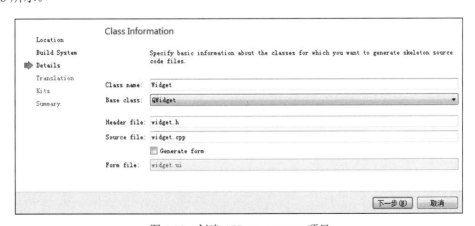

图 4-78　创建 APP_to_gateway 项目

完成 Qt 项目的创建后，我们在项目列表中可以看到有 APP_to_gateway.pro、main.cpp、widget.h 和 widget.cpp 四个文件已经被自动生成。除了 main.cpp 文件外，其他几个文件我们需要做一定的修改并编写相应的程序代码。

2）APP_to_gateway.pro。默认情况下，每个 Qt 项目都包含一个后缀名为.pro、名称和项目名相同的文件，通常称它为项目管理文件或工程管理文件（简称 pro 文件）。在该文件中可以增加库文件的声明，包含路径、预处理器定义、生成目录、输出中间目录等设置。由于本程序要进行 TCP 编程，需要在.pro 文件中添加 network：

```
QT += core gui network
```

否则，将来在#include <QTcpSocket>时会找不到 QTcpSocket 的定义。

3）widget.h。在 widget.h 头文件中，定义了 Qt 上位机程序的界面组件变量和相应按钮所对应的槽的声明。具体代码如下：

```
#ifndef WIDGET_H
#define WIDGET_H


#include <QWidget>
#include <QPushButton>
#include <QLabel>
#include <QLCDNumber>
#include <QTcpSocket>

class Widget : public QWidget
{
    Q_OBJECT

public slots:
    void connected();
    void disconnected();
    void send_buzzeron();
    void send_buzzeroff();
    void send_ledon();
    void send_ledoff();
    void read_sensor();

public:
    Widget(QWidget *parent = nullptr);
    ~Widget();

    QLabel *lb_temp_text;
    QLCDNumber *lcd_temp;
    QPushButton *bt_buzzer_on;
    QPushButton *bt_buzzer_off;
    QPushButton *bt_led_on;
    QPushButton *bt_led_off;

    QTcpSocket *sock;
};
#endif //WIDGET_H
```

4）widget.cpp。在 widget.cpp C++程序中完成以下功能：

①创建界面组件对象，为它们设置需要显示的文字及有效状态。

②将所创建的界面组件加入到网格界面布局中。

③QTcpSocket 对象提供了 TCP 网络通信功能，当客户端成功连接服务器时，系统将会产生 connected 信号，所以需要将信号和槽进行绑定。

④完成相应槽的功能实现。

注意，将 connectToHost()函数中的 xxx.xxx.xxx.xxx 替换成实际的网关 IP。具体代码如下：

```
#include "widget.h"
#include <QGridLayout>

Widget::Widget(QWidget *parent) : QWidget(parent)
{
    lb_temp_text = new QLabel("温度");
    lcd_temp = new QLCDNumber;
    bt_buzzer_on = new QPushButton("开警报");
    bt_buzzer_off = new QPushButton("关警报");
    bt_led_on = new QPushButton("开灯");
    bt_led_off = new QPushButton("关灯");
    lb_temp_text->setEnabled(false);
    lcd_temp->setEnabled(false);
    bt_buzzer_on->setEnabled(false);
    bt_buzzer_off->setEnabled(false);

    QGridLayout *gbox = new QGridLayout;
    gbox->addWidget(lb_temp_text, 0, 0);
    gbox->addWidget(lcd_temp, 0, 1);
    gbox->addWidget(bt_buzzer_on, 1, 0);
    gbox->addWidget(bt_buzzer_off, 1, 1);
    gbox->addWidget(bt_led_on, 2, 0);
    gbox->addWidget(bt_led_off, 2, 1);
    setLayout(gbox);

    sock = new QTcpSocket;
    connect(sock, SIGNAL(connected()), this, SLOT(connected()));
    connect(sock, SIGNAL(disconnected()), this, SLOT(disconnected()));

    connect(bt_buzzer_on, SIGNAL(clicked(bool)), this, SLOT(send_buzzeron()));
    connect(bt_buzzer_off, SIGNAL(clicked(bool)), this, SLOT(send_buzzeroff()));

    connect(bt_led_on, SIGNAL(clicked(bool)), this, SLOT(send_ledon()));
    connect(bt_led_off, SIGNAL(clicked(bool)), this, SLOT(send_ledoff()));

    connect(sock, SIGNAL(readyRead()), this, SLOT(read_sensor()));
    sock->connectToHost("xxx.xxx.xxx.xxx", 8888);
}
```

```cpp
Widget::~Widget()
{

}

void Widget::read_sensor()
{
    QByteArray buf = sock->readAll(); //22:32:444

    QString str = buf;
    QStringList words = str.split(':');
    if(words.length() >= 3)
    {
        lcd_temp->display( words[1] ); //显示温度
    }
}

void Widget::connected()
{
    lb_temp_text->setEnabled(true);
    lcd_temp->setEnabled(true);
    bt_buzzer_on->setEnabled(true);
    bt_buzzer_off->setEnabled(true);
}

void Widget::disconnected()
{
    lb_temp_text->setEnabled(false);
    lcd_temp->setEnabled(false);
    bt_buzzer_on->setEnabled(false);
    bt_buzzer_off->setEnabled(false);
}

void Widget::send_buzzeron()
{
    sock->write("2"); //开蜂鸣器
}

void Widget::send_buzzeroff()
{
    sock->write("3"); //关蜂鸣器
}

void Widget::send_ledon()
{
    sock->write("0"); //开 LED
}
```

```
void Widget::send_ledoff()
{
    sock->write("1"); //关 LED
}
```

5）编译并运行程序。编写完代码后存盘，再按 Ctrl+R 快捷键或单击 Qt 左下角的"运行"按钮。如果看到如图 4-79 所示的结果，则表明 Qt 上位机程序顺利与网关通信，获取并显示了终端节点上的温度数据。还可以单击"开警报""关警报""开灯""关灯"按钮向终端节点发送控制命令。

图 4-79　Qt 上位机程序的执行结果

【实现方法】

1．界面设计

如果把网关 IP 强行编码到程序中，显然是无法投入使用的。在此，我们在界面中提供一个可输入网关 IP 的输入框，在其左边放一个"IP 连接"按钮，单击该按钮实现以 TCP 协议连接网关。界面的中间部分则显示从网关传送过来的环境数据。界面的下方放有 6 个按钮，用于完成对终端节点上硬件设备的控制，所设计的界面如图 4-80 所示。

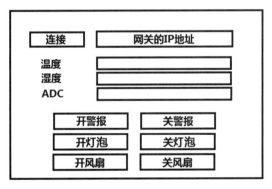

图 4-80　Qt 上位机程序界面的设计

2．程序实现

创建一个 SmartHomeV2 目录，下面我们要设计一个通过网关的智能家居上位机程序（Qt 客户端程序）。

（1）创建 Qt 项目。创建 Qt 项目 APP_to_gateway，操作方法参见上例。注意，在此本项目的保存目录为 SmartHomeV2\APP_to_gateway。

（2）APP_to_gateway.pro。在 APP_to_gateway.pro 文件中添加 network：

```
QT += core gui network
```

（3）widget.h。在 widget.h 头文件中，定义 Qt 程序的界面组件变量和相应按钮所对应槽的声明。具体代码如下：

```cpp
#ifndef WIDGET_H
#define WIDGET_H

#include <QWidget>
#include <QPushButton>
#include <QLabel>
#include <QLCDNumber>
#include <QTcpSocket>
#include <QLineEdit>

class Widget : public QWidget
{
    Q_OBJECT

public slots:
    void connected();
    void disconnected();
    void send_buzzeron();
    void send_buzzeroff();
    void send_ledon();
    void send_ledoff();
    void send_fanon();
    void send_fanoff();
    void read_sensor();
    void connect_server();

public:
    Widget(QWidget *parent = nullptr);
    ~Widget();

    QPushButton *bt_connect;            // "连接" 按钮
    QLineEdit *le_ip;                   //网关 IP 编辑框

    QLabel *lb_temp_text;               //温度标签
    QLabel *lb_hum_text;                //湿度标签
    QLabel *lb_adc_text;                //ADC 标签

    QLCDNumber *lcd_temp;               //温度数据
    QLCDNumber *lcd_hum;                //湿度数据
    QLCDNumber *lcd_adc;                //ADC 数据

    QPushButton *bt_buzzer_on;          // "开警报" 按钮
    QPushButton *bt_buzzer_off;         // "关警报" 按钮
    QPushButton *bt_led_on;             // "开灯泡" 按钮
```

```
    QPushButton *bt_led_off;          // "关灯泡" 按钮
    QPushButton *bt_fan_on;           // "开风扇" 按钮
    QPushButton *bt_fan_off;          // "关风扇" 按钮

    QTcpSocket *sock;                 //网络通信的套接字
};
#endif //WIDGET_H
```

（4）widget.cpp。在 widget.cpp C++程序中，完成界面的设计、信号和槽的绑定，并完成相应槽的功能，具体代码如下：

```cpp
#include "widget.h"
#include <QGridLayout>

Widget::Widget(QWidget *parent) : QWidget(parent)
{
    bt_connect = new QPushButton("连接");
    le_ip = new QLineEdit("xxx.xxx.xxx.xxx");        //修改为网关实际 IP

    lb_temp_text = new QLabel("温度");
    lb_hum_text = new QLabel("湿度");
    lb_adc_text = new QLabel("ADC");

    lcd_temp = new QLCDNumber;
    lcd_hum = new QLCDNumber;
    lcd_adc = new QLCDNumber;
    bt_buzzer_on = new QPushButton("开警报");
    bt_buzzer_off = new QPushButton("关警报");
    bt_led_on = new QPushButton("开灯泡");
    bt_led_off = new QPushButton("关灯泡");
    bt_fan_on = new QPushButton("开风扇");
    bt_fan_off = new QPushButton("关风扇");

    bt_buzzer_on->setEnabled(false);
    bt_buzzer_off->setEnabled(false);
    bt_led_on->setEnabled(false);
    bt_led_off->setEnabled(false);
    bt_fan_on->setEnabled(false);
    bt_fan_off->setEnabled(false);

    QGridLayout *gbox = new QGridLayout;
    gbox->addWidget(bt_connect, 0, 0);
    gbox->addWidget(le_ip, 0, 1);
    gbox->addWidget(lb_temp_text, 1, 0);
    gbox->addWidget(lcd_temp, 1, 1);
    gbox->addWidget(lb_hum_text, 2, 0);
    gbox->addWidget(lcd_hum, 2, 1);
    gbox->addWidget(lb_adc_text, 3, 0);
```

```
        gbox->addWidget(lcd_adc, 3, 1);

        gbox->addWidget(bt_buzzer_on, 4, 0);
        gbox->addWidget(bt_buzzer_off, 4, 1);
        gbox->addWidget(bt_led_on, 5, 0);
        gbox->addWidget(bt_led_off, 5, 1);
        gbox->addWidget(bt_fan_on, 6, 0);
        gbox->addWidget(bt_fan_off, 6, 1);
        setLayout(gbox);

        sock = new QTcpSocket;
        connect(sock, SIGNAL(connected()), this, SLOT(connected()));
        connect(sock, SIGNAL(disconnected()), this, SLOT(disconnected()));

        connect(bt_buzzer_on, SIGNAL(clicked(bool)), this, SLOT(send_buzzeron()));
        connect(bt_buzzer_off, SIGNAL(clicked(bool)), this, SLOT(send_buzzeroff()));
        connect(bt_led_on, SIGNAL(clicked(bool)), this, SLOT(send_ledon()));
        connect(bt_led_off, SIGNAL(clicked(bool)), this, SLOT(send_ledoff()));
        connect(bt_fan_on, SIGNAL(clicked(bool)), this, SLOT(send_fanon()));
        connect(bt_fan_off, SIGNAL(clicked(bool)), this, SLOT(send_fanoff()));

        connect(bt_connect, SIGNAL(clicked(bool)), this, SLOT(connect_server()));
        connect(sock, SIGNAL(readyRead()), this, SLOT(read_sensor()));
}

Widget::~Widget()
{
}

void Widget::connect_server()
{
        sock->connectToHost(le_ip->text(), 8888);
}

void Widget::read_sensor()
{
        QByteArray buf = sock->readAll(); //22:32:444

        QString str = buf;
        QStringList words = str.split(':');
        if(words.length() >= 3)
        {
                lcd_temp->display( words[1] );
                lcd_hum->display( words[0] );
                lcd_adc->display( words[2] );
        }
```

```
}

void Widget::connected()
{
    bt_buzzer_on->setEnabled(true);
    bt_buzzer_off->setEnabled(true);
    bt_led_on->setEnabled(true);
    bt_led_off->setEnabled(true);
    bt_fan_on->setEnabled(true);
    bt_fan_off->setEnabled(true);
}
void Widget::disconnected()
{
    bt_buzzer_on->setEnabled(false);
    bt_buzzer_off->setEnabled(false);
    bt_led_on->setEnabled(false);
    bt_led_off->setEnabled(false);
    bt_fan_on->setEnabled(false);
    bt_fan_off->setEnabled(false);
}
void Widget::send_buzzeron()
{
    sock->write("2");
}
void Widget::send_buzzeroff()
{
    sock->write("3");
}

void Widget::send_ledon()
{
    sock->write("0");
}
void Widget::send_ledoff()
{
    sock->write("1");
}
void Widget::send_fanon()
{
    sock->write("4");
}
void Widget::send_fanoff()
{
    sock->write("5");
}
```

3. 程序的运行

保存代码，单击 Qt 左下角的"运行"按钮让程序运行起来。

首先，输入网关的 IP 地址。

然后，单击"连接"按钮去连接网关，如果工作正常，则可以在界面上看到终端节点通过网关发给上位机的温湿度采集数据，如图 4-81 所示。

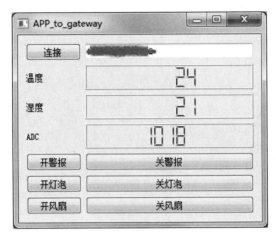

图 4-81　程序执行结果

最后，单击"开警报""关警报""开灯泡""关灯泡""开风扇""关风扇"按钮向终端节点上的设备发送控制命令，结果是 Qt 上位机程序完全能对终端节点上的设备进行控制。

4. Qt 程序在手机上的部署

使用 Qt 开发程序的一大优势就是可以跨平台进行应用程序的部署，也就是说，我们开发的 Windows 程序也可以部署到手机上去。下面以将 Qt 程序部署到安卓手机为例加以说明。

（1）Qt 安卓开发环境搭建。

搭建 Qt 安卓开发环境需要安装的软件有 Java SDK、Android SDK 和 Android NDK。

Qt 安卓开发环境的搭建是将以上软件安装和配置好，然后在 Qt Creator 中填入安装的目录。

注意：这 3 个软件和 Qt 的版本必须要对应；这 3 个软件的安装目录名称一定不要有中文；在安装 Qt 时需要把 Android 组件勾选上，如图 4-82 所示。

1）Java SDK 的安装。

首先，双击 jdk-8u351-windows-x64.exe 程序，按照安装向导的提示完成 JDK8 的安装。此时，JDK 默认被安装在 C:\Program Files\Java\jdk1.8.0_351\目录中。

然后，新建系统变量 JAVA_HOME，设置其值为 C:\Program Files\Java\jdk1.8.0_351\，也就是 JDK 的安装目录。

接着新建系统变量 CLASSPATH，设置其值为%JAVA_HOME%\lib;%JAVA_HOME%\lib\tools.jar。

最后，在 Path 变量中增加%JAVA_HOME%\bin 并移到最前面。

变量设置如图 4-83 所示。

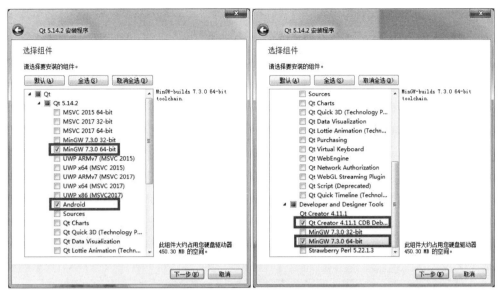

图 4-82　勾选 Android 组件

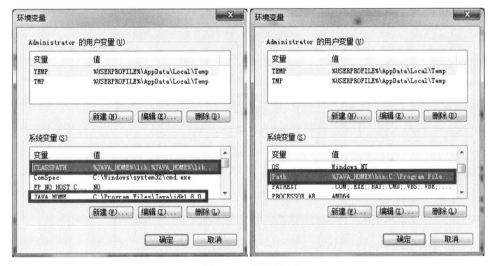

图 4-83　变量设置

2）Android SDK 的安装。

首先，将 android-sdk_r24.4.1-windows.zip 解压到 Qt 的安装目录（C:\Qt），可以看到解压后的完整目录为 C:\Qt\android-sdk-windows。

然后，双击 sdk-manager.exe 程序在线安装 Android SDK，勾选需要安装的开发工具和相应版本的软件包，如图 4-84 至图 4-86 所示。

单击右下角的 Install xxx packages 按钮，在弹出的对话框中依次选中各根节点并单击右下角的 Accept License 按钮后才可继续安装，如图 4-87 所示。

注意：需要在 C:盘上至少保留 45GB 磁盘空间给在线安装 SDK 使用。也就是说，按我们以上勾选的工具和开发包，安装完成后，C:\Qt\android-sdk-windows 目录中文件所占的磁盘空间将会接近 45GB。

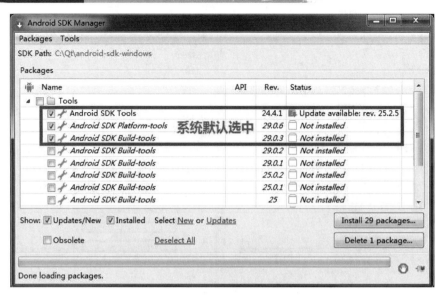

图 4-84 Tools 中系统默认勾选的工具

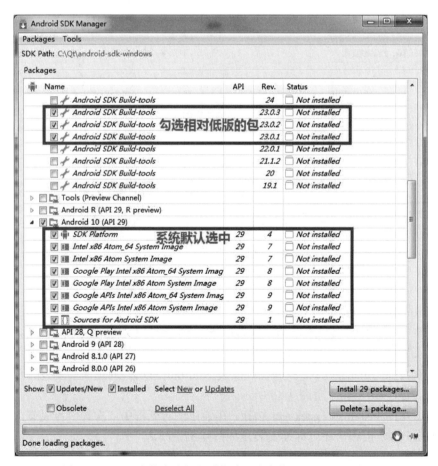

图 4-85 Tools 中的自选包和系统默认选中的 Android10 版的包

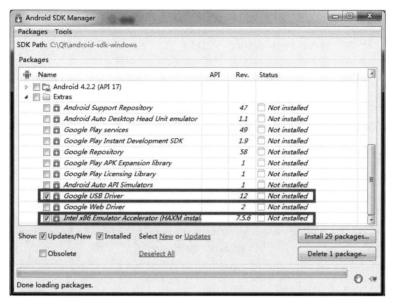

图 4-86   Extras 中 USB 驱动包和模拟器加速包

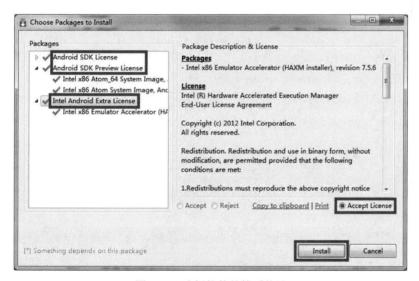

图 4-87   选择软件并接受协议

3）Android NDK 的安装。

Android NDK 的安装就是将 android-ndk-r20b-windows-x86_64.zip 解压到 Qt 的安装目录（C:\Qt）中。此时，在 C:\Qt 目录中会包含 android-ndk-r20b、android-sdk-windows 和 Qt5.14.2 三个文件夹。

4）创建安卓模拟器。

运行 C:\Qt\android-sdk-windows\AVD Manager.exe 程序，打开安卓模拟器管理器程序，单击 Create 按钮创建一个安卓模拟器，如图 4-88 至图 4-90 所示。

图 4-88　创建 AVD

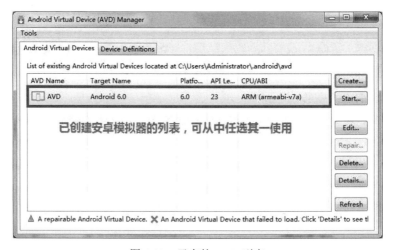

图 4-89　创建 AVD 的设置

图 4-90　已有的 AVD 列表

5）设置环境。

打开 Qt Creator，选择"工具"→"选项"→"设备"→Android，设置 Android SDK 和 Android NDK 的路径作为我们解压后的目录，如图 4-91 所示。

图 4-91　在 Qt 中设置 Android 环境

（2）创建可部署到安卓手机的项目。

1）新建 Qt 项目 APP_to_gateway_V2，实现 APP_to_gateway 项目功能并同时支持桌面和安卓设备。新建项目向导的设置如图 4-92 至图 4-94 所示。

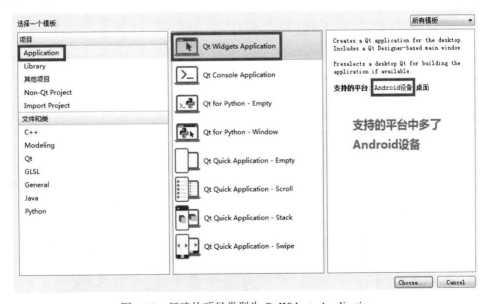

图 4-92　新建的项目类型为 Qt Widgets Application

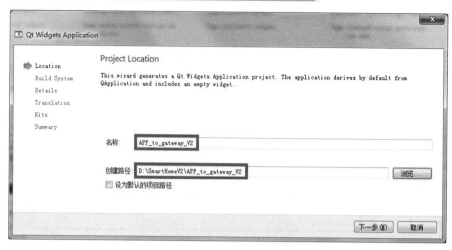

图 4-93　新建项目的名称和创建路径

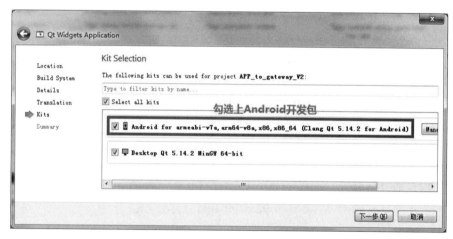

图 4-94　勾选本项目所支持的平台

2）在完成项目的创建后，参考 APP_to_gateway 项目完成相应设置及 widget.h 和 widget.cpp 程序的编写。

（3）将项目部署到安卓手机模拟器。

1）选择程序执行平台为 Android，如图 4-95 所示。

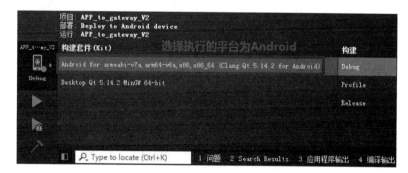

图 4-95　勾选程序的执行平台为 Android

2）单击"运行"图标按钮，在弹出的对话框中选择要执行本程序的 AVD 模拟器并单击 OK 按钮，如图 4-96 所示。

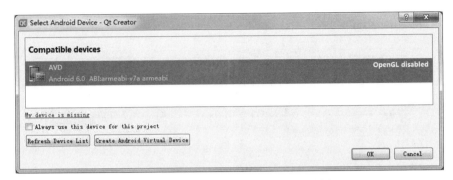

图 4-96　选中 AVD 模拟器并单击 OK 按钮

等待完成 AVD 模拟器的启动，如图 4-97 所示。

图 4-97　完成 AVD 模拟器的启动

3）Qt 开发中，默认使用的 AVD 模拟器运行缓慢，建议使用逍遥模拟器。从逍遥模拟器官网下载该软件，安装并运行该模拟器，如图 4-98 所示。

图 4-98　逍遥模拟器

打开 Windows 的控制台，执行以下命令：

C:\Qt\android-sdk-windows\platform-tools>adb connect 127.0.0.1:21503

4）回到 Qt，再次执行程序，此时弹出对话框的最上面就是逍遥模拟器，选择该模拟器并单击 OK 按钮，如图 4-99 所示。

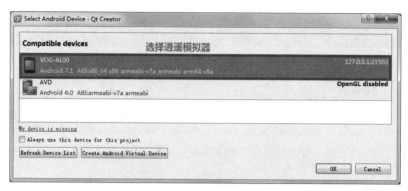

图 4-99　执行程序时选择逍遥模拟器

5）等待 Qt 将程序上传到逍遥模拟器，程序在逍遥模拟器中的执行结果如图 4-100 所示，与预期一致。注意，连接 IP 依据实际网关地址进行填写。

图 4-100　程序在逍遥模拟器上的执行结果

（4）将项目部署到安卓手机真机。

下面以华为手机为例进行说明。

1）在计算机上安装"华为手机助手"软件，只有安装了该软件，计算机才能识别华为手机。

2）通过 USB 将手机与计算机连接起来。

3）依照手机提示操作，手机被计算机正确识别并正确连接。

4）Qt 中执行程序选择真机或将生成的程序上传到手机进行手工安装，程序在手机真机上的执行结果如图 4-101 所示。

在手机上使用该程序得到的结果与在计算机上执行 Qt 程序的结果完全一致。注意，在测试中，计算机 IP、网关 IP 和手机 IP 均需要位于同一网段中，即它们的 IP 都在同一局域网中。

当然，如果它们同时都具有外网独立 IP 地址也没有问题。

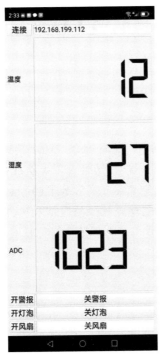

图 4-101　程序在手机真机上的执行结果

【思考与练习】

理论题

1．Qt 应用程序的编程方法（界面设计、事件处理机制）。
2．Linux 系统中服务器端套接字的编程方法。
3．Qt 中的客户端套接字的编程方法。

实训题

智能家居系统的设计与实现。

第5章　物联网工程项目上云平台

作为连接感应器网络及应用程序的关键部分，物联网云平台利用其收集的数据来支持下游应用的功能并提升下游应用的服务质量。这种由顶端至底部的信息流转模式展示了信息的逐渐增值过程，它是一种汇聚多种功能且具有高附加值的 PaaS（平台即服务）服务。该服务的目标在于为所有类型的物联网装置创建一致性的通信入口，同时还提供了数据存储和解析的服务，从而减少了物联网项目的实施费用。本章将介绍物联网云平台的概念及主流云平台、如何选择物联网云平台、云平台的搭建。

通过学习将之前的物联网项目搭建到现有的物联网云平台上，让物联网项目的开发能够更专注于自身应用，无需将工作焦点集中在设备接入层的环境建立上。

任务1　物联网云平台的概念及主流云平台

【任务描述】

通过学习了解物联网云平台的概念及目前主流云平台的特点。

【任务要求】

掌握物联网云平台的概念及功能。

【知识链接】

1. 物联网云平台的概念

物联网云平台是逐步发展演化而来的物联网中间件概念。它融合了物联网平台和云计算技术，在 IaaS 层上建立了 PaaS 软件，通过连接感知层和应用层管理物联网终端设备，汇集、存储感知数据，提供应用开发的标准接口和通用工具模块，以 SaaS 软件形态传达给最终用户，通过数据处理、分析和可视化推动理性、高效决策。

作为物联网系统的关键部分，物联网云平台负责协调和整合大量设备及资讯，形成一种高效率并不断扩展的生态环境，这正是物联网行业的核心所在。伴随着设备连线数量增加、数据积累增多、分析技术增强、使用情境多样而深远，物联网云平台的市场潜能将会继续扩大。

物联网云平台提供了确保安全的设备联机通信功能，允许设备数据上传至云端，同时利用规则引擎处理数据并在云端向设备发送数据。另外，它还具备简易便利的设备管理特性，可对物模型进行设定，实现数据结构化的存储，并且可以进行远程测试、监视、维护等操作。

2. 阿里物联网云平台

作为阿里巴巴集团推出的一款专业的物联网服务器，阿里云 IoT 提供了从云到边缘的基础设施集成方案，包括技术支撑、业务策略协作执行、软件/硬件出售、市场宣传、需求匹配等多项功能。该系统具备了确保设备网络安全的通信能力和将设备信息的数据收集上传至云端的能力，同时还具有强大的设备控制能力，可实现物模型设定、数据格式化的存储、远程测试、监测和维护等操作。

作为一种强大的基础设施工具，阿里的云网络技术能够确保所有终端的安全性和稳定性，并支持将大量硬件的数据收集并上传到其后台系统中去。同时它还具备了对各种应用程序接口（APIs）的支持功能，使得客户端可以通过这些 API 来发送命令给相应的物理装置以完成远距离操控任务。此外，该产品还有许多附加的功能模块可供使用，例如智能化的机器操作模式设置器件监控机制、大数据处理算法等，这都大大提升了一般 IoT（物联网）和各行各业软件开发商的能力水平。

阿里云 IoT 提供以下主要能力：

（1）设备接入。

1）能够连接大量设备到云端，在设备和云端之间通过 IoT Hub 实现稳定可靠的双向通信。

2）协助各种设备和网关轻松地接入阿里云，包括提供设备端的 SDK、驱动程序和软件包等。

3）提供不同网络设备接入方案，包括 2G/3G/4G、NB-IoT、LoRaWAN、Wi-Fi 等，帮助企业解决异构网络设备接入管理难题。

4）提供设备端 SDK，支持 MQTT、CoAP、HTTP/S 等多种协议，可同时满足长连接的及时性需求和短连接的节能需求。

5）开放各类设备端代码，提供跨平台移植的引导，以便企业能够在多个平台上进行设备连接。

（2）设备管理。

1）提供设备整个生命周期的管理功能，包括设备注册、定义功能、解析数据、在线调试、配置远程、更新软件、远程维护、实时监控、管理分组、删除设备等。

2）提供设备物模型，简化应用开发。

3）提供设备更新通知服务，以便实时了解设备的状态。

4）提供数据存储功能，使用户能够方便地存储和实时访问设备的大量数据。

5）支持 OTA 升级，赋能设备远程升级。

6）提供设备影子缓存策略，实现设备与应用的分离，以解决在不稳定无线网络环境下通信不可靠的问题。

（3）安全能力。

采取多种保护措施，确保设备和云端数据的安全性。

（4）身份认证。

1）提供高级的芯片安全存储方案（ID^2）和设备密钥的安全管理系统，以防止设备密钥被破译，其安全等级极高。

2）为了降低设备被攻破的风险，可以采用一机一密的设备认证机制。这种方法适合那些有能力批量分配设备证书（ProductKey、DeviceName 和 DeviceSecret），并将设备证书信息写入每个芯片的设备。

3）实施一种单一密钥的设备验证系统。该系统通过生成并使用设备预先测试的产品证书（ProductKey 和 ProductSecret）来实现对设备的实时验证。这种方式适用于大规模制造过程中难以把设备证书嵌入到每台设备中的情况，其安全等级为一般。

4）设备认证机制提供了 X.509 证书，并支持基于 MQTT 协议的设备直连使用 X.509 证书进行认证，安全性非常高。

（5）通信安全。

1）支持 TLS（MQTT\HTTP）和 DTLS（CoAP）这两种数据传输方式，确保数据的安全性和完整性。这对于硬件资源充裕且对功耗不敏感的设备来说是非常有用的。

2）支持对设备的权限管理，确保其与云端的安全交流。

3）确保通信资源（Topic 等）在设备级别进行隔离，以避免发生设备越权等问题。

（6）规则引擎。

1）服务端可通过 AMQP 客户端或消息服务（MNS）客户端订阅某产品下所有设备的一种或多种类型的消息。

2）根据设定的数据传输规则，物联网平台会将特定 Topic 消息中的特定字段转移到目标地点进行存储和计算处理。

3）将信息传输到另一台设备的 Topic 中以实现设备间的交互。

4）将信息发送至 AMQP 服务器的订阅消费群组，服务器通过 AMQP 客户端监控消费群组以获取信息。

5）确保应用消费设备数据的稳定可靠性，将数据传输到消息服务和消息队列。

6）将数据传输到表格存储（Table Store），提供设备数据收集和结构化存储的整合解决方案。

7）将数据传输到云端数据库（RDS），并提供一个集设备数据收集和关系型数据库存储于一体的解决方案。

8）DataHub 负责数据传输，并提供一个设备数据收集和大数据处理的综合解决方案。

9）将信息发送至时间序列空间数据库（TSDB），提供设备信息收集和时间序列信息存储的合并计划。

10）将数据传输至函数运算，提供一个设备数据采集和时间计算的综合解决方案。

11）只需设定简单的规则即可将设备数据无缝地传输到其他设备，实现设备间的协同。

3. 中国移动物联网云平台

OneNET 是中国移动打造的高效、稳定、安全的物联网开放平台。该系统能够适应多种通信模式并兼容不同类型的通信接口，这使得它能迅速地与各式终端如电子仪器及智能化产品相连结，同时还提供了大量的 API 和预设程序来协助各个行业的软件设计工作，从而减少对 IoT 的研发投入及其实施过程中的费用支出，满足物联网领域设备连接、协议适配、数据存储、数据安全、大数据分析等平台级服务需求。

OneNET 已经成功搭建了 cloud network edge endpoint 的全局结构来支持其 IoT 功能，具备

接入增强、边缘计算、增值能力、AI、数据分析、一站式开发、行业能力、生态开放八大特点。最新版的 OneNET 平台不仅往下延伸至对各种类型终端的支持和适应能力，还往上升华到了各个行业的具体运用中去，它可以为用户提供包括基本硬件管理的设备接入、设备管理等基础设备管理能力，以及位置定位（LBS）、远程升级（OTA）、数据可视化（View）、消息队列（MQ）等 PaaS 能力。此外，伴随着第五代移动通信技术的推广使用，该系统还在积极探索着如何利用第五代移动通信技术和 OneNET 的技术优势来推出新的创新型产品和服务项目，特别是优化视频能力（Video）、人工智能（AI）、边缘计算（Edge）这些核心领域的关键性产品的研发与完善工作更是得到了高度重视。

OneNET 的主要功能如下：

（1）设备接入。设备接入支持多种行业和主流标准协议，包括 NB-IoT（LWM2M）、MQTT、EDP、JT808、Modbus、HTTP 等物联网套件，满足多种应用场景的使用需求。提供多种语言开发 SDK，以便开发人员能够迅速接入设备。此外，还支持用户自定义协议，并通过 TCP 透传方式上传解析脚本来完成协议的解析工作。

（2）设备管理。赋予了设备全生命周期的管理职能，允许用户对设备进行登记、升级和检索等操作，同时也能执行设备移除的操作。提供了设备实时状况的管理服务，并能通过设备上线与下线的通知来协助用户监控设备的状态。具备设备数据存储的能力，有助于用户大量数据的保存，同时也提供了用于设备测试及故障排查的工具和日志记录，从而使用户能够迅速地调整设备并且准确找到问题的所在。

（3）位置定位。提供了以基站为基础的定位功能，这包括了对国内和国际范围内的 2G、3G 和 4G 基站的支持。具备针对 NB-IoT 基站的定位技术，能够满足 NB 设备在位置定位方面的需求。可以实现长达 7 天的连续追踪记录，用户可以在任何一周的时间范围内获取历史路径信息。

（4）远程升级。为终端设备提供远程 FOTA 升级服务，支持各种类型的模组，包括 2G、3G、4G、NB-IoT、Wi-Fi，同时也提供对终端控制单元的远程 SOTA 升级服务，以满足用户对应用软件的不断升级需求。支持对群体和策略进行升级，提供完整包和差分包的升级功能。

（5）消息队列。基于分布式技术架构，具有高可用性、高吞吐量、高扩展性等特点，支持 TLS 加密传输，提高传输安全性，支持多个客户端对同一队列进行消费，支持业务缓存功能，具有削峰去谷特性。

（6）数据可视化。无需编写代码，通过直观的拖放来设置，可快速构建出物联网视觉展示的大型屏幕，并提供了大量的针对物联网行业的个性化模板和部件。同时还能够连接到 OneNET 内部的数据库、第三方的数据库、Excel 中的静态文档等各种数据来源，并且可以根据不同的显示设备自适应调整其分辨率，以满足各类应用环境的需求。

（7）人工智能。通过 API 为用户提供包括人脸比较、人脸识别、图像强化、图像追踪、车牌辨认、运动侦测等多种智能技术，以方便用户整合和应用这些技术。

（8）视频能力。提供视频平台、直播服务、端到端解决方案等多项视频功能，包括提供设备端和应用端的 SDK，帮助快速实现视频监控和直播等设备和应用功能，支持通过视频网关盒子接入平台的 Onvif 视频设备。

（9）边缘计算。支持私有化协议适配、协议转换能力，以适应各种设备进入平台的需求，同时允许在设备端实施近距离安装，并为用户带来较低延迟、高度安全的本地自主网络门户服务，同时也能够实现"云—边"协作，比如让 AI 的能力在云端进行推断并在边缘部分完成任务。

（10）应用开发环境。赋予了全面的云端在线应用搭建功能，协助用户迅速开发云上的应用程序，并允许 SaaS 应用存放在云端，提供了从创建到测试再到包装和一键发布的一系列工具，也为各种领域的服务进行了积累，如支付、服务定位等。还提供了各行各业的基础业务模式模板，并且用户可以使用视觉化的界面来轻松地安排流程。

任务 2　如何选择物联网云平台

【任务描述】

学习物联网云平台的各层功能和任务。

【任务要求】

通过学习物联网云平台的各层功能和任务了解如何合理选择适合自己项目的物联网云平台。

【知识链接】

1. 如何选择物联网云平台

物联网云平台为实现对物理对象的网络接入提供了一系列全面的服务，它需要具备处理数十万个设备同步联网的能力，并能简易地设定设备间的通信设置。当面临众多繁杂的物联网云平台选项时，挑选出适合自己项目的云平台往往是一项颇具挑战的事务。因此，我们必须依据自身的实际需求及物联网云平台的标准去筛选最适宜的物联网云平台。

作为物联网网络结构及产业链的关键部分，物联网云平台能够完成从终端装置到资源的管理控制经营的一体化任务，并能往下链接感测器层次，向上面向应用服务的供应商供应应用程序开发的能力和一致性的接口。此外，物联网云平台还能为各个行业提供通用化的服务功能，如数据传输路径、数据分析与提取、模拟与优化、商业过程和服务应用集成、通信管理、软件开发、设备保养服务等。

作为一个中间的套件层，物联网云平台负责收集来自传感器和设备的数据，并将这些数据传递给人类或用于分析的软件，以此产生见解。大部分的物联网云平台都提供了预先设定的 API 和设备 SDK，这使得开发者可以无缝地接入各种硬件平台并且利用它们的云服务。简而言之，物联网云平台担任了设备与网络间的稳固桥梁角色，同时也可以被用作一系列的管理工具去控制远程的设备。然而，为了处理大量由设备生成的数据，物联网云平台必须具备相应的能力，而且应允许多样化的设备设置以便实现两端的云通信。部分物联网云平台仅能接收单一方向的信息流，也就是设备至云端。

2. 物联网云平台的类型

根据推理顺序自底部向顶部提供了 4 项主要服务，而物联网云平台也可以进一步细分为设备管理平台、连接管理平台、应用使能平台、业务分析平台 4 个平台，如图 5-1 所示。

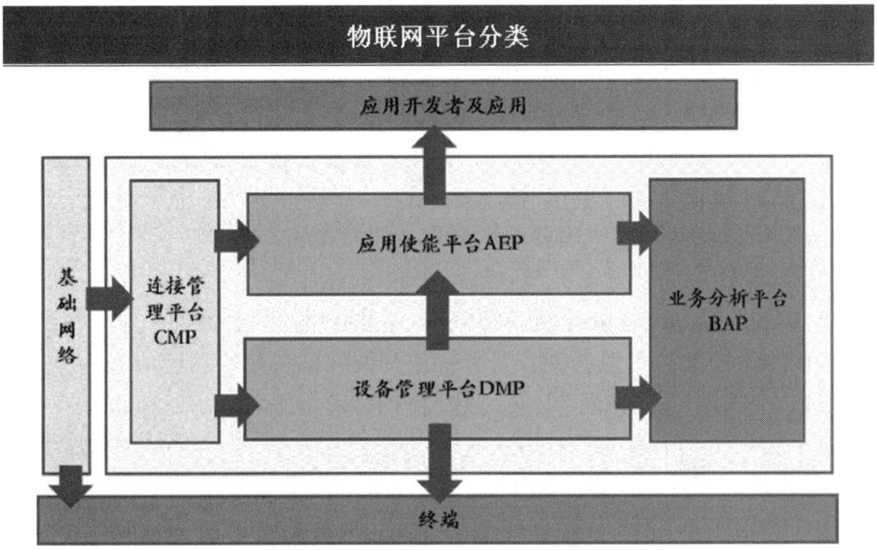

图 5-1　物联网云平台分类

（1）DMP（Device Management Platform，设备管理平台）。DMP 的核心任务是实现对物联网终端的远距离监测、配置更改、软件更新、问题诊断等一系列操作，并且借助公开的 API 访问方式协助用户完成系统整合于整个端到端的 M2M 设备管理方案之中。

通常情况下，DMP 会作为整个设备管理的完整方案的一部分被整合进去，并以统一的价格收取费用。其主要职责是处理用户和物联网设备的管理问题，如设备的设置、重新启动、停用、复位至初始状态、更新或倒退等操作。其对现场生成的数据进行检索，提供根据现场数据触发的警报服务，并对设备的寿命周期实施管理。

设备管理的关键并不是基本的连接和控制功能，而是在增值业务运营和保养方面。通过大量设备数据的收集识别出优化的商业流程甚至新型商业模式，对设备进行全生命周期的管理和维护，可以帮助客户实现降低成本、提高效益的目标。

常见的 DMP 平台有 Bosch IoT Suite、IBM Watson、DiGi、百度云物接入 IoTHub、三一重工根云、GEPredix 等。比如说百度云物接入 IoTHub 建立在 IaaS 平台的 PaaS 平台上，提供全托管云服务，帮助建立设备与云端之间的双向连接，支持各种物联网场景，包括海量设备的数据收集、监控和故障预测。一些行业巨头也是设备供应商，他们将业务拓展至平台层面，通常会提供全面解决方案，有些还能整合 CRM、ERP、MES 等信息系统。

（2）CMP（Connectivity Management Platform，连接管理平台）。

CMP 是指一种利用通信服务公司提供的无线或有线通信技术来实现设备间的互联和控制的管理系统。这个系统能够有效地执行设备联网设置及故障监控、确保终端网络通路的持续可靠性、网络使用量的控制、费用结算的管理、套餐调整等工作。其功能通常包括号码/IP 地址/Mac 资源管理、SIM 卡管控、连接资费管理、套餐管理、网络资源用量管理、账单管理、故障管理等。物联网连接具备 M2M 连接数大、单个物品连接 ARPU 值低的特点，这导致多数运营商放弃自建 CMP 平台，而是与专门化的 CMP 供应商合作。

物联网智库的研究表明，如果一家公司有超过 1000 个连接的企业，那么从长远角度看，采用云服务平台相较于自行构建 IT 基础设施能节约高达 90% 的费用。同时，许多物联网用户是跨国公司,他们在挑选服务提供商的时候更倾向于一站式访问全球网络,所以具有广泛国际影响力的领导型 CMP 企业的竞争力更为明显。

常见的 CMP 有华为的 OceanConnect、思科的 Jasper、爱立信的 DCP、沃达丰的 GDSP、Telit 的 M2M、PTC 的 Thingworx 和 Axeda。其中,Jasper 规模最大,与全球超过 100 家运营商、3500 家企业客户开展合作。

在国内三大电信运营商中,中国移动选择自主研发 OneNET 连接管理平台,中国联通与 CMP 供应商合作,中国电信研发了天翼物联网平台(AIoT)。

(3) AEP(Application Enablement Platform,应用使能平台)。

AEP 是一种 PaaS 平台,可以帮助开发者快速开发并部署物联网应用服务。它提供了完整的应用开发工具、中间件、业务逻辑引擎、API 接口、应用服务器等,有助于节省大量开发时间和预算。

由于物联网市场的碎片化特点,AEP 提供了全面的开发工具、多样的部署选项、企业级 SDK 和可拓展的通用中间件,从而显著降低了开发门槛。利用 AEP 可以有效降低应用的开发成本,及时抢占市场先机。

知名的 AEP 供应商有 PTCThing worx、艾拉物联、机智云、Comulo city、AWS IoT 和 Watson IoT Platform 等。我们选择机智云作为示例,它是中国电信白电行业的使能工具,是由日海物联和机智云共同打造的,其目标主要是为智能家居电器领域的企业提供支持,协助他们开展产品的研发工作。该工具提供了标准化的接口用于管理、分析和提取数据,这使得应用程序开发商可以简单地使用这些接口来构建他们的移动设备或应用软件平台,终端用户只需借助手机或计算机即可方便地操作智能家居电器。

(4) BAP(Business Analytics Platform,业务分析平台)。

BAP 的主要功能是利用大数据分析和机器学习等手段深入挖掘数据信息,并将这些信息以图形或数据报表的形式呈现出来。同时,它也可以被用于特定行业的商业决策中。借助 BAP,可以构建出相应的模型来预估未来的业务趋势或者实施设备的预防性维修工作。然而,受限于当前的人工智能技术和数据收集手段,该平台尚未达到完全完善的状态。

在这个以互联网为基础的产业中,核心部分就是物联网服务平台了,它发挥着至关重要的作用。近年来,许多企业都在积极投入其中,到了 2018 年后半段,这股热潮仍在继续升温且日益激烈,预示了一个全人类共享的世界正在逐步形成。然而,在国内行业的现况下看,尽管每个服务供应商因自身的成长情况及其优势有所不同,到目前为止,几乎很少有公司在业务上同时涵盖 4 个子平台。

例如,四大互联网巨头(百度、阿里巴巴、京东、腾讯)的战略部署主要围绕着其固有的技术基础如云计算、数据分析、大设备控制体系等方面展开,旨在构建第三方的生态环境并利用自身的强项来实现目标。其中,以庞大的客户群体为核心的腾讯拥有两个重要的 IoT 服务平台:QQ 物联和微信智能硬件;阿里巴巴针对物联网业务整合了智能云、淘宝众筹和天猫电器城,组成智能生活事业部,天猫电器城与淘宝众筹能帮助智能硬件开发商解决市场销售难题。

几大互联网巨头做物联网业务思路相似,以硬件联网作为基础,开放数据与生态、技术与接口,构建产业链协同的生态系统。在打造物联网平台的过程中可以看出,四大互联网巨头最大的优势主要来源于其巨大的用户基数和设备接入数量,因此其物联网云平台更多体现在

DMP 和 CMP 的功能，而 AEP 和 BAP 的功能涉及得比较少。

当前，中国的三大电信运营商也十分重视物联网云平台的发展，但可能是由于技术和设备方面的限制，他们更加注重 CMP 的发展。

许多中国本土创新型物联网云平台公司的核心产品主要以 DMP 为主，旨在克服智能硬件产业中应用程序开发难度大、研究费用昂贵、耗费时长和市场推广期过长的挑战，从而协助其他智能硬件制造商实现设备互联，提升其竞争实力，例如机智云、艾拉物联等。机智云于 2005 年创建，最初专注于向北美的科技创新公司提供软件开发支持，他们致力于为开发人员提供自主式的智能硬件构建工具及公开的云端服务。由此可见，机智云对该领域的贡献主要体现在：利用简单易用的工具、持续升级的 SDK 和 API 服务能力来降低物联网硬件开发技术壁垒，减少研制开销，鼓励更多开发者加入，因此其服务的重点主要放在 DMP 上。

物联网云平台产业图谱如图 5-2 所示。

图 5-2　物联网云平台产业图谱

3. 选择平台时应注意什么

在选择这些平台时，应当根据自己的实际情况注意以下几个方面：

（1）连接性。物联网云平台应该能够支持当前规模和未来扩展的需求。如果预计设备数量将增加，平台应具备可扩展性和高容量的特点。您需要确保物联网云平台供应商能符合企业当前和未来的发展。

（2）连接方法。需要确定何种连接方式适合您的物联网产品、是否需要提供 Wi-Fi 或蜂窝网络方案，并需要充分评估这些需求，了解供应商是如何满足这些需求的。

（3）市场寿命。需要了解这个物联网平台已经运行了多少年，考虑到整个物联网行业相对较新且发展迅速，一个已经提供 4～5 年服务的物联网平台可能是更优选择。

（4）服务类型。有些物联网云平台只是简单的连接平台，而有些则提供了硬件、软件和全方位连接的解决方案。您需要了解自己的业务需求，且考虑随着时间的推移您的需求将如何演变。

（5）地域覆盖。您需要考虑物联网云平台是否有全球性的帮助、能否覆盖业务涉及的区域。

（6）数据套餐。您需要确保供应商提供的数据套餐合理，同时也需要具备随时暂停或终止数据服务的能力，并清楚知晓已使用的数据量。

（7）安全/隐私。物联网涉及大量敏感数据的传输和存储，因此安全性是一个重要的考虑因素，平台应提供强大的身份认证、数据加密和安全审计功能。请查看平台供应商过去是如何应对安全和隐私问题的，包括相关的安全信息。您需要评估这个平台是如何处理安全问题，以及它是如何帮助您简化复杂的操作的。

（8）托管集成/API访问。一些平台提供了与其他系统和服务的集成能力，如云计算平台、人工智能工具等，这对于实现更复杂的应用场景非常重要。理解供应商是如何把所有必要的复杂特性（如蜂窝网络调制解调器、运营商/SIM卡、设备诊断、固件更新、云连接、安全性、应用层、RTOS）整合进单个软件模块中的，这对于您来说会非常有利，因为这样的模块往往可以直接使用。

（9）数据访问。您需要了解如何利用这个物联网云平台将企业后端和现有的云服务融合在一起，又将如何获取并处理相关数据，以及其服务是否能满足您的需求。

（10）领域专家/工程服务/合作伙伴。鉴于物联网的安装过程相当烦琐，通常需要一个能够协助您完成整体产品开发流程的合作伙伴。您需要考虑这个物联网云平台是否有能力帮您满足这些需求。

（11）物联网生态系统。请花费一些时间去研究和理解物联网云平台所提供的各类服务之间的联系，这将有助于了解其服务是如何创建产品的。同时也可以直接与其销售代表取得联系，获取您想要的资料。

（12）物联网的路线图。您需要评估物联网云平台的发展路径是否满足了您的机构需求，它们在连接性、数据处理和硬件设备上的增长对您是否有利。

（13）硬件。您需要考虑平台是否有能力为您的特定需求提供各种已经存在的应用程序、开发者套件或初级套件，因为您可能需要进行一些个性化的定制，但为了节约大量的时间和精力，您不应该从零开始。

（14）硬件不可知论。硬件不可知论是指我们只着眼于处理软件，这就意味着硬件对我们来说是透明的、不可知的，因此我们不能受到硬件的局限。

（15）设备管理。您需要了解物联网供应商如何允许您去监控、分割和管理那些现场的物联网设备。

（16）OTA固件更新。你需要了解平台供应商是否能够让您远程更新并修复设备上的错误，这个过程是简洁还是复杂，我们应选择一种简单的解决方案。

综上所述，物联网云平台为各个行业带来了巨大的机遇和潜力，但不同行业对物联网云平台的需求有所不同。例如，制造业需要实时监控和分析生产线数据，而智能家居需要连接和控制各种家庭设备。因此，选择适合自己需求的物联网云平台可以为企业实现数字化转型、提升效率和创造更多商业价值。

任务3 云平台搭建

【任务描述】

让现有设备搭建到云平台。

【任务要求】

掌握搭建原理，了解设备属性，熟悉特定平台的业务规则。

【知识链接】

1. 搭建设备到云平台的准备工作

在图 5-3 所示的云平台体系架构图中有 3 台设备不能直接连接到互联网，而网关会将这部分设备转接到互联网。所谓的网关就是一种能够连接多个设备并且具有直接连通至互联网功能的硬件或软件装置。市场上有许多不同类型的网关产品可供选择，但通常来说大部分的网关都由 Linux 操作系统来运行。

当我们将设备接入至物联网服务中时，网络的重要性不容忽视。这不仅仅意味着我们要将设备与物联网服务相连，还需要将其与其他设备建立联系。通常来说，物联网所采用的网络可以被划分为两类：一类用于将设备连接至其他设备；另一类负责将设备与物联网服务对接。当然，也有一些设备并不能直接连通互联网，但我们可以借助其他的设备来实现这一目标，如图 5-4 所示。

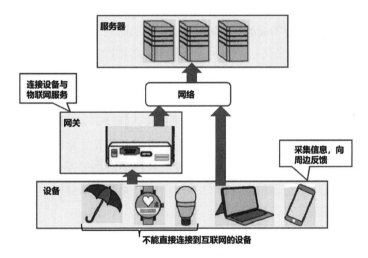

图 5-3　云平台体系架构图

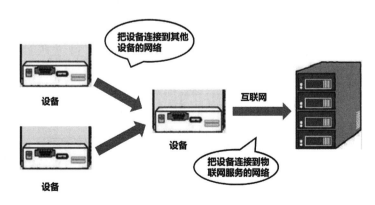

图 5-4　无法直接连到互联网的设备如何联网

网络的问题解决后，我们将客户端手机加入进来。手机客户端不会直接和网关对接，网关也不会和手机客户端对接，手机客户端和网关通过外网云服务器实现透传，这个云服务器叫作物联网云平台，实物展示如图 5-5 所示。

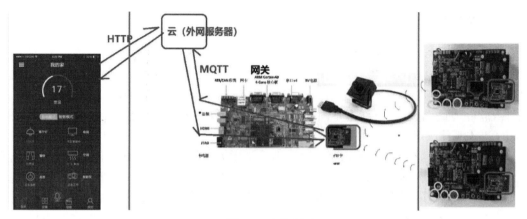

图 5-5　实物展示

2. MQTT

MQTT（Message Queuing Telemetry Transport，消息队列遥测传输）是一种基于发布/订阅式的轻量级通信协议，是近年来兴起的一种全新协议。在物联网领域，人们将其视为标准协议。该协议建立在 TCP/IP 协议基础上，由 IBM 于 1999 年发布，目前已开源并得到持续发展。阿里云物联网套件、百度开放云物联网服务 IoT、腾讯 QQ 物联平台、中国移动 OneNET 开放云、亚马逊 IoT 服务等都将 MQTT 作为 IM/IOT 共享的接入服务。MQTT 的最大优势在于，能够以最少的代码和有限的带宽为连接的远程设备提供实时可靠的消息服务。作为一种低成本、低带宽的即时通信协议，MQTT 在物联网、小型设备和移动应用等领域有着广泛的应用。

MQTT 是一种能实现一对多通信（称之为发布或订阅型）的协议，由 3 个主要部分组成，分别是中介（Broker）、发布者（Publisher）和订阅者（Subscriber），如图 5-6 所示。可见，中介承担着转发 MQTT 通信的服务器作用，发布者和订阅者则起着客户端的作用。发布者是负责发送消息的客户端，而订阅者是负责接收消息的客户端。MQTT 交换的消息都附带"主题"地址，各个客户端把这个"主题"看作收信地址，对其执行传输消息的操作。简言之，可以将中介理解成是一个用来收取电子文档的邮箱。

根据图 5-6 细化对 MQTT 的定义，假设我们有一个遥控器、一盏智能灯、一台风扇、一个温度传感器，按照我们引入云平台后的思路将这些设备汇聚到网关中，然后再由这个本地的网关把信息送到云端。而 MQTT 这样的一种设计我们就称之为 MQTT 服务器，它有什么作用呢？这个温度传感器只能往这个服务器发东西，因为它是提供温度报告的。这台风扇是接收服务器的动作的，这盏灯也是接收服务器的动作的，而遥控器跟温度传感器一样也是给服务器发消息的。只要设备能连到服务器，通信就由服务器来进行所谓的交互路由，因此我们可以认为 MQTT 是一个寻路装置，如图 5-7 所示。

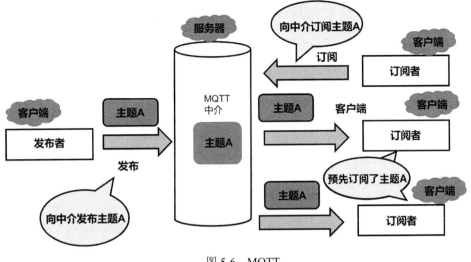

图 5-6　MQTT

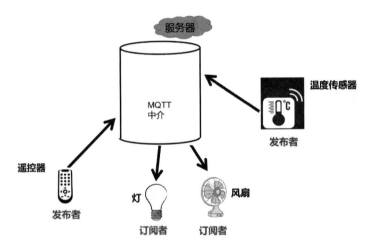

图 5-7　设备如何与 MQTT 服务器通信

比如说遥控器，它会发一些命令，例如"我要开灯"，那怎么样才能把灯打开呢？服务器一定要想办法把这个命令送给能够开灯的地方，遥控器现在是发布者，那么灯就是订阅者，同样的道理风扇也是订阅者，温度传感器是发布者。

遥控器是发布者，想要发布一个命令来控制灯，那如果它只发一个"开"这样的命令，其实应该是灯这个订阅者收到命令，而不是风扇，但是风扇和灯都是订阅者，就可能出现问题。为了解决这个问题，遥控器可以向服务器发送"灯"和"开"两个信息。那其实对开和关感兴趣的不只是灯，风扇也感兴趣，只不过风扇是对风扇的开与关感兴趣。这个地方涉及了两个术语：一个叫作主题，一个叫作消息，不管是订阅者还是发布者，一定要明确自己的主题和自己想要发的消息，发布者一定要清楚地说自己发布的是有关于"灯"的一个主题的"开"这个消息，如图 5-8 所示。

如果说未来又增加了一盏灯，这盏灯对"灯"这个主题感兴趣，它也订阅了"灯"这个主题，只要这个遥控器发布一个以"灯"为主题、"开"为消息的命令的时候，服务器一旦收到这样的命令，就会查询哪些人订阅了这个主题，它会发现两盏灯都订阅了名字叫作"灯"的主题，那它直接会将这个消息发送到对"灯"主题感兴趣的设备上。

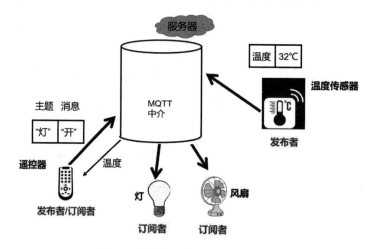

图 5-8　设备如何与 MQTT 服务器通信

　　这里还有一个温度传感器，如果温度传感器想要看到温度的信息，那温度传感器只需要做一件事情，即向服务器说明对"温度"主题感兴趣，温度传感器这边可以发布的同时也可以订阅另外的主题，所以温度传感器不仅是一个发布者，也是一个订阅者。那只要这个温度传感器向服务器发送例如"温度""32℃"这样的指令，服务器就会查找所有订阅了"温度"这个主题的设备，然后把消息发送给它们。

　　3. OneNET 平台配置

　　（1）注册与登录。

　　进入 OneNET 网站首页，单击右上角的"注册"按钮注册账号，如图 5-9 所示。

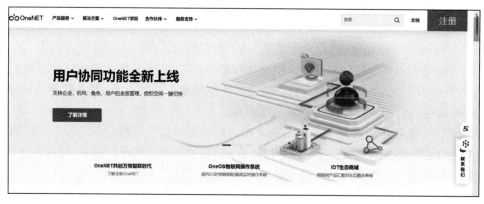

图 5-9　OneNET 网站首页

　　填写手机号，单击"获取验证码"，填写短信验证码，然后设置密码，邀请码可以不填，最后单击"立即注册"按钮完成注册，如图 5-10 所示。

　　注册完成后自动回到主页，通过右上角入口登录账号，如图 5-11 所示。登录后单击右上角的"开发者中心"按钮，如图 5-12 所示。

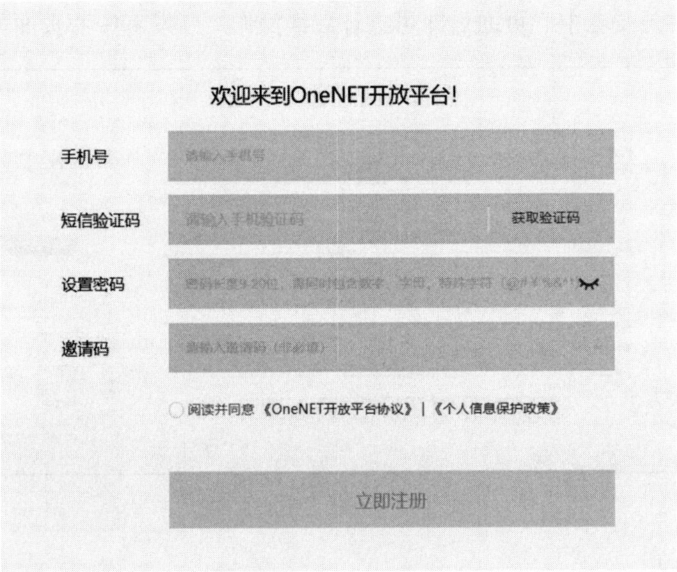

图 5-10　注册页面

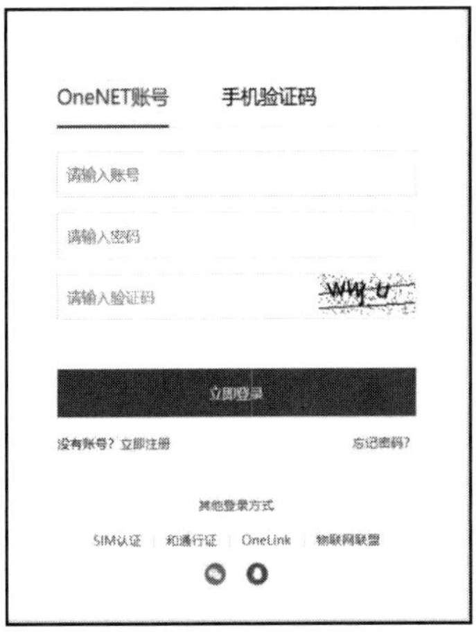

图 5-11　登录页面

图 5-12　注册后进入开发者中心

进入 OneNET 开发者中心页面后即可进行后续操作。开发者中心页面如图 5-13 所示。

图 5-13　开发者中心页面

（2）创建产品。

在开发者中心页面中单击左上方的"全部产品服务"，在弹出的页面中选择"多协议接入"，如图 5-14 所示。

图 5-14　全部产品服务页面

在多协议接入页面中选择 MQTT，进入 MQTT 页面后单击"添加产品"按钮，如图 5-15 所示。

图 5-15　MQTT 页面

进入"添加产品"页面后录入产品信息，录入完成后单击"确定"按钮，如图 5-16 所示。

图 5-16 "添加产品"页面

添加产品成功后就有了产品 ID 号，如图 5-17 所示。

图 5-17 添加产品成功页面

接着继续在这个智能家居系统里添加设备，双击"智能家居系统"进入"产品概况"页面，如图 5-18 所示。

单击"设备列表"进入添加设备页面，再单击"添加设备"按钮进入"添加新设备"页面，如图 5-19 所示。

图 5-18　"产品概况"页面

（a）添加设备页面

（b）"添加新设备"页面

图 5-19　添加设备

添加设备成功后的页面如图 5-20 所示。

5-20 添加设备成功后的页面

可以看到 gateway 这个设备是离线状态，单击右上方的"文档中心"后进入文档中心页面，如图 5-21 所示。

图 5-21 文档中心页面

进入文档中心后单击"基础服务"中的"多协议接入"，再单击左侧的"开发指南-MQTT"，如图 5-22 所示。

图 5-22 多协议接入页面

在导航栏中单击接入地址，查询到 MQTT 的接入地址信息，如图 5-23 所示，记录到笔记本上备用。

图 5-23　多协议接入地址页面

进入"文档与工具"页面，在"设备终端接入协议-MQTT"栏单击"点击下载"下载该文档，该文档描述 MQTT 的 OneNET 实现，如图 5-24 和图 5-25 所示。

图 5-24　开发指南页面

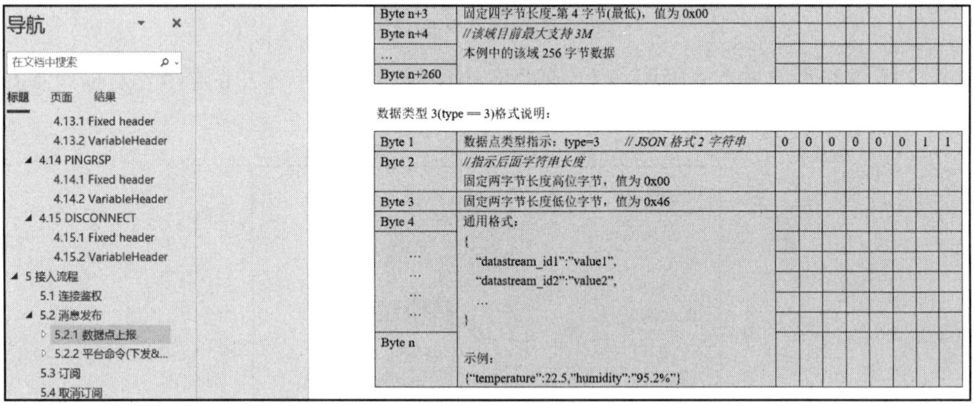

图 5-25　设备终端接入协议 MQTT 文档

在文档"5.2.1 数据点上报小节"里选择 type=3 并记录下来。

MQTT 连接鉴权过程中，Payload 中的 ClientIdentifier、UserName、UserPassword 分别有各自的意思：ClientIdentifier 表示创建设备时得到的设备 ID，为数字字串；UserName 表示注册产品时平台分配的产品 ID，为数字字串；UserPassword 表示设备的鉴权信息（即唯一设备编号，SN）或者是 API Key，为字符串。要获取这个鉴权信息，就需要查看 Master-API key，如图 5-26 和图 5-27 所示。

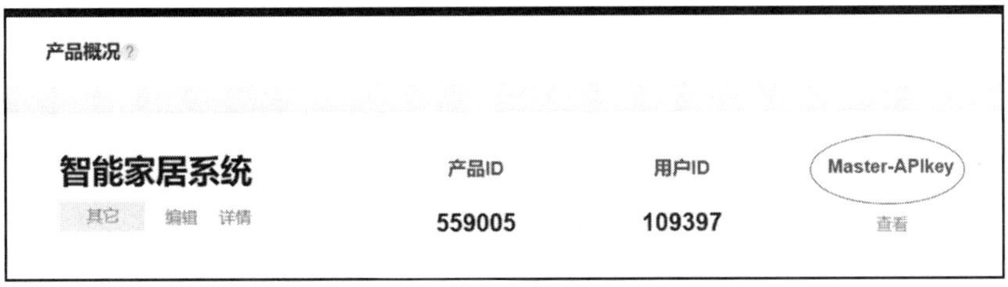

图 5-26　在产品概况中查看 Master-APIkey

图 5-27　Master-APIkey 的值

通过查阅文档，最终完成如下代码：

```c
#include <unistd.h>
#include <stdio.h>
#include <stdlib.h>
#include <mosquitto.h>
#include <string.h>
#include <pthread.h>

#define HOST "183.230.40.39"        //ONENET 服务器地址
#define PORT  6002                  //ONENET MQTT 端口地址

#define CLIENTID "1017562874"       //设备 ID
#define USER "559005"               //产品 ID
#define PASS "35SSXN2fxmN=50Vqv5dBS0lvY7A=" //API KEY

#define KEEP_ALIVE 60
bool session = true;

//有消息到达
void my_message_callback(struct mosquitto *mosq, void *userdata, const struct mosquitto_message *message)
{
    if(message->payloadlen){
        printf("%s %s\n", message->topic, (char*)message->payload);
```

```
        }else{
            printf("%s (null)\n", message->topic);
        }
        fflush(stdout);
}


//成功连接服务器
void my_connect_callback(struct mosquitto *mosq, void *userdata, int result)
{
    int i;
    if(!result){
        printf("mqtt server connect successed !\n");
        /* Subscribe to broker information topics on successful connect. */
        mosquitto_subscribe(mosq, NULL, "cmd", 2);    //订阅控制消息
    }else{
        fprintf(stderr, "Connect failed\n");
    }
}


void my_subscribe_callback(struct mosquitto *mosq, void *userdata, int mid, int qos_count, const int *granted_qos)
{
    int i;
    printf("Subscribed (mid: %d): %d", mid, granted_qos[0]);
    for(i=1; i<qos_count; i++){
        printf(", %d", granted_qos[i]);
    }
    printf("\n");
}


#pragma pack(1)
typedef struct OneNET_payload{
                unsigned char type;
                unsigned char lenH;
                unsigned char lenL;
                char data[0];
}ONENETBUF;


int main()
{
    struct mosquitto *mosq = NULL;
    //libmosquitto 库初始化
    mosquitto_lib_init();
    //创建 mosquitto 客户端
    mosq = mosquitto_new(CLIENTID,session,NULL);
    if(!mosq){
        printf("create client failed.\n");
```

```
        mosquitto_lib_cleanup();
        return 1;
    }
//设置回调函数，需要时可使用
mosquitto_connect_callback_set(mosq, my_connect_callback);
mosquitto_message_callback_set(mosq, my_message_callback);
mosquitto_subscribe_callback_set(mosq, my_subscribe_callback);
//客户端连接服务器
mosquitto_username_pw_set(mosq, USER, PASS);
if(mosquitto_connect(mosq, HOST, PORT, KEEP_ALIVE)){
    fprintf(stderr, "Unable to connect.\n");
    return 1;
}

int loop = mosquitto_loop_start(mosq);
if(loop != MOSQ_ERR_SUCCESS)
{
    printf("mosquitto loop error.\n");
    return 1;
}

while(1){
    char buf[100] = {0};
    sprintf(buf, "{\"temperature\":\"%d\";\"humidity\":\"%d\";\"illumination\":\"%d\"}",
            rand()%100,    //模拟温度
            rand()%100,    //模拟湿度
            rand()%100);   //模拟光强
    printf("buf: %ld [%s]\n", strlen(buf), buf);
    ONENETBUF *payload = malloc(sizeof(ONENETBUF)+strlen(buf));
    payload->type = 3;
    payload->lenH = strlen(buf)>>8;
    payload->lenL = strlen(buf)&0xFF;
    strcpy(payload->data, buf);
    mosquitto_publish(mosq, NULL, "$dp", sizeof(ONENETBUF)+strlen(buf),payload, 0, false);
    printf("bag: %ld\n", sizeof(ONENETBUF)+strlen(buf));

    sleep(3);
}

//循环处理网络消息
mosquitto_loop_forever(mosq, -1, 1);
mosquitto_destroy(mosq);
mosquitto_lib_cleanup();

return 0;
}
```

运行命令：

```
sudo apt install mosquito
```

运行结果如下：

正在读取软件包列表... 完成

正在分析软件包的依赖关系树...正在分析软件包的依赖关系树...正在分析软件包的依赖关系树...正在分析软件包的依赖关系树...正在分析软件包的依赖关系树

正在读取状态信息... 0%　　　　正在读取状态信息... 完成

下列软件包是自动安装的并且现在不需要了：

 linux-headers-5.8.0-43-generic

 linux-hwe-5.8-headers-5.8.0-43

 linux-image-5.8.0-43-generic

 linux-modules-5.8.0-43-generic

 linux-modules-extra-5.8.0-43-generic

使用'sudo apt autoremove'来卸载它（它们）。

将会同时安装下列软件：

 libdlt2 libev4

 libwebsockets15

下列新软件包将被安装：

 libdlt2 libev4

 libwebsockets15 mosquitto

升级了 0 个软件包，新安装了 4 个软件包，要卸载 0 个软件包，有 303 个软件包未被升级。

需要下载 394 KB 的归档。

解压缩后会消耗 1147 KB 的额外空间。

您希望继续执行吗？[Y/N] y

获取:1 http://mirrors.aliyun.com/ubuntu focal/universe amd64 libdlt2 amd64 2.18.4-0.1 [50.4 kB]

获取:2 http://mirrors.aliyun.com/ubuntu focal/universe amd64 libev4 amd64 1:4.31-1 [31.2 kB]

获取:3 http://mirrors.aliyun.com/ubuntu focal/universe amd64 libwebsockets15 amd64 3.2.1-3 [152 kB]

获取:4 http://mirrors.aliyun.com/ubuntu focal/universe amd64 mosquitto amd64 1.6.9-1 [160 kB]

已下载 394 KB，耗时 3 秒（127 KB/s）

正在选中未选择的软件包 libdlt2:amd64。

（正在读取数据库 ... 系统当前共安装有 228898 个文件和目录。）

准备解压 .../libdlt2_2.18.4-0.1_amd64.deb ...

正在解压 libdlt2:amd64 (2.18.4-0.1) ...

正在选中未选择的软件包 libev4:amd64。

准备解压 .../libev4_1%3a4.31-1_amd64.deb ...

正在解压 libev4:amd64 (1:4.31-1) ...

正在选中未选择的软件包 libwebsockets15:amd64。

准备解压 .../libwebsockets15_3.2.1-3_amd64.deb ...

正在解压 libwebsockets15:amd64 (3.2.1-3) ...

正在选中未选择的软件包 mosquitto。

准备解压 .../mosquitto_1.6.9-1_amd64.deb ...

正在解压 mosquitto (1.6.9-1) ...

正在设置 libev4:amd64 (1:4.31-1) ...

正在设置 libdlt2:amd64 (2.18.4-0.1) ...

正在设置 libwebsockets15:amd64 (3.2.1-3) ...

正在设置 mosquitto (1.6.9-1) ...

Created symlink /etc/systemd/system/multi-user.target.wants/mosquitto.service →

/lib/systemd/system/mosquitto.service.

正在处理用于 systemd (245.4-4ubuntu3.15) 的触发器 ...

正在处理用于 man-db (2.9.1-1) 的触发器 ...

正在处理用于 libc-bin (2.31-0ubuntu9.7) 的触发器 ...

运行命令：

sudo apt install libmosquitto-dev

运行结果如下：

正在读取软件包列表... 完成

正在分析软件包的依赖关系树

正在读取状态信息... 完成

下列软件包是自动安装的并且现在不需要了：

　　linux-headers-5.8.0-43-generic linux-hwe-5.8-headers-5.8.0-43

　　linux-image-5.8.0-43-generic linux-modules-5.8.0-43-generic

　　linux-modules-extra-5.8.0-43-generic

使用'sudo apt autoremove'来卸载它（它们）。

将会同时安装下列软件：

　　libmosquitto1

下列新软件包将被安装：

　　libmosquitto-dev libmosquitto1

升级了 0 个软件包，新安装了 2 个软件包，要卸载 0 个软件包，有 303 个软件包未被升级。

需要下载 70.4 KB 的归档。

解压缩后会消耗 379 KB 的额外空间。

您希望继续执行吗？ [Y/N] y

获取:1 http://mirrors.aliyun.com/ubuntu focal/universe amd64 libmosquitto1 amd64 1.6.9-1 [45.9 kB]

获取:2 http://mirrors.aliyun.com/ubuntu focal/universe amd64 libmosquitto-dev amd64 1.6.9-1 [24.6 kB]

已下载 70.4 KB，耗时 1 秒（71.9 KB/s）

正在选中未选择的软件包 libmosquitto1:amd64。

（正在读取数据库 ... 系统当前共安装有 228945 个文件和目录。）

准备解压 .../libmosquitto1_1.6.9-1_amd64.deb ...

正在解压 libmosquitto1:amd64 (1.6.9-1) ...

正在选中未选择的软件包 libmosquitto-dev:amd64。

准备解压 .../libmosquitto-dev_1.6.9-1_amd64.deb ...

正在解压 libmosquitto-dev:amd64 (1.6.9-1) ...

正在设置 libmosquitto1:amd64 (1.6.9-1) ...

正在设置 libmosquitto-dev:amd64 (1.6.9-1) ...

正在处理用于 man-db (2.9.1-1) 的触发器 ...

正在处理用于 libc-bin (2.31-0ubuntu9.7) 的触发器 ...

进入 Ubuntu 操作系统后打开终端，在命令行中输入：

$ gcc OneNET.c -lmosquitto

$ ./a.out

执行结果：

buf: 55 [{"temperature":"96";"humidity":"6";"illumination":"87"}]

bag: 58

mqtt server connect successed !

Subscribed (mid: 2): 2

```
buf: 56 [{"temperature":"50";"humidity":"24";"illumination":"58"}]
bag: 59
buf: 56 [{"temperature":"26";"humidity":"67";"illumination":"37"}]
bag: 59
buf: 55 [{"temperature":"58";"humidity":"56";"illumination":"2"}]
bag: 58
buf: 56 [{"temperature":"81";"humidity":"75";"illumination":"22"}]
bag: 59
buf: 56 [{"temperature":"46";"humidity":"81";"illumination":"27"}]
bag: 59
buf: 56 [{"temperature":"59";"humidity":"24";"illumination":"66"}]
bag: 59
buf: 56 [{"temperature":"72";"humidity":"90";"illumination":"56"}]
bag: 59
^Z
[4]+  已停止
```

此时显示"设备列表"页面，如图 5-28 所示。

图 5-28 "设备列表"页面

数据流页面面板部分和列表部分如图 5-29 和图 5-30 所示。

图 5-29 数据流页面面板部分

图 5-30　数据流页面列表部分

串口真实数据代码如下：

```c
#include <mosquitto.h>
#include <stdio.h>
#include <stdlib.h>
#include <unistd.h>                //UNIX 标准函数定义
#include <sys/types.h>
#include <sys/stat.h>
#include <fcntl.h>                 //文件控制定义
#include <termios.h>               //PPSIX 终端控制定义
#include <errno.h>                 //错误号定义
#include <pthread.h>
#define HOST "183.230.40.39"       //ONENET 服务器地址
#define PORT   6002                //ONENET MQTT 端口地址

#define CLIENTID "985606228"    //设备 ID
#define USER "538877"           //产品 ID
#define PASS "iNg94N67O93ncxzge4uKZrM=VBo=" //API KEY

#define KEEP_ALIVE 60
bool session = true;
int fdcom;

//有消息到达
void my_message_callback(struct mosquitto *mosq, void *userdata, const struct mosquitto_message *message)
{
    if(message->payloadlen){
        printf("%s %s\n", message->topic, (char*)message->payload);
        write(fdcom, (char*)message->payload, 1); //send throw serial

    }else{
        printf("%s (null)\n", message->topic);
    }
    fflush(stdout);
```

```
    }

    //成功连接服务器
    void my_connect_callback(struct mosquitto *mosq, void *userdata, int result)
    {
        int i;
        if(!result){
            printf("mqtt server connect successed !\n");
            /* Subscribe to broker information topics on successful connect. */
            mosquitto_subscribe(mosq, NULL, "cmd", 2);    //订阅控制消息
        }else{
            fprintf(stderr, "Connect failed\n");
        }
    }


    void my_subscribe_callback(struct mosquitto *mosq, void *userdata, int mid, int qos_count, const int *granted_qos)
    {
        int i;
        printf("Subscribed (mid: %d): %d", mid, granted_qos[0]);
        for(i=1; i<qos_count; i++){
            printf(", %d", granted_qos[i]);
        }
        printf("\n");
    }

    #pragma pack(1)
    typedef struct OneNET_payload{
                    unsigned char type;
                    unsigned char lenH;
                    unsigned char lenL;
                    char data[0];
    }ONENETBUF;

    int main()
    {
        struct mosquitto *mosq = NULL;
        //libmosquitto 库初始化
        mosquitto_lib_init();
        //创建 mosquitto 客户端
        mosq = mosquitto_new(CLIENTID,session,NULL);
        if(!mosq){
            printf("create client failed.\n");
            mosquitto_lib_cleanup();
            return 1;
        }
        //设置回调函数，需要时可使用
```

```
mosquitto_connect_callback_set(mosq, my_connect_callback);
mosquitto_message_callback_set(mosq, my_message_callback);
mosquitto_subscribe_callback_set(mosq, my_subscribe_callback);
//客户端连接服务器
mosquitto_username_pw_set(mosq, USER, PASS);
if(mosquitto_connect(mosq, HOST, PORT, KEEP_ALIVE)){
    fprintf(stderr, "Unable to connect.\n");
    return 1;
}

int loop = mosquitto_loop_start(mosq);
if(loop != MOSQ_ERR_SUCCESS)
{
    printf("mosquitto loop error\n");
    return 1;
}

//serial init
fdcom = open("/dev/ttyUSB0", O_RDWR|O_NOCTTY);
if(-1 == fdcom)
{
    perror("open");
    return -1;
}

struct termios options = {0};
if( tcgetattr( fdcom,&options) != 0)
{
    perror("SetupSerial");
    return -1;
}
cfsetispeed(&options, B115200);          //输出波特率
cfsetospeed(&options, B115200);          //输入波特率

options.c_cflag |= CLOCAL|CREAD;         //忽略 modem 控制线，使能接收
options.c_cflag |= CS8;                  //8 位数据位
options.c_cflag &= ~CRTSCTS;             //禁用硬件流控
options.c_cflag &= ~PARENB;              //清除校验位 PARODD
options.c_cflag &= ~CSTOPB;              //一位停止位

options.c_oflag &= ~(ONLCR | OCRNL);
options.c_oflag &= ~(ONLCR | OCRNL | ONOCR | ONLRET); //将输出的回车转化成换行

options.c_iflag &= ~(IXON | IXOFF | IXANY);      //禁用流控
options.c_iflag &= ~(INLCR | ICRNL | IGNCR);     //将输入的回车转化成换行
options.c_iflag &= ~(BRKINT | INPCK | ISTRIP);   //将输入的回车转化成换行（IGNCR
```

//未设置的情况下）
options.c_lflag &= ~(ICANON | ECHO | ECHOE | ISIG);//禁用终端回显等

```
        options.c_cc[VTIME] = 1;     //读取一个字符等待 0*(0/10)s
        options.c_cc[VMIN] = 1;      //读取字符的最少个数为 0

        tcflush(fdcom,TCIFLUSH);
        if (tcsetattr(fdcom,TCSANOW,&options) != 0)
        {
            perror("com set error!\n");
            return -1;
        }

        while(1){
            char bufs[100] = {0};
            read(fdcom, bufs, 100);
            int h, t, ad;
            sscanf(bufs, "%d:%d:%d", &h, &t, &ad);

            char buf[100] = {0};
            sprintf(buf, "{\"temperature\":\"%d\";\"humidity\":\"%d\";\"illumination\":\"%d\"}",
                    t,          //模拟温度
                    h,          //模拟湿度
                    ad);        //模拟光强
            printf("buf: %ld [%s]\n", strlen(buf), buf);
            ONENETBUF *payload = malloc(sizeof(ONENETBUF)+strlen(buf));
            payload->type = 3;
            payload->lenH = strlen(buf)>>8;
            payload->lenL = strlen(buf)&0xFF;
            strcpy(payload->data, buf);
            mosquitto_publish(mosq, NULL, "$dp", sizeof(ONENETBUF)+strlen(buf),payload, 0, false);
            printf("bag: %ld\n", sizeof(ONENETBUF)+strlen(buf));
        }

        //循环处理网络消息
        mosquitto_loop_forever(mosq, -1, 1);
        mosquitto_destroy(mosq);
        mosquitto_lib_cleanup();
        return 0;
    }
```

4. 阿里云平台配置

（1）登录并注册。

进入阿里云官网，单击"登录"弹出登录页面，注册后使用账号登录，进入阿里云首页，如图 5-31 所示。

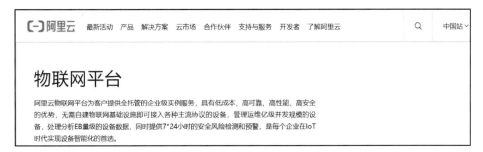

图 5-31　阿里云首页

单击左上角的"产品"进入产品页面，如图 5-32 所示。

图 5-32　产品页面

选择"物联网云服务"下的"物联网平台"后在弹出的页面中选择"公共实例"，单击"立即试用"，如图 5-33 所示。

图 5-33　选择公共实例

完成实名认证后即可打开物联网平台开发界面，服务器选择"华东 2（上海）"，如图 5-34 所示。

图 5-34　进入公共实例

（2）创建产品。

单击"公共实例"后在左侧导航栏中找到"设备管理"，单击其下方的"产品"出现产品界面，再单击"创建产品"按钮，在设备管理的产品管理界面中创建一个产品，如图 5-35 所示。

图 5-35　创建产品

产品名称设置为"智能家居"，所属品类选择"自定义类别"，节点类型选择"直连设备"，连网方式有 3 种，分别是 Wi-Fi、蜂窝、以太网，这里我们选择 Wi-Fi，数据格式和认证方式选择默认的标准格式和密钥，单击"确认"按钮即可创建成功，具体选择如图 5-36 所示。

在"创建产品"页面的"添加设备"下单击"前往添加"进入"添加设备"页面，如图 5-37 和图 5-38 所示。

（3）添加设备。

在"添加设备"页面中，产品选择智能家居，Device Name 设置为 Smart_House，如图 5-39 所示。

图 5-36   创建智能家居

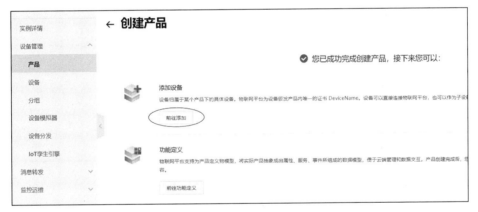

图 5-37   "创建产品"页面

图 5-38   "添加设备"页面

图 5-39　添加设备

查看设备信息、设备证书，如图 5-40 和图 5-41 所示。

图 5-40　"设备信息"页面

图 5-41　"设备证书"页面

单击"设备证书"页面中的"一键复制"将信息复制到记事本文件中，如图 5-42 所示。

这 3 个是连接到阿里云的必需信息，ProductKey 代表产品密钥，DeviceName 代表设备名称，DeviceSecret 代表设备密钥。

图 5-42　三元组信息

（4）添加自定义功能。

到产品页面中去进行功能定义，先打开产品页面，然后在该页面中单击"功能定义"，如图 5-43 所示。

图 5-43　"产品信息"页面

在"功能定义"页面中单击"编辑草稿"按钮，如图 5-44 所示。

图 5-44　"功能定义"页面

在"编辑草稿"页面中单击"添加自定义功能"按钮，如图 5-45 所示。

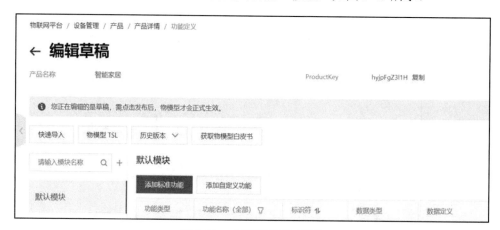

图 5-45　"编辑草稿"页面

在"添加自定义功能"界面中添加信息，带有星号的为必填项，功能类型选择"属性"，如图 5-46 所示。

图 5-46　"添加自定义功能"页面

1）添加室内温度。名称设为室内温度，标识符设为 RoomTemp，数据类型为 float（单精度浮点型），取值范围设为-50～100，步长设为 0.01，单位用摄氏度/℃表示。由于传感器等数据监测设备只涉及数据读取，所以在设置读写类型时选择只读。

2）添加空调状态。名称设为空调状态，标识符设置为 AC。因为空调只有开启和关闭两种状态，所以数据类型选择为 bool（布尔型），布尔值为 0 时代表关闭，布尔值为 1 时代表开启，读写类型设置为只读 int32（整型）。

3）添加烟雾传感器读数。名称设为气体检测器读数，标志位设为 GasDetector，数据类型设为 int32（整型）。所有的模拟传感器读取到的数据都是 0～1023 的数值，因此取值范围设为 0～1023，步长设为 1，单位设为无，读写类型选择只读。

4）添加风扇状态。名称设为风扇状态，标识符设置为 Fan。与空调一样，风扇只有开启和关闭两种状态，所以数据类型选择为 bool（布尔型），布尔值为 0 时代表关闭，布尔值为 1 时代表开启，读写类型设为只读。

5）添加蜂鸣器状态。名称设为蜂鸣器状态，标识符设置为 Buzzer。因为蜂鸣器的类型与其他执行器不同，它有开启、关闭、静音 3 种状态，所以数据类型选择 enum（枚举型），枚举项的参数值为 0 时代表关闭，参数值为 1 时代表开启，参数值为 2 时代表静音。因为要从云端下发解除报警的消息，所以读写类型设为读写。

6）添加光敏传感器读数。名称设为光敏传感器读数，标识符设为 LightDetector，数据类型设为 int32（整型），取值范围设为 0～1023，步长设为 1，单位设为无，读写类型选择只读。

7）添加灯光状态。名称设为灯光状态，标识符设为 Light。与空调、风扇一样，LED 灯只有开启和关闭两种状态，所以数据类型选择为布尔型，布尔值为 0 时代表关闭，布尔值为 1 时代表开启，读写类型设为只读。

所有功能属性添加完毕后进行发布，完成后将会显示发布成功的物模型，如图 5-47 至图 5-50 所示。

图 5-47　设备设置页面

默认模块					
功能类型	功能名称 (全部) ▽	标识符 ↓	数据类型	数据定义	操作
属性	灯光状态 (自定义)	Light	bool (布尔型)	布尔值: 0 - 关 1 - 开	查看
属性	光敏传感器读数 (自定义)	LightDetector	int32 (整数型)	取值范围: 0 ~ 1023	查看
属性	蜂鸣器状态 (自定义)	Buzzer	enum (枚举型)	枚举值: 0 - 关闭 1 - 开启 2 - 静音	查看
属性	风扇状态 (自定义)	Fan	bool (布尔型)	布尔值: 0 - 关 1 - 开	查看
属性	烟雾传感器读数 (自定义)	GasDetector	int32 (整数型)	取值范围: 0 ~ 1023	查看
属性	空调状态 (自定义)	AC	bool (布尔型)	布尔值: 0 - 关 1 - 开	查看
属性	室内温度 (自定义)	RoomTemp	float (单精度浮点型)	取值范围: -50 ~ 100	查看

图 5-48　设备设置页面

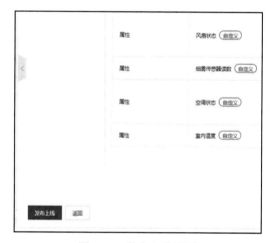

图 5-49　发布上线页面

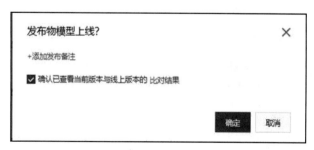

图 5-50　确认发布页面

（5）建立设备与平台的连接。

打开控制台，选择左侧最下方的"文档与工具"，如图 5-51 所示。

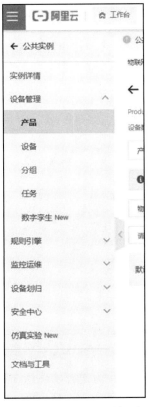

图 5-51　文档与工具导航页面

在"文档与工具"页面中单击"设备接入 SDK"中的 Link SDK，然后单击"SDK 定制"按钮，如图 5-52 所示。

图 5-52　"文档与工具"页面

在"SDK 定制"页面（如图 5-53 所示）中选择"物模型"，单击"开始生成"下载好 LinkSDK后请将文中的三元组替换为您创建的设备的三元组。

图 5-53　"SDK 定制"页面

登录物联网平台，在控制台页面左上方选择实例所在的地域。

在实例概览页面中单击目标实例进入实例详情页面。在实例详情页面中单击右上角的"查看开发配置"按钮，在开发配置面板中单击 MQTT、CoAP、HTTP 等标签，查看对应终端节点接入信息。可以单击右侧的"复制"获取该实例下对应节点的接入域名，也可以单击域名右侧的 图标按钮查看对应端口号，如图 5-54 和图 5-55 所示。

图 5-54　查看开发配置页面

图 5-55　开发配置页面

mqtt_host 的格式为"${YourInstanceId}.mqtt.iothub.aliyuncs.com",图中为 iot-06z00b4uxyslxy6.mqtt.iothub.aliyuncs.com。

(6)代码绑定设备。

设备添加完成后,我们需要将"控制板"的代码与这个设备进行绑定。阿里云物联网平台使用三元组进行设备的鉴权工作,通常情况下连接阿里云的模块集成了 Link kit SDK,其在 MQTT 连接中起到了中间件的作用,Link kit SDK 通过三元组计算得到鉴权关键字,再由鉴权关键字进行标准的 MQTT 连接。

没有集成 Link kit SDK 的感知模块,需要直接使用基于开源 MQTT 接入,操作步骤如下:

1)打开阿里云物联网平台帮助文档(https://help.aliyun.com/product/30520.html),在目录中搜索"MQTT-TCP 连接通信",如图 5-56 所示。将基于开源 MQTT 接入需要的代码信息 mqttClientId、mqttUsername、mqttPassword 复制并粘贴到保存有三元组的记事本中,如图 5-57 所示。

图 5-56　帮助中心产品文档页面

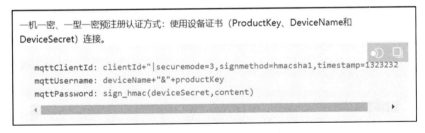

图 5-57　三元组信息页面

2)将 mqttClientId 中的 clientId 用 example 来替换,时间戳 timestamp 用 999 来替换,剩余内容保持不变。mqttUsername 按照三元组信息替换。

mqttClientId:example|securemode=3,signmethod=hmacsha1,timestamp=999|

3)mqttUsername 中是用&把 deviceName 和 productKey 拼接起来。

mqttUsername: Smart_House&hyjpFgZ3l1H

4)mqttPassword 由 deviceSecret 和 content 两部分组成,在页面中找到 content 的示例,content 的值为提交给服务器的参数(productKey、deviceName、timestamp 和 clientId),按照

参数名称首字母字典排序，然后将参数值依次拼接，得到 content 的内容。

content= clientIdexampledeviceNameSmart_HouseproductKeyhyjpFgZ3l1Htimestamp999

在元组中找到 deviceSecret=4d358407c4cd0db8e89accb6fe994568。

5）使用 hmac-sha1 签名算法工具将 content 的内容复制到明文中，deviceSecret 的值作为秘钥，生成我们需要的哈希值，如图 5-58 所示。

图 5-58　哈希值

将生成的哈希值复制到记事本中以替换 mqttPassword 的内容，替换后的效果如图 5-59 所示。

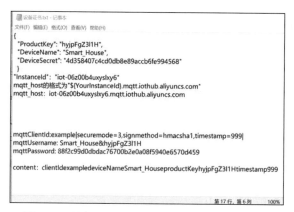

图 5-59　设备证书中 mqttPassword 关键字值替换

代码修改好后单击"保存"按钮，再单击"上传"按钮将修改好的代码烧入开发板，平台的相关配置就完成了。

【实现方法】

通过上述讲解请将自己的项目搭建到合适的物联网云平台。

【思考与练习】

1．设备管理平台（DMP）的功能有哪些？

2．MQTT 客户端完成的功能有哪些？

3．MQTT 服务器完成的功能有哪些？

参 考 文 献

[1] 黄传河，涂航，伍春香，等. 物联网工程设计与实施[M]. 北京：机械工业出版社，2015.
[2] 杨埠，姚进. 物联网项目规划与实施[M]. 北京：高等教育出版社，2018.
[3] 刘云浩. 物联网导论[M]. 北京：科学出版社，2010.
[4] 林闯. 物联网关键理论与技术[J]. 计算机学报，2011，34（5）：761-762.
[5] 王永兴. 无线传感器网络与移动通信网融合的路由协议的研究[D]. 北京邮电大学，2011.
[6] 林声伟. 物联网的体系结构与相关技术研究[J]. 信息通信，2012（6）：83-84.
[7] 金鑫，郭智明，丁冠东，等. 面向智慧营区的物联计算模式[J]. 指挥信息系统与技术，2019，10（3）：70-75.
[8] 孙其博，刘杰，黎羴，等. 物联网：概念、架构与关键技术研究综述[J]. 北京邮电大学学报，2010，33（3）：1-9.
[9] 陈广泉，解冰. 物联网网络架构演进研究[C]//中国通信学会无线及移动通信委员会. 2012全国无线及移动通信学术大会论文集（上）. 北京：人民邮电出版社，2012.
[10] 李晓维，徐勇军，任丰原. 无线传感器网络技术[M]. 北京：北京理工大学出版社，2007.
[11] 崔逊学，赵湛，王成. 无线传感器网络的领域应用与设计技术[M]. 北京：国防工业出版社，2009.
[12] 罗颖琦. 工程项目可行性研究报告的作用及编制存在问题分析[J]. 科技资讯，2012，(11):158.DOI:10.16661/j.cnki.1672-3791.2012.11.167.
[13] 蒋科，俞建峰. 物联网在十大重点领域中的应用前景[J]. 物联网技术，2012，2（10）：81-83.DOI:10.16667/j.issn.2095-1302.2012.10.021.
[14] 廉小亲，安飒，王俐伟，等. 智能家居发展及关键技术综述[J]. 测控技术，2018，37（11):1-4+15.DOI:10.19708/j.ckjs.2018.11.001.
[15] 工业和信息化部. 物联网"十二五"发展规划[R]，2011.
[16] 华清远见嵌入式学院，刘洪涛，苗德行，等. 嵌入式 Linux C 语言程序设计基础教程（微课版）[M]. 北京：人民邮电出版社，2017.
[17] 华清远见嵌入式学院，秦山虚，刘洪涛. ARM 处理器开发详解：基于 ARM Cortex-A9 处理器的开发设计[M]. 北京：电子工业出版社，2016.
[18] 穆乃刚. ZigBee 技术简介[J]. 电信技术，2006，（3）：84-86.
[19] 卢俊文. ZigBee 技术的原理及特点[J]. 通讯世界，2019，26（3）：35-36.
[20] 贺诗波，史治国，楼东武，等. 物联网系统设计[M]. 杭州：浙江大学出版社，2022.